정보시스템 공학

공학박사
엄금용 저

기전연구사

Introduce | 머리말

임마누엘의 하나님 !

21세기 정보화 사회는 과학기술의 발전과 초고속 멀티미디어 정보통신기술의 구축으로 다양한 산업분야가 융합되어 새로운 부가가치를 창출하는 유비쿼터스 환경에서 물리공간과 지능기반 사회가 결합된 새로운 정보화 사회로 발전하고 있다. 이에 따라 정보통신 환경은 통신, 방송 및 인터넷에서 ICT 기술의 변화와 더불어 하나의 영역으로 통합되어 초고속 광대역 통합정보통신망으로 발전되어 컴퓨팅이나 소프트웨어 서비스 및 그리드 컴퓨팅 등을 수용할 수 있는 클라우딩 컴퓨터 환경으로 정보통신의 고도화가 진행되고 있다.

이러한 정보화 사회에서 지능기반사회로의 변화와 정보 고도화에 대응하기 위해 정보통신 시스템의 개발 및 신호처리 제어기술과 초고속 광대역망 등의 고도화가 요구되고 있다.

이 책에서는 지능기반 사회가 결합된 클라우딩 컴퓨터 환경과 정보통신 시스템의 고도화에 능동적으로 대처하기 위하여 정보통신 시스템의 정보전송과 전송신호의 처리방식을 바탕으로 데이터 전송제어기술과 통신 프로토콜의 전송제어 및 전송서비스 등에 대한 전문지식 습득이 가능하도록 상세하게 서술하였다. 본 교재가 전자, 정보, 통신, 전기분야 등 전문화 및 고도화로 빠르게 변화하는 다양한 산업분야의 대학교재로서 기초부터 전문지식 습득에 이르기까지 많은 도움이 되리라 확신한다.

이 책의 편집을 위하여 연구실에서 주·야로 열심히 도왔던 사랑스런 제자들, 그리고 어려웠던 지난 세월을 변함없이 지켜주고 늘 희망이 된 가족과 함께 기쁨을 나누고자 하며 젊은 인생을 學者의 길로 한결같이 인도하시는 주님께 감사드립니다. 끝으로 이 책의 출판을 위해 노력을 아끼지 않으신 기전연구사 관계자 여러분께 진심으로 감사를 드립니다.

2014년 8월

Contents | 차 례

CHAPTER 1 정보전송 시스템 개론 / 9

제1절 정보통신 시스템의 구성 11

1.1 정보통신 시스템의 개요 / 11
1.2 정보통신 시스템의 특성 / 12
1.3 정보통신 시스템의 구성 / 13

제2절 정보전송의 기본요소 19

2.1 전송효율 / 19
2.2 전송속도 / 20
2.3 전송손실 / 22

제3절 정보전송 방식의 특성 26

3.1 직렬전송 / 26
3.2 병렬전송 / 28
3.3 단방향 통신 / 30
3.4 반 이중통신 / 32
3.5 전 이중통신 / 33
3.6 비동기식 전송방식 / 34
3.7 동기식 전송방식 / 37

CHAPTER 2 정보전송 방식과 전송매체 / 45

제1절 정보전송부호 47

1.1 전송부호 / 47
1.2 전송부호 조건과 특성 / 55

제2절 정보전송 방식 56

2.1 베이스밴드 전송 / 57
2.2 대역전송 / 71

제3절 전송매체 77

3.1 전송매체의 특성 / 77
3.2 유도매체 / 80
3.3 비 유도매체 / 93

CHAPTER 3 정보전송 신호처리 방식 / 103

제1절 데이터 부호화와 변조 105

1.1 부호화의 개요 / 105
1.2 정보의 부호화 / 106

제2절 디지털 신호의 변조 107

2.1 디지털 데이터와 디지털 신호의 특성 / 107
2.2 디지털 신호로의 부호화 / 109
2.3 디지털 데이터의 부호화 방식 / 115

제3절 아날로그 신호의 변조 115

3.1 변복조기(Modem) / 115

3.2 아날로그 신호로의 변조 / 121
3.3 아날로그 데이터 → 아날로그신호 변환 / 141

제4절 디지털 신호의 복조 ········· 153
4.1 펄스부호 변조(PCM) / 154
4.2 차동 펄스부호 변조(DPCM) / 170
4.3 적응 차분펄스 부호변조(ADPCM) / 172

제5절 델타변조 ········· 174
5.1 델타변조(DM) / 174
5.2 적응 델타변조(ADM) / 179

CHAPTER 4 데이터전송 제어 / 183

제1절 데이터전송 제어 프로토콜의 특성 ········· 185
1.1 데이터전송 제어의 역할 / 185
1.2 데이터전송 제어의 회선구성 / 188

제2절 데이터전송 회선제어 ········· 191
2.1 포인트 투 포인트 회선제어 / 192
2.2 멀티포인트 회선제어 / 195

제3절 데이터전송 흐름제어 ········· 198
3.1 정지대기 흐름제어 / 200
3.2 슬라이딩 윈도우 흐름제어 / 202

제4절 데이터전송 오류제어 ········· 204
4.1 전송오류의 검출 / 205
4.2 전송오류의 제어 / 205

CHAPTER 5 통신 프로토콜 / 215

제1절 통신 프로토콜 ······ 217

1.1 통신 프로토콜의 개요 / 217
1.2 프로토콜의 표준화 / 219
1.3 통신 프로토콜의 기능 / 221

제2절 데이터링크 제어 ······ 238

2.1 데이터링크 제어 프로토콜의 전송방식 / 238
2.2 데이터링크 제어 프로토콜의 특성 / 240

제3절 OSI 전송제어 ······ 252

3.1 OSI 프로토콜 계층 / 252
3.2 OSI 프로토콜 기능 / 254
3.3 OSI 전송제어 / 255

제4절 TCP/IP 프로토콜 ······ 259

4.1 TCP/IP 프로토콜의 개요 / 260
4.2 TCP/IP 프로토콜의 전송 / 269

■ 찾아보기 / 284

CHAPTER

1 정보전송 시스템 개론

1. 정보통신 시스템의 구성

2. 정보전송의 기본요소

3. 정보전송 방식의 특성

정보전송 시스템 개론

제1절 정보통신 시스템의 구성

오늘날 정보통신은 고도의 기술집적(Integration)으로 마이크로프로세서를 발전시켜, 직접회로의 소형화로 컴퓨터(데이터 프로세싱)와 데이터통신(전송, 교환장치)간의 통합화된 통신시스템으로 발전하여 모든 형태의 데이터(데이터, 음성, 정지화상, 동영상 등)와 정보를 전송하고 처리하는 종합 정보통신시스템(Communication System)의 시대가 되었다.

1.1 정보통신 시스템의 개요

정보통신 시스템이란 임의의 정보원과 정보 목적지 사이에서 입·출력 장치와 정보통신 회선을 이용하여 넓은 범위의 데이터 처리와 데이터 전송을 종합적으로 가능하게 하기 위해 여러 구성요소가 유기적으로 결합된 시스템을 의미한다. 정보통신 시스템의 구성은 그림과 같이 크게 정보원인 송신부와 정보가 도착되는 목적지인 수신부로 구성되며 송신부는 정보원인 데이터가 입력되는 입력장치와 이를 전송매체에 전송하기 위한 송신기로 구성되고, 수신부는 전송매체를 통해 데이터를 수신하는 수신기 및 수신데이터를 정보로 출력하는 출력장치로 구성된다.

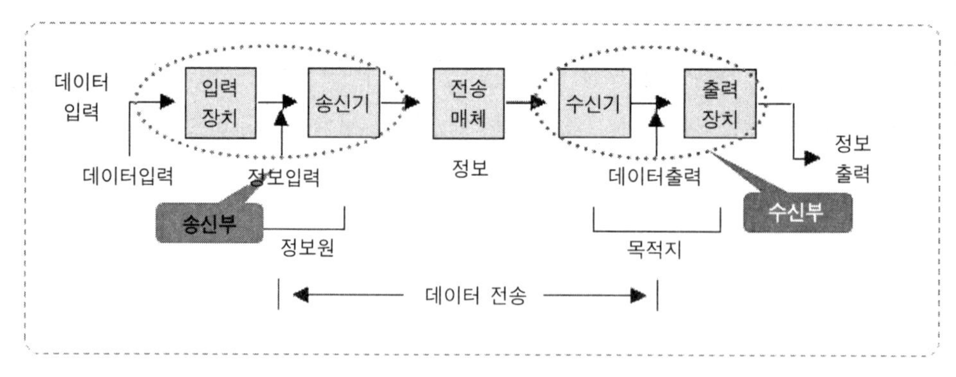

※ 송신부 : 입력장치와 송신기로 구성
※ 수신부 : 수신기 및 수신데이터를 정보로 출력하는 출력장치로 구성

정보통신 시스템의 개요

1.2 정보통신 시스템의 특성

정보통신 시스템은 컴퓨터와 정보통신 네트워크간의 결합이 이루어지면서 이용자 상호간 통신에 대한 요구증대와 기술진보로 데이터의 고속전송과 정확한 인터페이스 지원 등의 표준적인 통신망으로 발전하게 되었다. 또한 정보통신 전송에 있어서도 공중교환데이터망인 PSDN으로 발전되어 디지털데이터의 송·수신이 가능한 종합정보통신망(ISDN)의 시대로 발전을 거듭하여 현재 광대역정보통신망 구축(BcN & uBcN)과 더불어 와이파이(WiFi)에 이어 차세대 무선통신기술인 와이브로(WiBro) 및 LTE. LTE-A 등으로 발전하고 있다.

1.3 정보통신 시스템의 구성

정보통신 시스템은 크게 정보전송 시스템과 정보처리 시스템으로 구성되며, 시스템의 기본 구성은 통신용 단말장치와 통신장치 및 통신채널(전송매체)로 구성된다. 이때 통신장치(DCE)는 단말장치(DTE)와 통신채널 사이에서 신호를 변복조하는 인터페이스 역할을 수행하며, 모뎀과 통신망제어장치 및 교환기로 구성되게 된다.

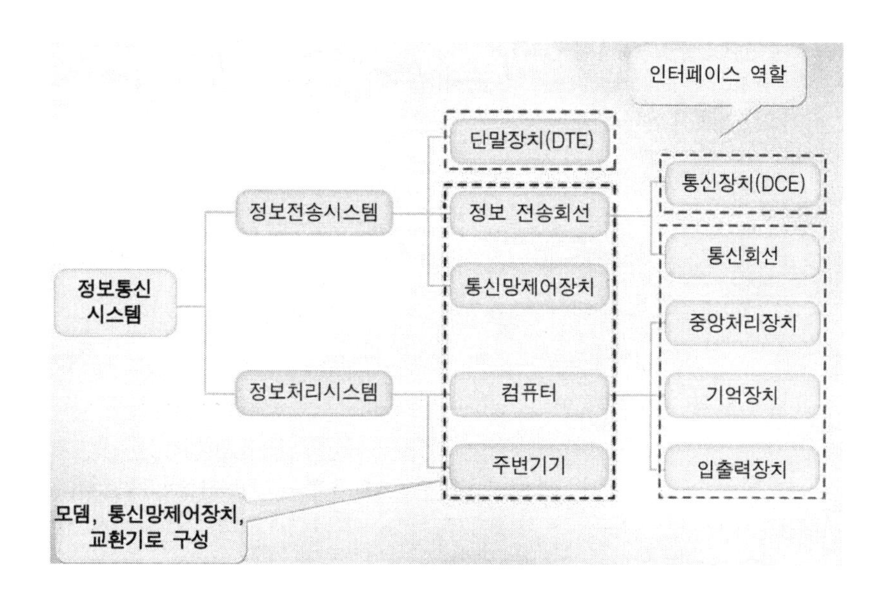

데이터 단말장치(DTE)와 통신장치(DCE) 및 통신채널로 구성되는 정보통신 시스템의 세부 구성도는 다음과 같다.

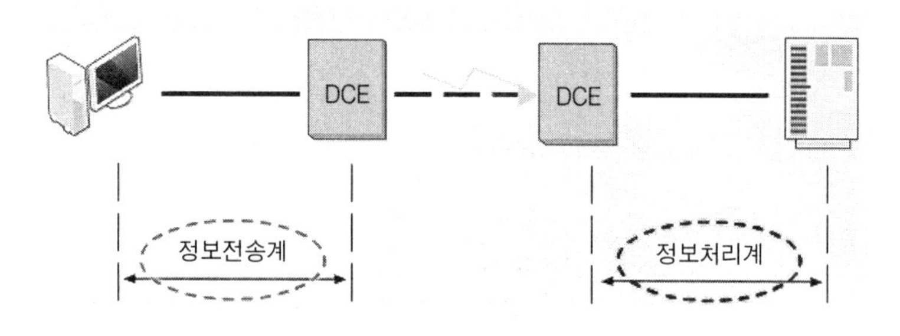

정보통신 시스템의 구성 개념도

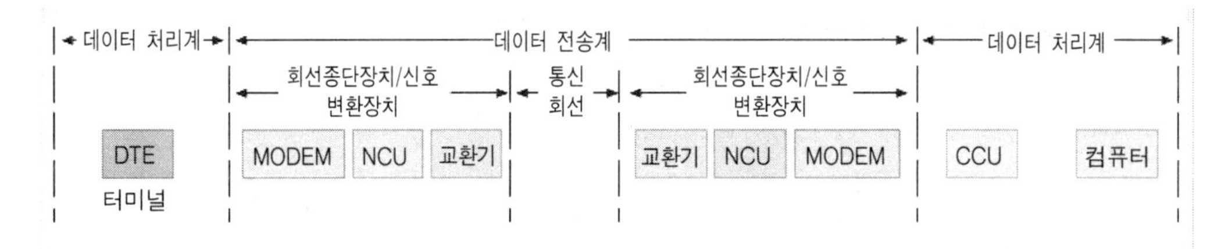

정보통신 시스템의 세부 구성도

※ 통신망제어장치, NCU(Network Control Unit)
통신제어장치, CCU(Communication Control Unit)
DTE(Data Terminal Equipment) : 데이터 단말장치
DCE(Data Communication Equipment) : 데이터 통신장치
통신채널(Media)

정보통신 시스템의 세부구성에 대한 특성은 다음과 같이 요약된다.

구성요소		기능
정보전송 시스템(데이터전송계)		정보를 입력 받아 통신회선을 통해 전송하기 전까지 정보를 변환하고 이 정보를 통신망에서 제어가 가능하도록 변환하여 송신하는 역할
정보처리 시스템(데이터처리계)		송신된 정보를 수신하여 원래의 신호로 복원하고 이를 통신제어장치를 통하여 컴퓨터에서 확인하는 기능
단말장치		정보 송·수신 장치
통신장치		단말장치와 통신채널 사이의 인터페이스(변, 복조) 기능
통신회선		변환된 신호의 송·수신 역할
통신망제어장치		교환기와 모뎀 사이에 위치하여 송·수신되는 데이터를 필요한 형식으로 변환
컴퓨터 시스템	중앙처리장치	컴퓨터에서 입력되는 데이터를 가공, 처리, 저장, 수정, 변경
	기억장치와 입·출력장치	컴퓨터에서 데이터를 저장하는 저장장치와 입·출력장치

다음에 정보통신 시스템의 구성특성에 대하여 상세히 알아보자.

1) 데이터 단말장치(DTE, Data Terminal Equipment)

데이터통신 시스템에서 외부와의 접속점에 위치하여 최종적으로 데이터를 송·수신하는 장치이다. 즉, 인간이 인지할 수 있는 언어(문자, 숫자, 음성, 화상 등)를 컴퓨터가 처리 가능한 2진 신호로 변환하는 역할을 하게 된다.

DTE로는 초기에 주로 전신기가 사용되어 왔으나 최근에는 컴퓨터가 주로 이용되고 있다. DTE는 데이터를 정확하게 송·수신할 수 있어야 할 뿐 아니라 정확한 데이터를 유지하고 있어야 한다. 또한 데이터를 송·수신할 때에 직·병렬 변환이 가능하여야 하며 통신시에 오류 검출이 가능하여야 한다. 다음에 단말장치의 기능을 요약하였다.

- 단말장치(컴퓨터)로 데이터를 송·수신하기 위해 사용되는 입·출력 장치
- 입·출력기능과 정확히 데이터를 송·수신하기 위한 제어기능 담당

다음에 DTE의 세부 구성도를 그림으로 나타내었다.

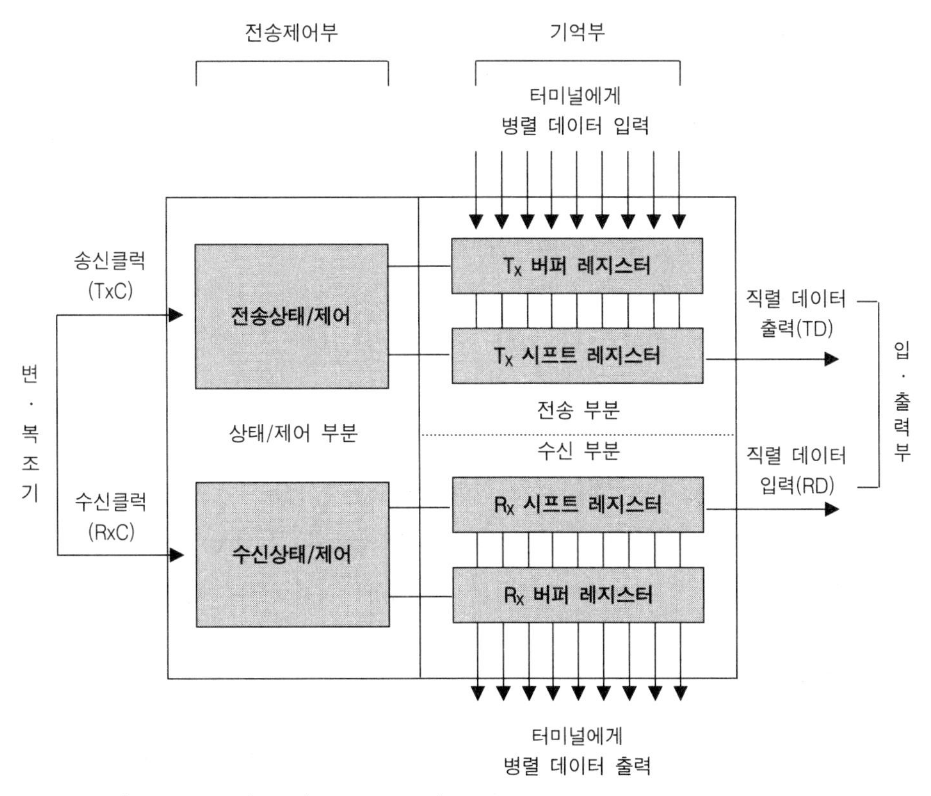

※ TD(Transmit Data), RD(Received Data)

DTE의 세부 구성도

DTE는 크게 세 부분으로 구성되는데 세 부분은 다음과 같다.

- 입 · 출력 장치(In/Output Devices)
- 전송제어 장치(TCU, Transmission Control Unit)
- 기억장치

그림에서 전송 및 수신 부분은 각각 2개의 레지스터, 즉 병렬입력과 병렬출력 버퍼 레지스터와 병렬입력과 직렬출력용 시프트 레지스터를 가지고 있다.

(1) 전송부의 동작특성

① 터미널에 입력된 병렬 데이터는 데이터의 바이트를 전송하기 위해 전송(T_X)버퍼 레지스터(Transmit Buffer Register)로 보낸다.

② DTE는 병렬형태로 되어 있는 데이터를 T_X 버퍼 레지스터에서 T_X 시프트 레지스터(T_X Shift Register)로 전송한다. 만약 비동기식 전송이 사용되고 있다면, DTE는 이 시간에 스타트, 스톱, 패리티 비트를 데이터에 추가하게 된다.

③ T_X 시프트 레지스터는 외부 송신 클럭 신호(External Transmit Clock Signal, T_XC)에 의해 결정되는 속도에 따라 DCE로 연결되는 송신 데이터 라인(Transmit Data Line, TD)으로 데이터를 시프트하여 내보내게 된다.

④ 데이터가 T_X 시프트 레지스터로부터 시프트되어 나가고 있는 동안, 터미널은 전송되어질 데이터의 다음 바이트를 T_X 버퍼 레지스터에 저장하게 된다.

⑤ 시프트 레지스터가 비워지는 순간에 전송을 위한 준비를 하게 된다.

(2) 수신부의 동작특성

① 수신 데이터 라인(Received Data Line, RD)을 통해 DCE로부터 수신된 데이터는 외부 수신 클럭신호(External Receive Clock Signal, R_XC)에 의해 결정되는 전송률에 따라 수신(R_X) 시프트 레지스터(Receive Shift Register)로 시프트되어 들어간다.

② 데이터의 한 바이트가 R_X 시프트 레지스터로 시프트되어 들어간 후에 프레이밍과 정확한 패리티가 검사된다.

③ 만약 비동기 전송이 사용되고 있다면, 스타트, 스톱, 패리티 비트가 제거되고, 터미널을 위해 데이터를 가지게 있게 되는 R_X 버퍼 레지스터(Receive Buffer Register)에 데이터 바이트가 병렬로 전송된다. 그러면 터미널은 병렬 데이터 버스를 이용해

R_X 데이터 레지스터로부터 데이터를 읽게 된다.

(3) 상태/제어부의 동작특성

송·수신 클럭부에서 입력된 신호는 송·수신 동작을 제어하는 상태/제어부는 제어를 받게 되는데 상태와 제어 부분은 두 가지 주된 기능을 수행한다.

① 상태/제어부의 구성

송·수신 클럭부에서 입력되는 신호는 송·수신 동작을 제어하는 상태/제어부의 제어를 받게 되며 이는 버퍼 레지스터와 시프트 레지스터로 구성된다.

② 동작특성

㉮ 전송과 수신 부분의 동작을 제어한다.

전송과 수신 클럭신호가 상태와 제어 부분을 통해 전송되며, 이 부분은 DTE가 서로 다른 전송속도로 동작할 수 있도록 프로그램 가능한 주파수 분주기(Program Mable Frequency Divider)를 포함하게 된다.

㉯ 전송과 수신 부분의 버퍼 레지스터 상태를 터미널에게 알려주게 된다.

즉, 버퍼 레지스터에 있는 데이터가 T_X 시프트 레지스터로 전달되었을 때를 터미널에게 통보하여 터미널이 전송되어질 데이터의 다음 바이트를 출력할 수 있도록 한다.

㉰ 데이터의 전송시 발생되는 에러를 검출하고 정정하게 된다.

데이터가 수신되어 R_X 버퍼 레지스터에 전송되었을 때를 터미널에 통보하여 터미널이 데이터를 입력할 수 있도록 하며, 수신된 데이터에 프레이밍 또는 패리티 에러가 있을 때는 터미널에게 통보하게 된다.

2) 데이터 통신장치(DCE, Data Communication Equipment)

데이터 통신장치는 DTE와 통신채널 사이에서 인터페이스를 해주는 역할을 하며 단말기 또는 컴퓨터로부터의 신호를 통신회선의 신호로 변환하므로 데이터회선 종단장치(Data Circuit Terminating Equipment)라고도 한다. 이 경우 주로 직렬 데이터를 전송받아 통신채널에 적합한 형태로 변환시켜 주는 역할을 하게 한다. 다음에 DCE의 특성을 요약하였다.

• DTE와 통신채널 사이를 연결해주는 장치
• 송신측 : 직렬 데이터를 정현파를 이용하여 변조시키고 아날로그 전화시스템을 이용하여 전송
• 수신측 : 수신된 아날로그 신호 → 디지털 신호로 변환 후 전송

다음에 DCE의 송신부 구성장치를 그림으로 나타내었다.

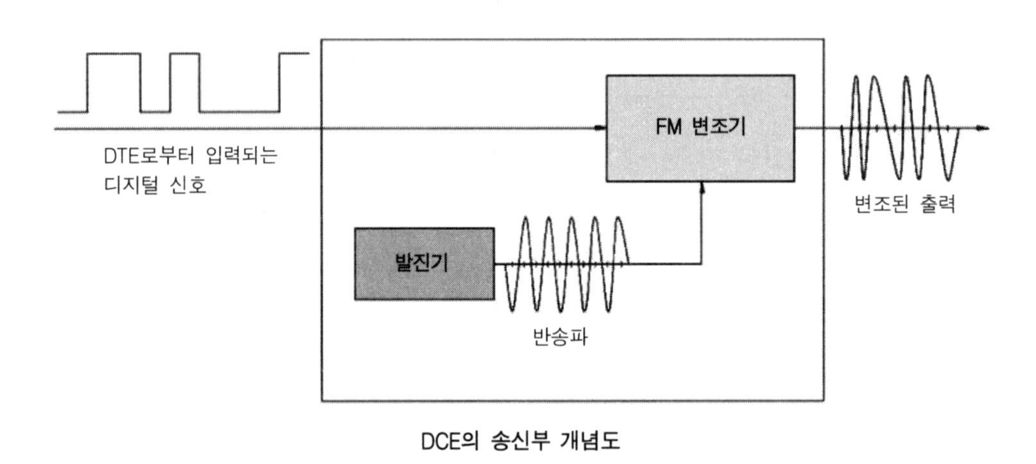

DCE의 송신부 개념도

그림에서 DTE로 입력되는 직렬 디지털 신호는 정현파에 의해 주파수 변조되며 변조된 신호는 아날로그 신호이며, 음성주파수로 변조된 신호는 전화선이나 무선채널을 통하여 전송되게 된다.

3) 통신채널(Medium)

통신채널은 정보 데이터를 송신측에서 수신측으로 전달하는 역할을 하며, 통신채널에서 채널(Channel)은 통신네트워크 상의 노드들을 연결하는 연결선의 집합을 의미하게 된다. 통신채널의 물리적인 전송매체는, 트위스트페어(Twisted Pairs), 동축케이블(Coaxial Cable), 광케이블(Optical Fiber), 지상 마이크로파(Terrestrial Microwave), 위성마이크로파(Satellite Microwave), 라디오파(Radio) 등이 있으며 서로 다른 채널용량과 대역폭은 갖는다.

채널용량이란 물리적인 전송매체로 전달되어질 수 있는 아날로그 신호의 범위로서, 트위스트페어는 1~2 [MHz] 대역폭을 가지며 동축케이블은 10~310 [MHz] 대역폭을 가진다.

제2절 정보전송의 기본요소

2.1 전송효율

1) 코드효율(Code Efficiency)

정보전송 신호의 전송시 에러의 검출이나 정정을 위해 패리티 비트를 첨가하여 전송하게 되는데 이 패리티 비트는 정보에 영향을 미치지 않는 영역(Redundancy Bit)이다. 이러한 전송비트 중에서 정보비트가 차지하는 비율을 코드효율이라 한다.

$$E_c = \frac{\text{정보비트수}}{\text{전체비트수}} = \frac{B_{\text{정보}}}{B_{\text{전체}}}$$

※ B(Baud) : 1초당 전송되는 단위신호의 수로 보오속도라고 함

R(Bit Rate) : 데이터의 신호속도(bps)

$$\text{보오속도}(B) = \frac{R(\text{bps})}{\text{단위신호당 비트수}}$$

예) 8비트 코드(정보비트 7비트, 패리티비트 1비트로 구성된 경우)

$7/8$ = 87.5%의 코드효율

2) 전송효율(Transmission Efficiency)

전송효율이란 정보전송 시 전송되는 정보비트와 부호비트를 포함한 전체펄스의 수에 대한 정보펄스만의 수로 나타낸다.

$$E_t = \frac{\text{정보펄스수}}{\text{전체펄스수}} = \frac{B_{\text{정보}}}{B_{\text{전체}}}$$

예) 8비트의 경우 1개의 스타트, 스톱 비트가 추가되므로 8/10 = 80% 전송효율

3) 시스템효율(System Efficiency) = 전체효율

시스템효율은 코드효율과 전송효율의 곱으로 나타내며 다음과 같이 정의된다.

$$E_s = E_c \times E_t$$

여기서 일반적으로 보오(baud)코드와 ASCII 코드의 효율은 다음과 같이 나타낸다.

- Baud 코드 : 정보비트가 5비트
- ASCII 코드 : 전체 8비트 중 7개가 정보비트

이때 전송효율을 보오와 ASCII 코드에 대하여 나타내면 다음이 된다.

- Baud 코드 : 전체 7비트 중 2비트는 부호비트, 5비트는 정보비트
- ASCII 코드 : 전체 10비트 중 2비트는 부호비트, 8비트는 정보비트

그러므로 보오와 ASCII 코드에 대한 시스템효율은 다음과 같다.

- Baud 코드 : $E_s = E_c \times E_t = 100\% \, (\frac{5}{5}) \times 71\% \, (\frac{5}{7}) = 71\%$
- ASCII 코드 : $E_s = E_c \times E_t = 87.5\% \, (\frac{7}{8}) \times 80\% \, (\frac{8}{10}) = 70\%$

즉, 시스템의 전송속도가 10 [Mbps]라면 ASCII 코드의 경우

10×10^3 [bps] / 70% = 14.285 [Mbps]의 시스템효율이 되게 된다.

2.2 전송속도

정보전송에 사용되는 데이터 전송속도는 데이터 신호속도(Bit Rate), 변조속도(Baud Rate), 데이터 전송속도(Transmission Rate), 반응속도(Bearer Rate) 등이 있다.

1) 데이터 신호속도(Bit Rate)

1초 동안 단말기가 전송회선에 전송할 수 있는 비트의 수로 정의되며 변조속도의 2배 값이 되고 단위는 [bps]를 사용한다.

$$\text{데이터 신호속도} = \sum_{i=0}^{m} B \log_2 N_i = \sum_{i=0}^{m} \frac{1}{T_i} \log_2 N_i \text{ [bps]}$$

m : 병렬 통신로의 수

i : i번째 채널

B : 변조속도

T_i : i번 통신로의 최단 펄스폭을 초(sec)로 표시한 수식

N_i : i번 통신로의 1개 펄스가 갖는 상태수

$\log_2 N_i$: 1회 변조시 비트수

2) 변조속도(Baud Rate)

통신회선이 1초 동안 변조할 수 있는 최대 변조횟수로 정의된다. 즉, 1초당 몇 개의 다른 상태변화가 있었는지를 나타내며 단위는 [baud]를 사용한다.

$$\text{변조속도} = \frac{\text{데이터 신호속도}}{\text{변조시 상태 변화 수}} = nB = B\log_2 M = \frac{1}{T}\log_2 M[\text{bps}]$$

n : 하나의 변조신호로 전송할 수 있는 비트 수

B: 변조속도

M: 변조상태의 수

T: 최단 펄스폭(또는 변조신호의 주기)

3) 데이터 전송속도(Transmission Rate)

1초 동안 보낼 수 있는 문자 수, 워드 수, 또는 블록수로 정의되며 단위는 [문자/초], [워드/초], [블럭/초]를 사용한다.

$$\text{데이터 전송속도} = \frac{R}{m}[\text{문자, 워드, 블럭/초}]$$

m : 한문자를 구성하는 비트수

R : 데이터 신호속도

4) 반응속도(Bearer Rate)

데이터 신호속도에 동기신호와 상태신호를 포함한 전체 전송속도로 정의되며 단위는 [bps]를 사용한다.

즉, 정보의 전송은 송신측에서 정보신호 6비트 전, 후에 동기를 취하기 위하여 프레임비트를 삽입하고 수신측에는 통신상태를 수신측에 전송하기 위하여 상태비트를 삽입하게 된다. 이들 제어비트(프레임비트, 상태비트)와 데이터비트를 합하여 2+6 옥텟(Octet)을 만드는데 이를 “엔벨로프(Envelope) 형식”이라 한다. 이러한 엔벨로프 형식 신호가 전송로에 가해져 전송되

는 속도가 반응속도이다.

$$반응속도 = 데이터\ 신호속도 \times 샘플링수 \times \frac{8}{6}[bps]$$

이 경우는 정보비트 6, 동기신호 1(bit), 상태신호 1(bit)인 경우이며, 샘플링 수는 데이터 1 비트를 디지털 전송회선에서 몇 비트로 대응시키는가를 나타내게 된다.

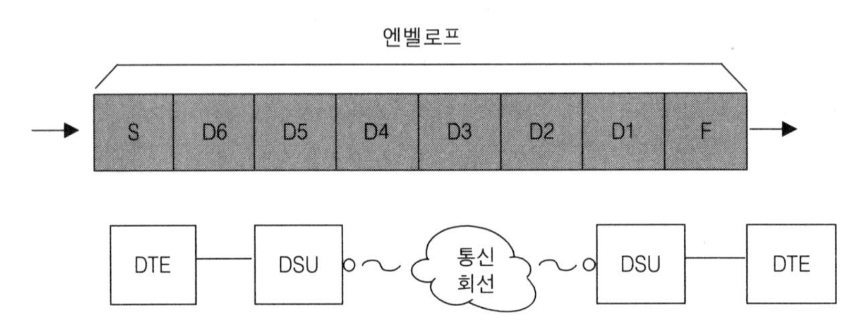

F : 프레임 비트, S : 상태 비트, D1~D6 : 송신데이터

반응속도의 개념도

2.3 전송손실

정보전송은 정확하고 신뢰성 있는 데이터의 전송을 목적으로 한다. 이러한 정보전송에서 전송손실(Transmission Loss)이란 특정 접속구간에서 주어진 장치(Device)가 삽입될 때 발생하는 신호전력의 감소를 의미하며 일반적으로 접속삽입손실(ICL, Inserted Connection Loss)의 축약된 형태를 의미한다. 신호를 전송할 때 발생할 수 있는 전송손실에는 감쇠(Attenuation), 지연왜곡(Delay Distortion), 잡음(Noise) 등이 있다.

1) 감쇠

감쇠란 전송매체를 통해 신호가 전송될 때 거리에 따라 그 진폭이 감소하는 현상을 의미한다. 즉, 전송신호는 전송매체를 통해 신호가 전파될 때 거리에 따라 그 진폭이 감소하여 수신측에서 원래의 신호대비 손실된 신호를 수신하게 됨을 나타내게 된다. 전송신호가 전송매체를 통해 전송될 때 발생하는 감쇠는 감쇠계수(Attenuation Coefficient)로 나타내며 이는 일반적으로 단위 길이당 [dB/m], [dB/Km] 등으로 나타낸다.

$$감쇠계수\ \alpha_{dB} = -\frac{1}{x} 10\log_{10} \times \frac{P(x)}{\mathrm{P}_{(\mathrm{in})}} [\mathrm{dB/Km}]$$

$P(x) = \mathrm{P}_{(\mathrm{in})} e^{-\alpha x}$

α : 단위길이당 감쇠정수

x : 전송거리

$P(x)$: 전송거리에 대한 신호전력

$\mathrm{P}_{(\mathrm{in})}$: 입력 신호전력

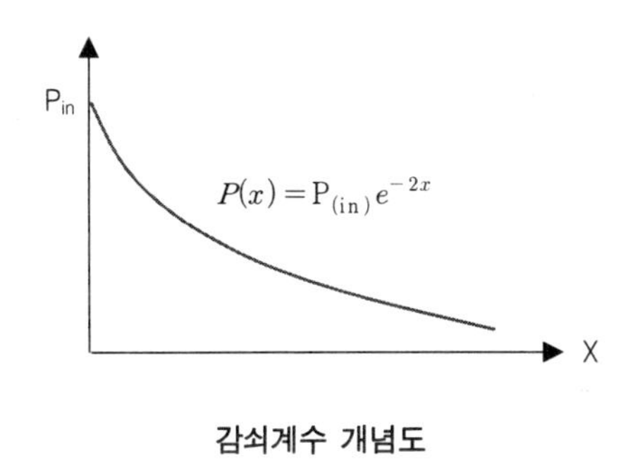

감쇠계수 개념도

이러한 신호의 감쇠를 위해 고려되어야 할 사항은 다음과 같다.

- 수신된 신호는 수신측에서 신호를 해독할 수 있을 정도의 충분한 세기를 가져야 한다.
- 신호는 잡음에 비해 충분히 높은 강도를 유지해야 한다.
- 감쇠정도를 고려한 신호의 증폭이 필요하다.

2) 지연왜곡

지연왜곡이란 전송신호 내의 다양한 주파수성분이 서로 다른 속도로 전송됨으로서 신호파형이 변하여(즉, 찌그러짐 발생) 나타나는 전송손실을 의미하며, "주파수 의존성 왜곡(Frequency Dependent Distortion)"이라고도 한다. 이는 일반적으로 하드와이어 전송매체에서 발생되는 문제로서 주파수의 가변적 속도에 의해 생기는 왜곡현상이다. 즉, 대역제한적(Bandlimited) 신호는 중심의 주파수 부근에는 전송속도가 빠르며 양쪽 끝으로 감에 따라 전송속도가 떨어지기 때문에 신호의 여러 주파수 성분들이 서로 다른 시간에 수신기에 도착함으로서 발생되는 왜곡현상을 나타낸다.

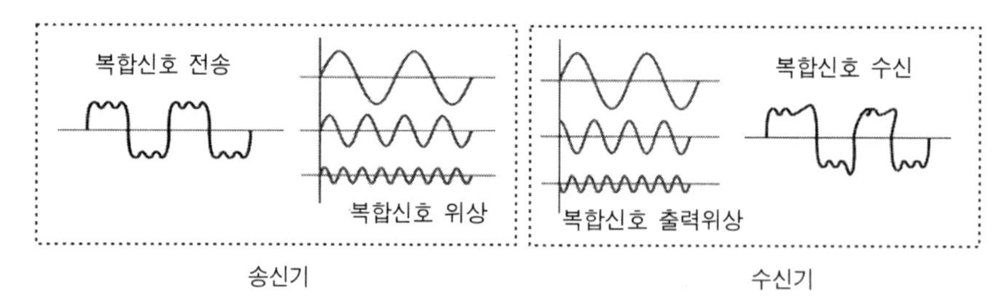

지연왜곡 발생 개념도

지연왜곡은 디지털 전송에서는 치명적인 현상으로 하나의 비트위치가 다른 비트위치와 중첩되어 나타나는 심벌간 간섭현상(Intersymbol Interference)의 발생 원인이 되기도 한다.

지연왜곡은 대역제한 채널 및 주파수 간섭원 등에 의해 많이 발생되며 왜곡의 특성은 다음과 같다.

- 신호가 있어야만 왜곡이 나타나며 신호가 사라지면 왜곡도 사라짐
- 비선형적 입·출력 전달(채널) 특성에 기인
- 디지털 신호 전송에서의 왜곡은 대부분 펄스파형이 넓어지는 신호파형의 분산(Dispersion) 또는 찌그러짐 현상

3) 잡음

잡음이란 전송도중에 추가된 불필요한 신호로서 원래의 전송신호를 손상하거나 왜곡시켜 나타나는 원치 않는 파형 등을 의미한다. 잡음은 수신측 회로의 오동작을 발생시키거나 원래 신호를 이해할 수 없도록 하기 때문에 시스템의 효율을 저하시키는 원인이 되며 잡음의 종류에는 열 잡음(Thermal Noise)과 누화(Crosstalk), 변조 간 잡음(Intermodulation Noise), 충격 잡음(Impulse Noise) 등이 있다.

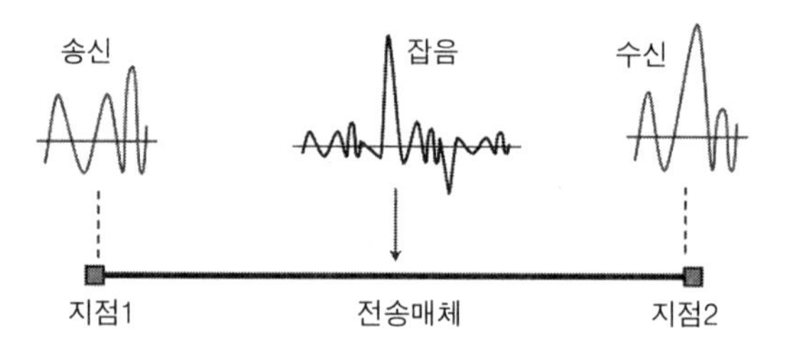

잡음생성 개념도

① 열 잡음(Thermal Noise)

전송매체나 전송장비 자체의 열적 불규칙 운동에 의해 발생되는 가장 일반적인 잡음으로 도체 내에서 온도에 따른 자유전자의 운동량의 변화에 기인하기 때문에 온도에 대한 함수로 표현되며, 주파수 스펙트럼에 골고루 분포하므로 흔히 "백색 잡음(White Noise)"이라고도 한다.

② 누화(Crosstalk)

채널 간에 전자기파가 전송매체를 통해 전송될 때 다른 매체의 전자기적 결합, 즉 유도결합(Conductive Coupling)으로 발생되며 전화통화 중에 통화의 혼선 등이 대표적인 예이며 이중나선의 전기적 신호의 결합이나 다중신호를 전송하는 동축 케이블의 경우 등에서 주로 발생한다.

누화는 열 잡음보다 좀 작거나 비슷한 중요성을 가지며 누화를 감소하기 위해 "적응형 NEXT 상쇄기(Adaptive NEXT Canceller)"라는 집적회로를 사용하기도 한다.

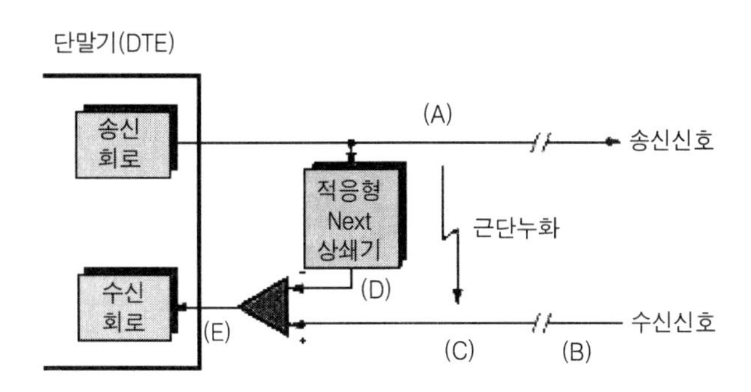

적응형 Next 상쇄기를 사용한 송·수신회로 구성도

※ 근단누화(NEXT : Near-End Crosstalk)란?
근거리통신망에서 사용되는 통신회선 도선 사이에서 발생되는 간섭(Interference)으로 인해 송신기 회로에 의한 강한 신호출력이 같은 기기 내의 수신기 회로로의 약한 입력 신호와 결합되어 나타나는 누화현상을 의미 한다.

③ 변조잡음(Intermodulation Noise)

서로 다른 주파수들이 동일 전송매체를 사용할 때 주파수간 상호간섭에 의해 발생하는 잡음으로 정보통신 시스템에 대한 출력이 입력의 상수배가 되는 선형 시스템에서는 발생하지 않으나 기능이상이나 많은 입력에 의한 비선형 시스템 상태에서 주로 많이 발생한다.

④ 충격잡음(Impulse Noise)

짧은 시간동안 비교적 강한 전자기 에너지의 충격이 전송신호에 직·간접적으로 영향을 주어 발생하며 비연속적이고 불규칙한 진폭을 가지기 때문에 짧은 시간에 큰 세기로 발생하고 아날로그 전송방식보다 디지털 전송방식에서 치명적인 결과를 초래하게 된다. 충격잡음은 번개의 방전이나 강력한 전자장치의 충격 등에 의한 순간적인 간섭으로 여러 원인에 의해 발생되고 있다.

제3절 정보전송 방식의 특성

정보통신 시스템은 단말장치와 통신장치 및 통신채널(전송매체)로 구성되며 이들 시스템들을 통하여 정보가 전송되게 된다. 정보전송은 이들 시스템간의 데이터의 전송과 통신채널을 통한 전송 및 데이터 전송방법에 따른 정보전송 방식의 특성으로 설명된다.

3.1 직렬전송

1) 직렬전송(Serial Transmission)의 특성

직렬전송은 1비트씩 순서대로 데이터를 전송하는 방법이다. 일반적으로 단말장치와 컴퓨터는 복수의 비트들로 구성된 문자 단위로 입·출력하게 된다. 송신측에서는 내부의 병렬신호를 직렬신호로 변환하여 전송로에 전송하며, 수신측에서는 수신된 직렬신호를 병렬신호로 변환시켜 정보화하게 된다. 다음에 직렬전송의 개념도를 그림으로 나타내었다.

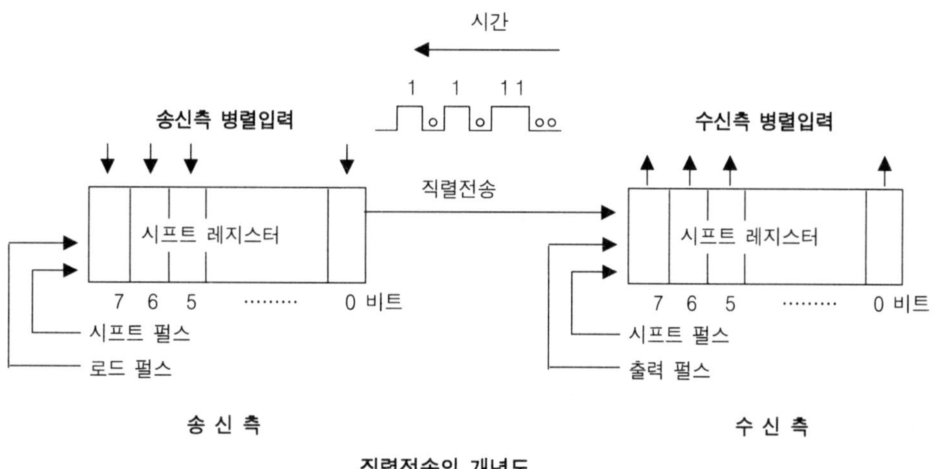

직렬전송의 개념도

그림은 송신측에서 로드 펄스신호에 의해 병렬데이터가 시프트 레지스터에 입력되며 계속해서 시프트 펄스신호에 의해 최하위의 비트부터 순서대로 최상위 비트까지 차례로 오른쪽으로 이동하는 방법으로 직렬전송하는 방법을 나타내고 있다. 이러한 방식은 송·수신 측간에 1개의 전송회선으로 데이터 통신을 할 수 있으므로 현재 대부분의 데이터통신 시스템에서 이 방식을 사용하고 있다.

직렬전송의 전송속도 단위는 선로를 따라 전송되는 초당 비트수를 [BPS](Bit Per Second)로 표현하며 현재 직렬전송 속도는 45 [bps]에서 96 [Kbps]를 사용하고 있다.

다음에 직렬통신의 특성을 요약 정리하였다.

① 특징

- 한 번에 한 비트만 동일 통신선을 사용하여 전송 가능
- 속도는 느리지만 두 개의 전송선만이 필요
- 장거리전송에 유리
- 전송효율이 높음

② 전송방법(8bit 전송의 경우)

- 첫번째 비트, 다음 2번째 비트, 3번째 비트를 전송하는 방법으로 8번째 비트를 전송할 때까지 이를 계속 전송

③ 용도

- 원거리 통신
- 그다지 중요하지 않은 근거리 통신
- 가입자망

④ 전송속도

- 저속(ASK) : 45 ~ 2 [Kbps]
- 중속(PSK, QAM) : 2.4 ~ 9.6 [Kbps]
- 고속(FDM) : 9.6 ~ 48 [Kbps]

2) 직렬통신의 장 · 단점

① 장점

- 전송선(2개의 전송선)이 적게 필요
- 경제적인 가격으로 전송할 수 있는 통신방식

② 단점

- 전송속도가 느림
- 통신방식이 복잡
  - 컴퓨터 내에서 데이터는 병렬저장
  - 컴퓨터 사이의 데이터 전송시 직렬통신이므로
    송신측에서는 병렬저장 데이터 → 직렬로 변환 후 전송
    수신측에서는 수신된 데이터 → 병렬로 변환 후 저장

3.2 병렬전송

1) 병렬전송(Parallel Transmission)의 특성

병렬전송이란 복수의 비트를 여러 개의 전송선로를 통하여 동시에 전송하는 방식을 의미한다. 다음에 병렬전송의 개념도를 그림으로 나타내었다.

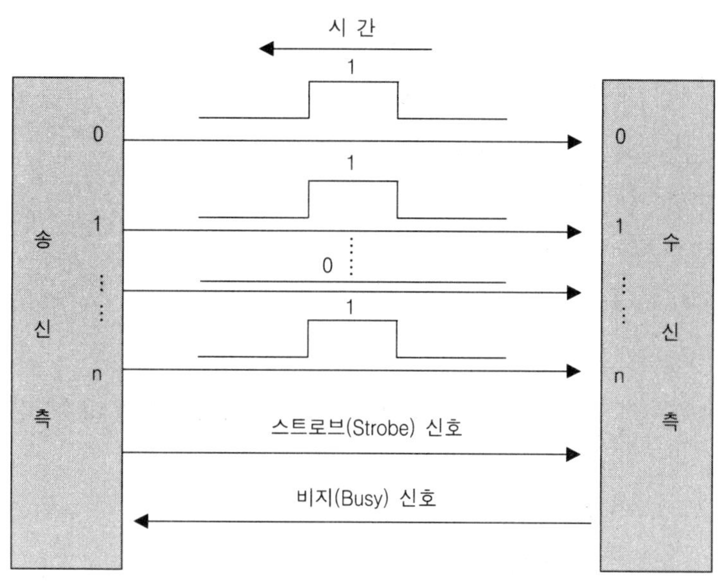

(주) 1문자가 8비트로 구성되는 경우 n=7

병렬전송의 개념도

1문자가 8비트로 구성되는 경우 병렬전송에서는 최소한 8개의 전송선이 필요하며 패리티 비트나 제어비트 전송용 전송선이 추가로 필요하게 된다. 병렬전송의 경우 한 문자를 전송한 후에 계속하여 다음 문자를 전송하게 되는 경우 데이터 신호만으로는 문자와 문자사이의 간격을 식별할 수가 없게 된다. 따라서 "스트로브(Strobe)"라고 하는 신호를 사용하여 문자와 문자 사이의 간격을 식별하게 된다. 그리고 "비지(Busy) 신호"는 수신측이 현재 데이터를 수신 중에 있다는 것을 송신측에 알려주는 것으로서 수신측이 문자를 수신하고 있을 때 송신측이 다음 문자를 전송하지 않고 대기하게 하는 역할을 하게 된다. 병렬전송 방법은 일반적으로 컴퓨터와 주변기기 사이의 짧은 거리에서 데이터 전송을 위해 사용되며 원거리의 경우 전송선로에 대한 설치 및 유지 비용이 높아지는 특성이 있다.

다음에 병렬통신의 특성을 요약하였다.

① 특징

- 시간당 많은 데이터 전송량
- 전송효율이 낮음

- 빠른 전송속도
- 정보 데이터들이 송신측 → 수신측으로 동시 전송
- 각 전송비트들은 각 전송선이 필요
- 전송선 외에 접지선이 별도 필요

② 전송방법(8비트 전송의 경우)

- 8비트를 동시에 전송

③ 용도

- 근거리 통신
- 컴퓨터 본체↔ 프린터, 컴퓨터↔디스크 드라이브 사이의 고속통신

2) 병렬통신의 장 · 단점

- 장점 : 구조 간단, 고속 데이터 전송
- 단점 : 많은 전송선이 필요

3.3 단방향 통신

정보통신 시스템에서 시스템간의 데이터 전송의 경우 직렬통신방법은 송 · 수신기 사이에 2개의 전송회로 및 이와 유사한 역할을 하는 회로로 구성된다. 일반적인 전송회로의 경우 증폭기, 통신신호 처리장치, 스위칭장치 및 그 외의 전자장치들로 구성되게 되는데 이들 2개의 시스템간의 데이터 전송은 통신채널을 통하여 이루어지게 되며 여기에는 3가지의 정보전송방식이 있다. 즉, 단방향 통신(Simplex), 반 이중통신(Half Duplex), 전 이중통신(Full Duplex) 방식이다. 다음에 통신채널의 특성을 요약 정리하였다.

① 통신채널(또는 미디어)의 역할

- 정보 데이터를 송신측 → 수신측 전달 역할

② 통신채널의 사용재원

- 광 케이블, 마이크로웨이브의 유, 무선, 무선매체
  - 원거리용 : 표준 공중통신망(PSDN)

③ 통신채널을 이용한 정보전송방식의 종류

- 단방향 통신(Simplex), 반 이중통신(Half Duplex), 전 이중통신(Full Duplex)

1) 단방향 통신방식의 정의

- 단방향 통신(Simplex Communication)이란?

≒ One Way Only 통신방식

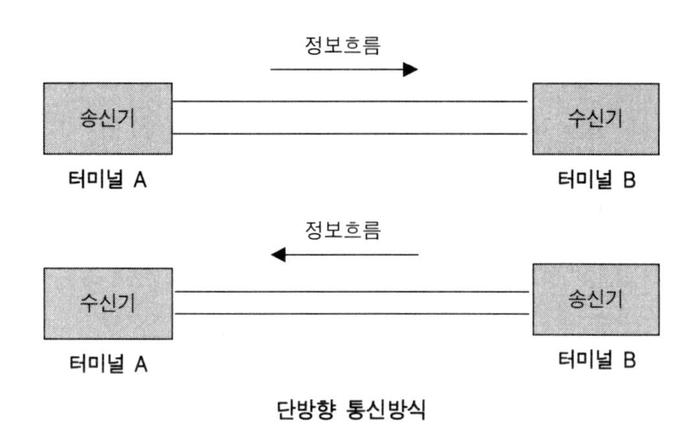

단방향 통신방식

단방향 통신은 "One Way Only 통신방식"으로도 불리어지며 오직 한쪽 방향으로만 통신을 하는 방법을 의미하며, 오직 한 방향으로만 통신을 하므로 한 개의 통신 채널만이 필요하게 된다. 단방향 통신의 대표적인 예로는 공중통신망을 이용한 상업용 방송이 있으며 이는 수신자의 요구에 응대할 수 없는 방식이다.

2) 단방향 통신방식의 특성

단방향 통신은 컴퓨터와 프린터사이에서 직렬로 인터페이스하는 경우가 이에 속하며, 단순히 컴퓨터에서 프린터로 명령만이 전달될 수 있는 상태이다. 위 그림에서와 같이 송신기와 수신기는 단일채널로 연결되어 있으며 데이터는 송신기에 해당하는 터미널 A로부터 수신기의 터미널 B로 전송되게 되는 방식이다.

다음에 단방향 통신 방식의 특성을 요약하였다.

- 특성 : 한쪽 방향으로만 통신하므로 한 개의 통신채널 필요
- 전송방식 : 송신기에 해당하는 터미널 A → 수신기의 터미널 B로 전송
- 주 응용
  - 상업용 방송, TV, 호출기(Pager)
  - 컴퓨터 ↔ 프린터 사이의 직렬 인터페이스

3.4 반 이중통신

1) 반 이중통신 방식의 정의

- 반 이중통신(HDX, Half Duplex Communication)이란?

  ≒ Two Way Alternate 통신방식

반 이중통신은 "Two Way Alternate 통신방식"으로도 불리어지며 양쪽방향에서 통신이 가능한 반면 한쪽방향으로만 통신이 이루어지는 방식을 의미한다. 이 방식은 통신채널을 하나로만 운영하므로 송·수신 양단에서 서로 방향 전환을 하여 통신하는 방법이다.

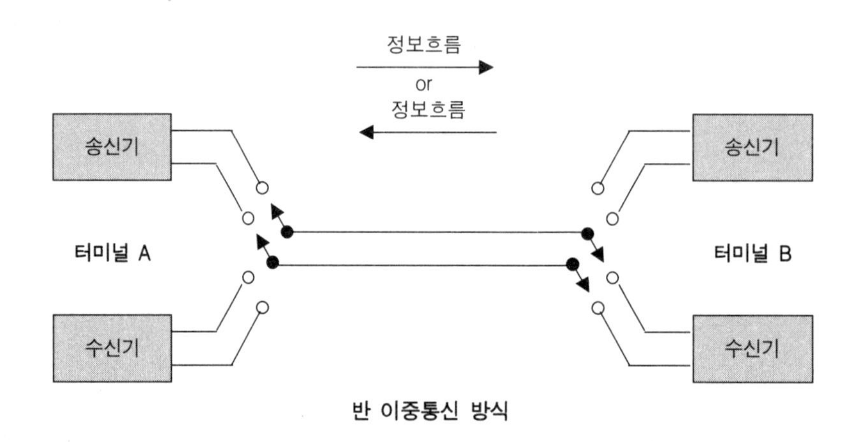

반 이중통신 방식

2) 반 이중통신 방식의 특성

반 이중통신 방식은 그림과 같이 터미널 A가 송신하는 동안에는 터미널 B는 반드시 수신만 하여야 하며 이 모드는 서로 업무를 교환하여 사용이 가능하다. 반 이중 통신방식의 대표적인 예로는 무전기(Citizen Band 사용)가 있다.

다음에 반 이중통신의 특성을 요약하여 나타내었다.

- 특성
  - 양쪽 방향으로 통신이 가능한 반면 한쪽방향으로만 통신 가능
  - 통신채널이 하나만 필요하며 송수신 양 끝단에서 서로 방향 전환 필요
  - 2선식 회선 또는 하나의 무선 채널 필요
- 전송방식 : 한 사람의 송신 동안 다른 사람은 수신
- 주 응용 : 경찰 공공기관에서 사용하는 무전기의 무선시스템(무전기), 팩스, 텔렉스, 휴대용 무선통신기기 등

3.5 전 이중통신

1) 전 이중통신 방식의 정의

- 전 이중통신(FDX, Full Duplex Communication)이란?

  ≒Two Way Simultaneous 통신방식

전 이중통신은 "Two Way Simultaneous 통신방식"으로도 불리어지며 동시에 양방향에서 송·수신이 가능한 통신방식을 의미한다. 전 이중통신 방식은 2개의 통신채널로 구성되어 있으므로 동시에 송·수신이 가능한 방법이다.

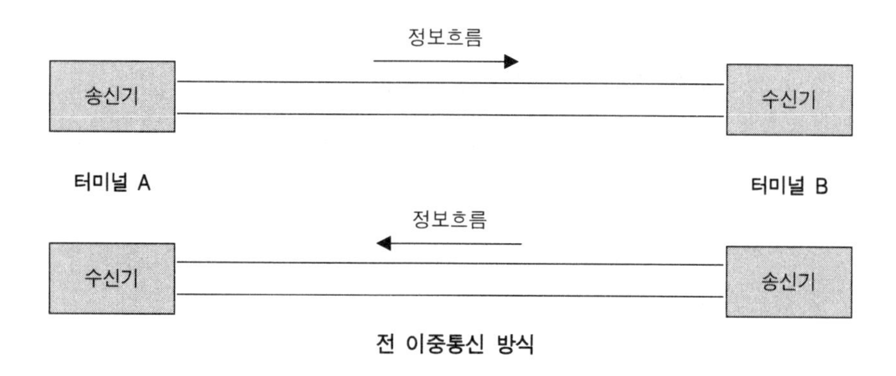

전 이중통신 방식

2) 전 이중통신 방식의 특성

일반적인 컴퓨터 통신간의 통신방법이 이에 속하며 두 개의 통신채널에서 동시에 송·수신이 가능한 효율적인 통신방식이다. 다음에 전 이중통신의 특성을 요약 정리하였다.

- 특성
  - 4선식회선이나 2개의 통신채널로 구성
  - 각각의 방향으로 동시에 정보 전송 가능
- 전송방식 : 두 개의 통신채널은 각 통신단에서 송신과 수신을 동시에 수행
- 주 응용 : 컴퓨터간의 통신, 전화통신

3.6 비동기식 전송방식

정보통신 시스템에서 시스템간의 데이터 전송의 경우 정확한 데이터의 전송을 위해 송신측과 수신측이 미리 약속된 방법으로 데이터를 전송하여야 한다. 즉, 정확한 데이터의 전송을 위해서는 송신측이 수신측과 미리 약속한 방식으로 전송하고, 수신측도 송신측과 미리 약속한 방식대로 수신해야 하며, 이러한 송·수신측간의 미리 약속된 방식으로 송·수신하는 것을 "동기가 맞았다"라고 이야기한다. 정보통신 시스템에서는 동기(Synchronization)라는 용어가 자주 등장한다. 예를 들어 "송신측과 동기가 안 맞아서 정확한 데이터를 수신할 수 없다." 또는 "송신측 데이터 통신 장비와 수신측 데이터 통신 장비가 달라서 동기를 맞출 수 없다"라는 등의 표현이다.

송신측과 수신측의 데이터 전송의 경우 대표적으로 사용되는 방식은 비동기식(Asynchronous Transmission)과 동기식(Synchronous Transmission)으로 설명된다. 비동기식과 동기식 전송방식의 특성에 대하여 알아보고자 한다.

1) 비동기식 전송방식

> **※ 비동기식 전송방식(Asynchronous Transmission)이란?**
> 비동기식 전송은 보통 스타트 스톱(Start-Stop) 전송이라고 불리우며, 한 번에 한 글자씩 전송하는 방식을 의미한다.

그림과 같이 스타트 비트와 스톱 비트는 글자와 글자를 구분해 주며, 수신측에서 송신측과 동기를 맞추어 정확한 수신을 하기 위한 목적으로 사용된다.

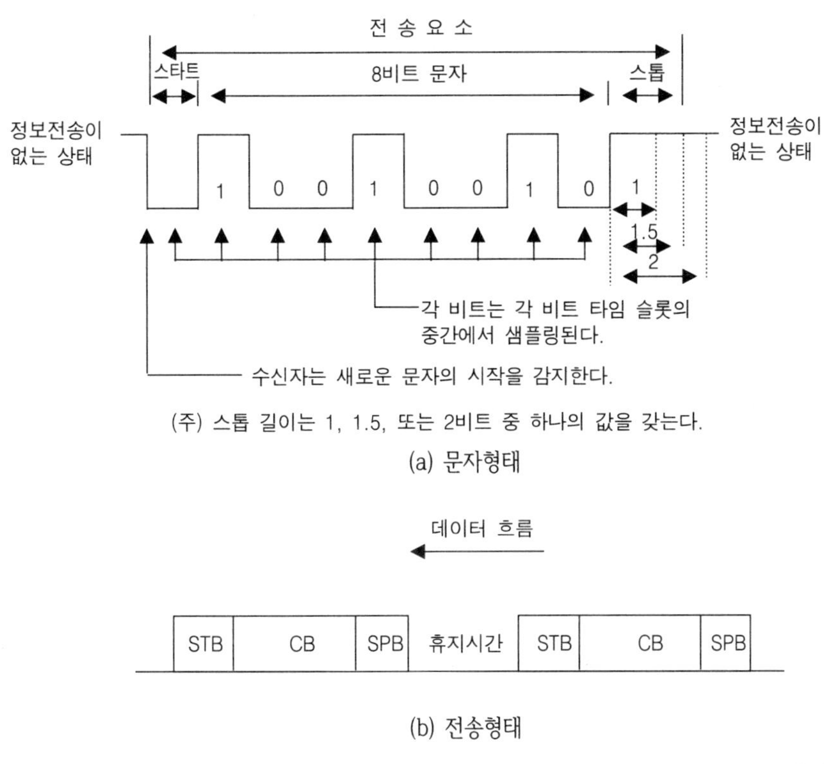

(a) 문자형태

(b) 전송형태

• STB : Start Bit, SPB : Stop Bbit, CB : Character Bit

비동기식 전송방식 개념도

송·수신 방법은 정보전송이 없는 상태(Line Idle)에서는 통신회선이 '1'의 상태를 유지하고 있다가 신호값이 '1' 상태에서 '0' 상태가 되면 송신의 개시라고 판단하고 수신 준비를 한다. 즉, 스타트 비트는 '0'의 값을 1비트 시간 동안 가지게 되므로 수신측에서 회선을 감시하고 있다가 회선의 신호값이 '1' 상태에서 '0' 상태가 되면 송신의 개시라고 판단하고 수신 준비를 하게 된다. '0'의 상태가 1/2비트 시간(타임 슬롯)만큼 계속되면 수신측은 데이터의 표본화(Sampling)를 개시하며 송신측과 미리 약속된 7개 혹은 8개의 비트를 표본화하여 찾아낸 후에는 스톱비트가 도착되는가를 확인한다. 보통 스톱비트는 '1'의 값으로 데이터 비트와 구별하기 위하여 1, 1.5 혹은 2비트 시간만큼 지속된다.

이와 같은 방식으로 송신측에서는 보낼 데이터를 매 글자별로 스타트 및 스톱비트를 첨가하여 전송하고, 수신측은 이를 인지하고 한 글자씩 수신한다.

비동기 방식에서는 8비트의 데이터 비트를 전송하고자 할 경우 스타트와 스톱비트가 2~3비트 추가로 전송이 되므로 전체회선 이용효율은 73~80[%]의 전송효율을 가지게 된다. 보통 300~1,200[bps] 정도의 비교적 저속의 데이터 전송에 이용된다.

텔레타이프형 단말기는 대부분 비동기식으로 데이터를 전송한다. 키보드 하나를 누를 때마다 한 글자씩 전송이 된다. 한 글자를 누른 후 다음 글자를 누를 때까지 휴지시간(Idle Time)이 계속된다. 이 휴지시간이 앞글자와 뒷글자 사이에 일정하지 않은 시간만큼 존재하는 것이 비동기식 전송의 특징이다.

2) 비동기식 전송방식의 특성

비동기식 전송방의 특성을 요약하였다.

① 정의 : 한 번에 한 글자 단위로 데이터를 송·수신하는 방식

② 특성

- 한 번에 한 글자씩 전송
- 글자와 글자를 구분하여 송신측과 수신측의 동기 유지
- 단순하고 저렴
- 문자당 2~3비트의 오버(Over) 헤드가 요구

  즉, 7비트 코드에서 한 비트의 스톱 비트를 사용할 때 9비트마다 2~3 비트의 오버(Over) 헤드가 필요하여 9비트 전송시마다 2~3비트는 아무런 정보도 나르지 않고 동기화에만 사용
- 전송은 보통 2,000[bps] 이하의 속도에 사용
- 전송효율은 73~80[%]

③ 전송방법

- 처음에 스타트 펄스(1bit 길이)를 발생하고 글자의 맨뒤에는 스톱 펄스(1bit~2bit)를 전송
- 전체 비트수(한 글자가 8bit로 구성되는 경우)는 10비트~11비트(그림 b)
- 타이밍 에러의 영향으로 오류 발생

- 마지막 샘플링 비트의 수신 오류
- 비트 카운터가 틀려지는 경우

  즉, 비트 7이 1로 비트 8이 0이면 8은 스타트 비트로 인식

3.7 동기식 전송방식

1) 동기식 전송방식

> **※ 동기식 전송방식(Synchronous Transmission)이란?**
> 데이터를 전송하는데 한 글자 단위로 전송하는 것과는 달리 송·수신측 사이에 미리 정하여진 숫자만큼의 글자 열을 한 묶음(Group)으로 만들어 일시에 전송하는 방식을 의미한다.

비동기식 전송의 경우 동기가 맞지 않을 때는 한 글자만이 착오가 발생하지만, 동기식의 경우는 한 묶음(call "블록(Block)" 또는 "프레임(Frame)") 단위 글자 열을 다시 전송하여야 하므로 송·수신측 간에 정확한 동기가 이루어져야 한다.

동기식 전송방식은 문자지향형 동기방식과 비트지향형 동기방식, 혼합형 동기방식으로 나뉘어지며 이들 특성은 동기식 전송방식의 종류 특성에서 알아보도록 한다.

2) 동기식 전송방식의 특성

동기식 전송방식의 특성을 요약하였다.

① 정의 : 미리 정해진 수만큼의 글자열을 한 그룹으로 만들어 일시에 전송하는 방법

※ 동기문자 : 송·수신측이 동기를 유지하기 위하여 특별한 문자가 하나 또는 둘이 전송되어야 하는데 이러한 문자를 의미

② 특성

- 동기식의 경우 일정 수의 글자를 그룹으로 만들어야 하며, 이 그룹으로 된 데이터를 수신하기 위하여 터미널은 반드시 버퍼 기억장치가 필요
- 프레임은 한 개 이상의 동기화 문자로 시작되며, 이 동기화 문자는 수신자에게 블록의 시작을 알리는 고유한 비트패턴(call "SYN")을 사용

- 일반적으로 2[Kbps] 이상의 고속전송에 사용되며 대형컴퓨터 전송방식에 적합

3) 동기식 전송방식의 종류 특성

동기식 전송방식에서 송·수신측간에 정확한 동기를 이루기 위해 사용되고 있는 방식은 전송 제어문자("SYN")를 이용한 문자지향형 동기방식(Character Oriented Synchronization)과 특별한 형태의 비트패턴(Bit Pattern)을 이용한 비트지향형 방식의 프레임 단위로 동기를 맞추는 비트지향형 동기방식(Bit Oriented Synchronization), 비동기식과 동기식의 특성을 혼합한 혼합형 동기식 전송(Isochronous Transmission) 방식으로 구분된다.

(1) 문자지향형 동기식(Character Oriented Synchronization) 전송

문자지향형 동기방식은 전송 제어문자를 사용하여 송·수신측 간에 동기를 맞추는 전송방식이며 이를 위해 전송제어 문자의 종류와 기능 및 특성에 대한 기본지식이 필요하게 된다.

전송제어 문자는 국제전신전화자문위원회(CCITT)에서 데이터통신의 표준코드로 선정한 ASCII(American Standard Code for Information Interchange)의 구성을 통하여 알아보고자 한다. ASCII 문자는 제어문자와 도형문자의 두 부분으로 구성되며 도형문자는 우리가 사용하고 있는 문자, 숫자, 기호 등으로 표현하고 있으며, 제어 문자는 크게 다음과 같이 4가지로 분류된다.

- 전송제어(TC ; Transmission Control) : 데이터통신 회선상에서 데이터의 흐름을 제어하기 위하여 사용한다.
- 포맷제어(FE ; Format Effectors) : 프린트 용지나 단말장치의 스크린상에서 정보의 물리적인 구조를 제어하기 위하여 사용한다.
- 정보분리(IS ; Information Separators) : 정보 데이터를 4가지 요소로 분리하기 위하여 사용한다.
- 장치제어(DC ; Device Control) : 단말장치에서 주변의 보조장치를 제어하기 위하여 사용한다.

이상의 4가지 제어문자 중 전송제어 문자는 데이터 통신을 위해 만들어졌으며, 다음 표와 같은 종류와 기능을 갖는다.

전송제어 문자의 종류와 그 기능

분류	기호	명 칭	의 미
전송제어문자	SOH	Start of Heading	정보 메시지 헤더의 첫번째 글자로 사용
	STX	Start of Text	본문의 개시 및 정보 메시지 헤더의 종료를 표시
	ETX	End of Text	본문의 종료를 표시
	EOT	End of Transmission	전송의 종료를 표시하며, 데이터 링크를 초기화
	ENQ	Enquiry	상대국에게 데이터 링크의 설정 및 응답을 요구
	ACK	Acknowledge	수신한 정보 메시지에 대한 긍정 응답
	DLE	Data Link Escape	연속된 몇 개의 글자들의 의미를 바꾸기 위하여 사용되며, 주로 보조적 데이터 전송 제어 기능을 제공하기 위해 사용
	NAK	Negative Acknowledge	수신한 정보 메시지에 대한 부정 응답
	SYN	Synchronous Idle	문자를 전송하지 않는 상태에서 동기를 취하거나 또는 동기를 유지하기 위하여 사용
	ETB	End of Transmission Block	전송 블록의 종료를 표시

즉, 문자지향형 동기식 전송은 이러한 전송 제어문자를 사용하여 송·수신측 간에 동기를 맞추는 방식이다. 즉, 송신측에서 데이터 프레임을 전송하기에 앞서 "SYN"이라는 동기문자를 먼저 전송하며, 수신측에서 동기를 맞출 수 있도록 한 후에 데이터 프레임을 계속해서 보내는 방식이다. 데이터 프레임의 시작과 끝을 알리기 위해서 "DLE, STX, ETX" 등의 전송제어 문자들을 사용한다.

다음에 문자 동기방식의 프레임 포맷과 문자를 이용한 동기원리 개념도를 나타내었다.

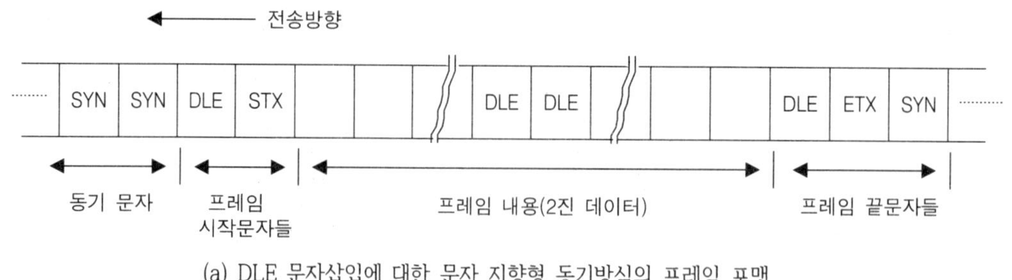

(a) DLE 문자삽입에 대한 문자 지향형 동기방식의 프레임 포맷

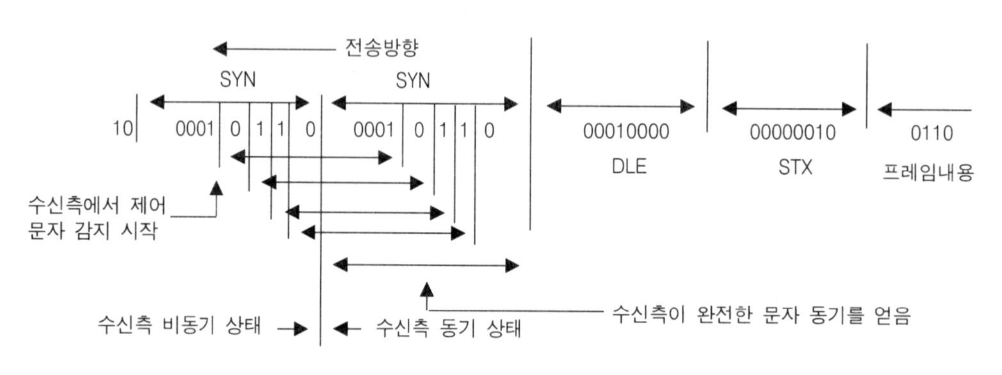

(b) 문자 지향형 동기방식의 동기 원리

문자 지향형 동기식 전송방식의 개념도

동작특성을 살펴보면 그림 (b)에서, 수신측에서는 통신 회선측을 감시하다가 3개의 연속된 '0' 후에 '1'이 수신되면 "SYN" 제어문자(00010110)가 수신되는가를 체크하게 된다. 송신측에서는 수신측이 정확한 문자 동기를 맞출 수 있도록 2개의 "SYN" 문자를 전송한다. 수신측은 첫번째 "SYN" 문자를 확인한 후 두 번째 "SYN" 문자를 받으면서 정확한 문자 동기를 맞추게 된다. 송신측은 미리 약속된 대로 "DLE"와 "STX"를 연이어서 프레임 내용 앞에 전송하고, 수신측은 "STX" 문자 이후부터 수신되는 내용을 받아서 저장하며, 프레임의 끝을 알리는 "DLE-ETX" 순서를 만나면 이곳이 프레임의 끝임을 인지하게 된다. 이때 프레밍 에러(Framing Error)를 방지하기 위해 프레임을 전송하기 전에 문자위주 전송에서는 "DEL" 문자를 삽입하는 문자스터핑(Character Stuffing) 방법을 사용하게 된다.

위에서와 같이 전송제어 문자를 이용하여 문자 단위로 동기를 맞추는 문자 동기방식은 1968년 IBM의 BSC(Binary Synchronous Communication)라는 프로토콜에서 사용된 이후 현재에 이르기까지 널리 사용되는 정보전송 방식이다.

(2) 비트지향형 동기식(Bit Oriented Synchronization) 전송

문자지향형 동기식 전송방식은 전송제어를 위하여 많은 제어문자를 필요로 하는 단점이 있어 전송효율이 낮아지는 특성이 있다. 이를 개선하여 통신회선의 전송효율을 높일 수 있는 동기식전송방법으로 비트패턴을 이용하여 프레임 단위로 동기를 맞추는 비트지향형 동기식 전송방법이다. 이러한 방식을 "프레임동기화(Frame Synchronization)"라고도 한다.

문자를 이용한 동기방식에서는 프레임의 내용은 반드시 8의 배수(글자 단위 전송)로 구성되어야 하지만, 비트를 이용한 방식은 프레임의 내용이 어떠한 개수를 가져도 무방하다.

이 방식에서 사용하는 프레임 포맷과 제로비트 삽입(Zero Bit Insertion)은 다음 그림과 같다. 즉, 프레임의 시작과 끝을 알리기 위하여 특별한 형태의 비트 패턴을 사용하는데, 이를 시작 플래그(Opening Flag)와 종료 플래그(Closing Flag)라 한다.

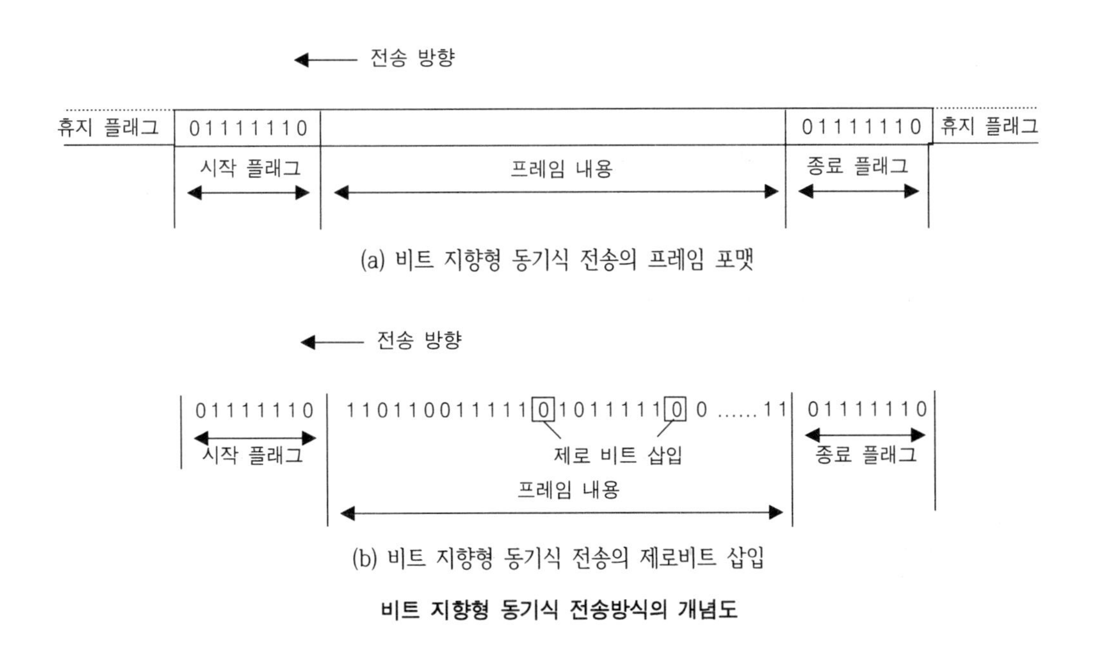

(a) 비트 지향형 동기식 전송의 프레임 포맷

(b) 비트 지향형 동기식 전송의 제로비트 삽입

비트 지향형 동기식 전송방식의 개념도

이 플래그의 비트 패턴은 '01111110'의 값을 갖는다. 송신측에서는 프레임의 전송에 앞서 '01111110'이란 시작 플래그를 먼저 전송한다. 수신측에서는 회선을 감시하고 있다가 연속된 6개의 '1' 값이 수신되면 이것이 시작 비트임을 인지하고 프레임의 내용을 저장한다. 프레임의 마지막에 다시 종료 플래그인 '01111110'이 보내어지고 수신측은 이를 수신하여 프레임의 종료임을 인지하는 방식이다.

만약 프레임의 내용 중 '1'이 여섯 번 이상 반복되는 내용이 있다면 수신측에서 이를 종료 플래그로 오인할 수 있는 경우가 발생할 수 있다. 이러한 경우를 방지하기 위하여 제로비트 삽입 혹은 비트 스터핑(Bit Stuffing)이란 방법을 사용하는데, 이는 송신측에서 데이터 프레임을 전송하면서 5개의 연속적 '1'값 이후에는 무조건 '0'을 삽입한 후 전송하고, 수신측에서는 5개의 '1'이 수신되면 뒤따라오는 '0'을 제거하고 저장받는 방식을 말한다. 이렇게 함으로써 시작, 종료를 알리는 비트 패턴과 같은 비트 열이 데이터 프레임 내에는 절대 없도록 하여 송·수신측간에 동기를 유지한다.

비트지향형 동기식 전송은 문자를 이용한 방식에 비해 전송효율과 전송속도 면에서 우수한 성능을 가진다. 1973년 IBM사에서 발표한 SDLC(Synchronous Data Link Control)가 비트 방식을 이용한 프로토콜의 시초가 되었으며, 이후 각 컴퓨터 제조업체별로 많은 비트 지향형 방식의 프로토콜들이 개발되어 사용되고 있다.

다음에 비트 지향형 동기식 전송방식의 프로토콜들 명칭과 개요를 표로 나타내었다.

대표적인 비트 지향형 동기식 전송의 프로토콜 특성

프로토콜 명칭	프로토콜 개요
HDLC(High-level Data Link Control)	ISO에서 표준화(IS 3309)한 고 수준 데이터 링크제어 프로토콜
DDCMP(Digital's Data Communication Message Protocol)	컴퓨터-단말기보다는 컴퓨터-컴퓨터간에 적합한 링크레벨 프로토콜
ADCCP(Advanced Data Communications Control Procedure)	ANSI에 의해 1976년 X3.28로 정의된 고도 데이터통신 제어절차
BDLC(Burroughs Data Link Control)	Burroughs사의 비트방식 프로토콜
BOLD(Bit Oriented Link Discipline)	NCR사의 비트방식 프로토콜
CDCCP(Control Data Communication Control Program)	CDC사의 비트방식 프로토콜
UDLC(Univac Data Link Control)	Sperry Univac사의 비트방식 프로토콜
SDLC(Synchronous Data Link Control)	IBM사에서 개발한 최초의 비트방식 프로토콜

(3) 혼합형 동기식(Isochronous Transmission) 전송

동기식 전송방식의 또 다른 하나는 동기식 전송의 특성과 비동기식 전송의 특성을 혼합한 혼합형 동기식(Isochronous Transmission) 전송방법이다. 혼합형 동기식 전송방식은 각 글자가 비동기식의 경우처럼 스타트 비트와 스톱 비트를 갖고 있으며, 동기식의 경우처럼 송신측과 수신측이 동기상태에 있어야 한다. 그리고 한 글자와 다음 글자 사이에 휴지시간은 한 글자의 길이만큼이거나 또는 그의 정수배이어야 한다. 이렇게 함으로써 송신측과 수신측이 단순한 비동기식의 경우보다 정확한 동기를 이룰 수 있게 하는 방법이다.

혼합형 동기식 전송이 비동기식보다 유리한 점은 높은 통신속도를 갖는다는 점이다. 비동기형이 1.8 [Kbps] 정도의 한계를 갖는 것은 송·수신기의 타이밍에 한계가 있기 때문이다. 그러나 혼합형 동기식 전송은 비동기식보다 정확한 동기를 유지하기 때문에 더 높은 전송속도를 가지는 것이 가능하다.

다음에 혼합형 동기식 전송방식의 특성을 요약하였다.

각 글자는 스타트비트, 스톱비트를 가지고(비동기식) 있으며, 송·수신측에서 동기 상태를 유지(동기식)하는 전송방식으로 전송방식은 다음과 같은 특성이 요구된다.

〈혼합형 동기식 전송방식의 특성〉

- 한 글자와 다음 글자 사이의 휴지기간은 한 글자 길이의 정수배가 필요
- 단순한 비동기식의 경우보다 정확한 동기유지가 가능

다음에 3가지 동기방식에 대한 비교도와 특성요약을 나타내었다.

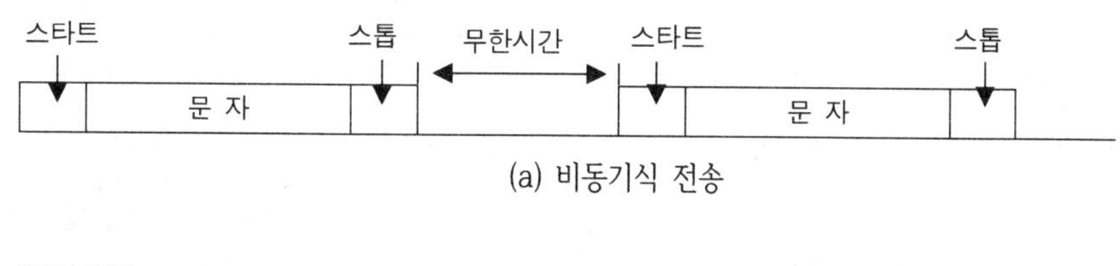

(a) 비동기식 전송

(b) 동기식 전송

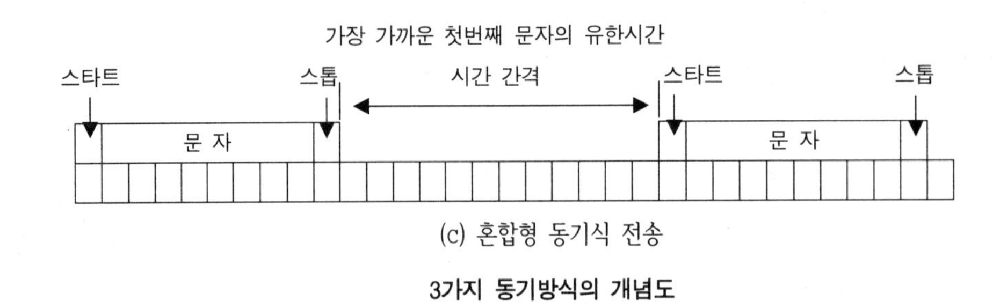

(c) 혼합형 동기식 전송

3가지 동기방식의 개념도

다음에 정보통신 시스템간의 데이터전송에 대한 동기방식별 전송특성을 요약하였다.

데이터전송의 동기방식별 특성

항목 \ 종류	비동기식 전송	동기식 전송	혼합형 동기식 전송
전송단위	문자	블록	문자
스타트비트와 비트스톱	문자 앞에 1개의 스타트 비트, 문자 뒤에 1~2개의 스톱비트	스타트비트와 스톱비트는 없으며 블록 앞에 동기문자 사용	문자 앞에 1개의 스타트 비트 문자 뒤에 1~2개의 스톱비트
휴지시간	문자와 문자 사이에 휴지 시간이 있다.	블록과 블록 사이에 휴지 시간이 없다.	문자와 문자 사이에 휴지 시간이 있을 수 있다.
동기상태	송·수신측이 동기상태에 있지 않다.	송·수신측이 동기상태에 있다.	송·수신측이 동기상태에 있다.
전송속도	2 [Kbps] 이하	2 [Kbps] 이상	비동기식 전송의 경우 보다 전송속도가 빠르다.
이용	저속 통신	중, 고속 통신	중, 고속 통신
전송성능	불량	양호	불량
전송대역	광대역	좁은대역	광대역
특징	스타트, 스톱 전송 또는 보조 동기라고도 한다.	수신측에는 가장 큰 블록으로도 수신할 수 있는 버퍼(Buffer)가 필요하다.	비동기식 전송 및 동기식 전송에 비해 특별히 우수한 점이 없어 거의 사용되지 않는다.

CHAPTER

2 정보전송 방식과 전송매체

1. 정보전송부호

2. 정보전송 방식

3. 전송매체

정보전송 방식과 전송매체

제1절 정보전송부호

정보전송의 부호화(Encoding)란 서로 떨어져 있는 송신자와 수신자가 정보전송 시스템을 통하여 데이터를 전송할 때 정보나 신호를 전송이 가능한 다른 신호로 변환하는 과정을 의미한다. 정보전송의 부호화 과정에서 정보원(아날로그 및 디지털)을 전기신호를 이용하여 디지털 신호 '0' 또는 '1'에 여러 형태의 펄스파형을 대응시킨 것을 "전송부호"라 한다. 이러한 전송부호의 조건, 특성 및 정보전송 방식에 대하여 학습하고자 한다.

1.1 전송부호

전송부호들의 집합(call "부호체계")은 문자를 표현하는 방법이 다양하지만 대표적으로 사용하는 것은 미국 정보교환 표준부호 ASCII(American Standard Code for Information Interchange) 코드, IBM에서 만든 EBCDIC(Extended Binary Coded Decimal Interchange Code) 코드, 2진화 10진 코드(BCD Code, Binary Coded Decimal Code) 등이 사용된다.

- ASCII
- EBCDIC
- BCD

1) ASCII 코드

ASCII 코드는 CCITT의 알파벳 No.5 또는 ANSI에 의해 발표된 코드로 7비트를 기본(Zone 3bit + Digit 4bit)으로 하여 2^7=128개의 비트 및 문자로 표현 가능하며, 에러검출을 위해 패리티 비트를 추가하여 8비트 정보비트로 사용되고 있다. 이는 컴퓨터와 통신장비를 비롯한 문자를 사용하는 통신용 장치에서 주로 사용되고 있으며 33개의 출력 불가능한 제어 문자들과 공백을 비롯한 95개의 출력 가능한 문자들로 이루어져 있다. 출력 가능한 문자들은 52개의 영문 알파벳 대소문자와, 10개의 숫자, 32개의 특수 문자, 그리고 하나의 공백문자로 이루어진다.

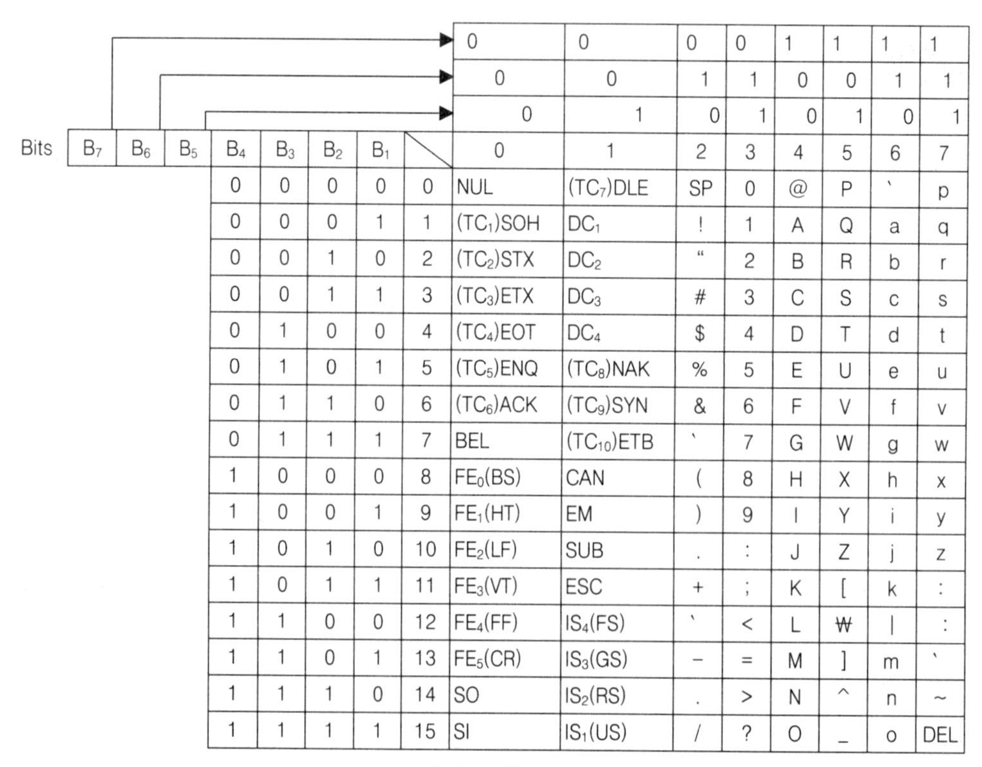

				B_7 →	0	0	0	0	1	1	1	1
				B_6 →	0	0	1	1	0	0	1	1
				B_5 →	0	1	0	1	0	1	0	1
B_4	B_3	B_2	B_1		0	1	2	3	4	5	6	7
0	0	0	0	0	NUL	(TC_7)DLE	SP	0	@	P	`	p
0	0	0	1	1	(TC_1)SOH	DC_1	!	1	A	Q	a	q
0	0	1	0	2	(TC_2)STX	DC_2	"	2	B	R	b	r
0	0	1	1	3	(TC_3)ETX	DC_3	#	3	C	S	c	s
0	1	0	0	4	(TC_4)EOT	DC_4	$	4	D	T	d	t
0	1	0	1	5	(TC_5)ENQ	(TC_8)NAK	%	5	E	U	e	u
0	1	1	0	6	(TC_6)ACK	(TC_9)SYN	&	6	F	V	f	v
0	1	1	1	7	BEL	(TC_{10})ETB	`	7	G	W	g	w
1	0	0	0	8	FE_0(BS)	CAN	(	8	H	X	h	x
1	0	0	1	9	FE_1(HT)	EM	)	9	I	Y	i	y
1	0	1	0	10	FE_2(LF)	SUB	.	:	J	Z	j	z
1	0	1	1	11	FE_3(VT)	ESC	+	;	K	[	k	:
1	1	0	0	12	FE_4(FF)	IS_4(FS)	`	<	L	₩	|	:
1	1	0	1	13	FE_5(CR)	IS_3(GS)	–	=	M	]	m	`
1	1	1	0	14	SO	IS_2(RS)	.	>	N	^	n	~
1	1	1	1	15	SI	IS_1(US)	/	?	O	_	o	DEL

ASCII 코드표

※ ANSI(American National Standards Institute), 미국표준위원회
※ CCITT(Consultative Committee on International Telegraphy and Telephony), 국제 전신전화 자문 위원회

ASCII 제어문자

이진법	팔진법	십진법	십육진법	약자	설명	한글설명
000 0000	000	0	00	NUL	Null Character	공백문자
000 0001	001	1	01	SOH	Start of Header	헤더 시작
000 0010	002	2	02	STX	Start of Text	본문 시작, 헤더 종료
000 0011	003	3	03	ETX	End of Text	본문 종료
000 0100	004	4	04	EOT	Ennd of Transmission	전송종료, 데이터링크 초기화
000 0101	005	5	05	ENQ	Enquiry	응답요구
000 0110	006	6	06	ACK	Acknowledgment	긍정응답
000 0111	007	7	07	BEL	Bell	경고음
000 1000	010	8	08	BS	Backspace	백 스페이스
000 1001	011	9	09	HT	Horizontal Tab	수평 탭
000 1010	012	10	0A	LF	Line Feed	개행
000 1011	013	11	0B	VT	Vertical Tab	수직 탭
000 1100	014	12	0C	FF	Form Feed	다음 페이지
000 1101	015	13	0D	CR	Carriage Return	복귀
000 1110	016	14	0E	SO	Shift Out	확장문자 시작
000 1111	017	15	0F	SI	Shift In	확장문자 종료
001 0000	020	16	10	DLE	Data Link Escape	전송제어 확장
001 0001	021	17	11	DC1	Device Control 1	장치제어 1
001 0010	022	18	12	DC2	Device Control 2	장치제어 2
001 0011	023	19	13	DC3	Device Control 3	장치제어 3
001 0100	024	20	14	DC4	Device Control 4	장치제어 4
001 0101	025	21	15	NAK	Negative Acknowledgement	부정응답
001 0110	026	22	16	SYN	Synchronous Idle	동기
001 0111	027	23	17	ETB	End of Transmission Block	전송블록 종료
001 1000	030	24	18	CAN	Cancel	무시
001 1001	031	25	19	EM	End of Medium	매체종료
001 1010	032	26	1A	SUB	Substitute	치환
001 1011	033	27	1B	ESC	Escape	제어기능 추가
001 1100	034	28	1C	FS	File Separator	파일경계 할당
001 1101	035	29	1D	GS	Group Separator	레코드그룹 경계할당
001 1110	036	30	1E	RS	Record Separator	레코드 경계할당
001 1111	037	31	1F	US	Unit Separator	장치 경계할당
111 1111	177	127	7F	DEL	Delete	삭제

출력 가능한 ASCII 코드표

2진법	팔진법	십진법	십육진법	모양	85진법(아스키 85)
010 0000	040	32	20	space	
010 0001	041	33	21	!	0
010 0010	042	34	22	"	1
010 0011	043	35	23	#	2
010 0100	044	36	24	$	3
010 0101	045	37	25	%	4
010 0110	046	38	26	&	5
010 0111	047	39	27	'	6
010 1000	050	40	28	(	7
010 1001	051	41	29	)	8
010 1010	052	42	2A	*	9
010 1011	053	43	2B	+	10
010 1100	054	44	2C	,	11
010 1101	055	45	2D	-	12
010 1110	056	46	2E	.	13
010 1111	057	47	2F	/	14
011 0000	060	48	30	0	15
011 0001	061	49	31	1	16
011 0010	062	50	32	2	17
011 0011	063	51	33	3	18
011 0100	064	52	34	4	19
011 0101	065	53	35	5	20
011 0110	066	54	36	6	21
011 0111	067	55	37	7	22
011 1000	070	56	38	8	23
011 1001	071	57	39	9	24
011 1010	072	58	3A	:	25
011 1011	073	59	3B	;	26
011 1100	074	60	3C	<	27
011 1101	075	61	3D	=	28
011 1110	076	62	3E	>	29
011 1111	077	63	3F	?	30

2진법	팔진법	십진법	십육진법	모양	85진법(아스키 85)
100 0000	100	64	40	@	31
100 0001	101	65	41	A	32
100 0010	102	66	42	B	33
100 0011	103	67	43	C	34
100 0100	104	68	44	D	35
100 0101	105	69	45	E	36
100 0110	106	70	46	F	37
100 0111	107	71	47	G	38
100 1000	110	72	48	H	39
100 1001	11	73	49	I	40
100 1010	112	74	4A	J	41
100 1011	113	75	4B	K	42
100 1100	114	76	4C	L	43
100 1101	115	77	4D	M	44
100 1110	116	78	4E	N	45
100 1111	117	79	4F	O	46
101 0000	120	80	50	P	47
101 0001	121	81	51	Q	48
101 0010	122	82	52	R	49
101 0011	123	83	53	S	50
101 0100	124	84	54	T	51
101 0101	125	85	55	U	52
101 0110	126	86	56	V	53
101 0111	127	87	57	W	54
101 1000	130	88	58	X	55
101 1001	131	89	59	Y	56
101 1010	132	90	5A	Z	57
101 1011	133	91	5B	[	58
101 1100	134	92	5C	\	59
101 1101	135	93	5D	]	60
101 1110	136	94	5E	^	61
101 1111	137	95	5F	_	62

2진법	팔진법	십진법	십육진법	모양	85진법(아스키 85)
110 0000	140	96	60	`	63
110 0001	141	97	61	a	64
110 0010	142	98	62	b	65
110 0011	143	99	63	c	66
110 0100	144	100	64	d	67
110 0101	145	101	65	e	68
110 0110	146	102	66	f	79
110 0111	147	103	67	g	70
110 1000	150	104	68	h	71
110 1001	151	105	69	i	72
110 1010	152	106	6A	j	73
110 1011	153	107	6B	k	74
110 1100	154	108	6C	l	75
110 1101	155	109	6D	m	76
110 1110	156	110	6E	n	77
110 1111	157	111	6F	o	78
111 0000	160	112	70	p	79
111 0001	161	113	71	q	80
111 0010	162	114	72	r	81
111 0011	163	115	73	s	82
111 0100	164	116	74	t	83
111 0101	165	117	75	u	84
111 0110	166	118	76	v	85
111 0111	167	119	77	w	
111 1000	170	120	78	x	
111 1001	171	121	79	y	
111 1010	172	122	7A	z	
111 1011	173	123	7B	{	
111 1100	174	124	7C			
111 1101	175	125	7D	}	
111 1110	176	126	7E	~	

2) EBCDIC 코드

확장이진화 십진교환 부호(call “엡시딕”)는 8비트로 구성(Zone 4bit + Digit 4bit)되어 2^8=256개의 비트 및 문자 표현이 가능하며 에러검출을 위해 패리티비트를 추가하여 9비트 정보 비트가 사용 가능한 코드이다. IBM 메인프레임 컴퓨터에 사용하기 위해 만들어져 그후 IBM 모든 장비에 사용하게 되었으며 후지쯔-지멘스의 BS2000/OSD나 휴렛 패커드의 MPE/iX, 유니시스의 MCP 등 IBM 외 플랫폼에서도 사용되고 있다.

Bit Positions 4,5,6,7	Second Hexadecimal Digit	00				01				10				11				
		00	01	10	11	00	01	10	11	00	01	10	11	00	01	10	11	Bit Positions 0,1 / Bit Positions 2,3
		0	1	2	3	4	5	6	7	8	9	A	B	C	D	E	F	First Hexadecimal Digit
0000	0	NUL	DLE	DS		SP	&	–								₩	0	
0001	1	SOH	DC1	SOS		RSP		/		a	j	~		A	J	NSP	1	
0010	2	STX	DC2	FS	SYN					b	k	s		B	K	S	2	
0011	3	ETX	DC3	WUS	IR					c	l	t		C	L	T	3	
0100	4	SEL	RES/ENP	BYP/INP	PP					d	m	u		D	M	U	4	
0101	5	HT	NL	LF	TRN					e	n	v		E	N	V	5	
0110	6	RNL	BS	ETB	NBS					f	o	w		F	O	W	6	
0111	7	DEL	POC	ESC	EDT					g	p	x		G	P	X	7	
1000	8	GE	CAN	SA	SBS					h	q	y		H	Q	Y	8	
1001	9	SPS	EM	SFE	IT				₩	i	r	z		I	R	Z	9	
1010	A	RPT	UBS		RFF	¢	!	:	:					SHY				
1011	B	VT	CU1	CSP	CU3	.	$	,	#									
1100	C	FF	IFS	MFA	DC4	<	.	%	@									
1101	D	CR	IGS	ENQ	NAK	(	)	_	`									
1110	E	SO	IRS	ACK		+	;	>	+									
1111	F	SI	IUS/ITB	BEL	SUB	|	¬	?	“								EO	

EBCDIC 코드표

3) BCD 코드

2진화 10진 코드는 6비트 BCD 코드라고도 하며 숫자, 영문자, 특수 문자를 코드화하기 위한 것으로 10진수를 나타내는 4비트의 BCD 코드에 2비트를 추가하여 6비트(Zone 2bit + Digit 4bit)로 2^6=64 문자 표현이 가능하다. BCD코드는 영문자, 대·소문자의 구분이 불가능하고 사용하지 않는 6개의 코드로 인하여 이진수보다 비트 사용이 비효율적이지만 10 진수의 변환이 쉽고 인간에게 친숙한 특성이 있다.

BCD 코드

10진수	BCD코드	10진수	BCD코드	10진수	BCD코드
0	0000	10	0001 0000	20	0010 0000
1	0001	11	0001 0001	31	0011 0001
2	0010	12	0001 0010	42	0100 0010
3	0011	13	0001 0011	53	0101 0011
4	0100	14	0001 0100	64	0110 0100
5	0101	15	0001 0101	75	0111 0101
6	0110	16	0001 0110	86	1000 0110
7	0111	17	0001 0111	97	1001 0111
8	1000	18	0001 1000	196	0001 1001 0110
9	1001	19	0001 1001	237	0010 0011 0111

ASCII 및 EBCDID, BCD 코드의 연계표

문자	ASCII 코드	EBDIC 코드	BCD 코드
A	100 0001	1100 0001	01 0001
B	100 0010	1100 0010	01 0010
C	100 0011	1100 0011	01 0011
D	100 0100	1100 0100	01 0100
E	100 0101	1100 0101	01 0101
F	100 0110	1100 0110	01 0110
G	100 0111	1100 0111	01 0111
H	100 1000	1100 1000	01 1000
I	100 1001	1100 1001	01 1001
J	100 1010	1101 0001	10 0001
K	100 1011	1101 0010	10 0010
L	100 1100	1101 0011	10 0011
M	100 1101	1101 0100	10 0100
N	100 1110	1101 0101	10 0101
O	100 1111	1101 0110	10 0110
P	101 0000	1101 0111	10 0111
Q	101 0001	1101 1000	10 1000
R	101 0010	1101 1001	10 1001
S	101 0011	1110 0010	11 0010
T	101 0100	1110 0011	11 0011

문자	ASCII 코드	EBDIC 코드	BCD 코드
U	101 0101	1110 0100	11 0100
V	101 0110	1110 0101	11 0101
W	101 0111	1110 0110	11 0110
X	101 1000	1110 0111	11 0111
Y	101 1001	1110 1000	11 1000
Z	101 1010	1110 1001	11 1001
0	011 0000	1111 0000	00 0000
1	011 0001	1111 0001	00 0001
2	011 0010	1111 0010	00 0010
3	011 0011	1111 0011	00 0011
4	011 0100	1111 0100	00 0100
5	011 0101	1111 0101	00 0101
6	011 0110	1111 0110	00 0110
7	011 0111	1111 0111	00 0111
8	011 1000	1111 1000	00 1000
9	011 1001	1111 1001	00 1001
blank	010 0000	0100 0000	11 0000
.	010 1110	0100 1011	01 1011
(	010 1000	0100 1101	11 1100
+	010 0111	0100 1110	01 0000
$	010 0100	0101 1011	10 1011
*	010 1010	0101 1100	10 1100
)	010 1001	0101 1101	01 1100
-	010 1101	0110 0000	10 0000
/	010 1111	0110 0001	11 0001
,	010 1100	0110 1011	11 1011
=	011 1101	0111 1110	00 1011

1.2 전송부호 조건과 특성

1) 전송부호의 조건

디지털 신호 0,1에 여러 가지 형태의 펄스파형을 대응시킨 전송부호의 요구조건은 다음과 같다.

- 직류(DC)성분 미포함
- 신호의 동기화 능력 내포
- 적은 대역폭
- 신호의 에러의 검출, 정정 요구

- 양호한 부호화율
- 전송부호의 무제한 요구
- 극소, 극대 주파수 성분 미포함
- 신호의 간섭 및 잡음에 대한 면역성이 높아 우수한 신뢰성

2) 2진부호 특성

2진부호 전송시스템의 정보단위는 두 개의 상태로 표현하며, 그 표현 상태를 비트라 하고 대표적으로 마크와 스페이스가 사용된다.

- 마크(+전압, 전류의 흐름방향을 나타낸다.)
- 스페이스(-전압, 전류의 흐르지 않음을 나타낸다.)

다음에 부호의 표현법을 표로 나타내었다.

2진부호의 표현 방법

활동성 조건	비활동성 조건
마크(Mark)	스페이스(Space)
전류 흐름	전류가 흐르지 않음
+ 전압	- 전압
구멍이 뚫림(천공카드)	구멍이 안 뚫림
1(2진수)	0(2진수)
조건 Z	조건 A
Tone On(진폭변조)	Tone Off
낮은 주파수(FSK)	높은 주파수
기준 위상	기준 위상의 반대 위상

제2절 정보전송 방식

정보전송은 전기적 신호를 전송매체(하드와이어, 소프트와이어)에 실어 전송하는 기술로서 전송로의 종류나 정합되는 신호변환의 형태, 즉 변·복조방식에 따라 베이스밴드전송, 대역전송, 디지털전송 등으로 나뉘어진다.

• 베이스밴드 전송(Baseband Transmission) = 기저대역전송
• 대역전송(Bandpass Transmission) = 광대역 반송대역전송
• 디지털전송(Digital Transmission) = 광대역전송

2.1 베이스밴드 전송

베이스밴드 전송은 정보원 등에 의해 발생되는 디지털 신호를 그대로 또는 전송로에 적합한 펄스파형에 대응시켜 전위의 변화를 '1' 또는 '0'으로 전송하는 방식을 의미하며 "기저대역(Base Band) 전송방식"이라고도 한다.

1) 베이스밴드 전송 특성

베이스밴드 신호(Baseband Signal)는 입력되는 신호(아날로그 또는 디지털 신호) 변조과정에서 초기에 입력된 신호(또는 복조이후의 신호), 즉 변조되지 않은 신호로, 디지털 펄스형태의 직류신호를 의미한다. 회선코딩(Line Coding) 방식에는 단극형(Unipolar), 바이폴라(Bipolar), 극형(Polar), 멀티레벨(Multilevel) 등의 방법이 사용된다.

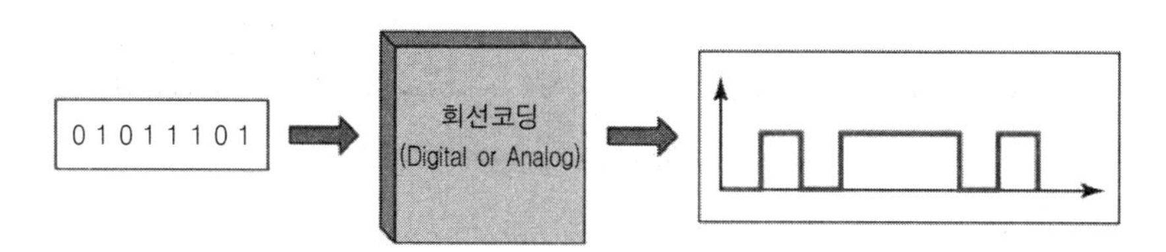

베이스밴드 전송(디지털신호의 디지털부호화)의 개념도

> ※ 대역통과 신호(Bandpass Signal)란?
> 입력신호가 변조과정에 의해 변조된(즉, 높은 반송파 주파수 이동시켜 변조) 대역제한 신호를 의미한다.

베이스밴드 전송의 회선코딩(Line Coding) 방법의 종류를 나타내었다.

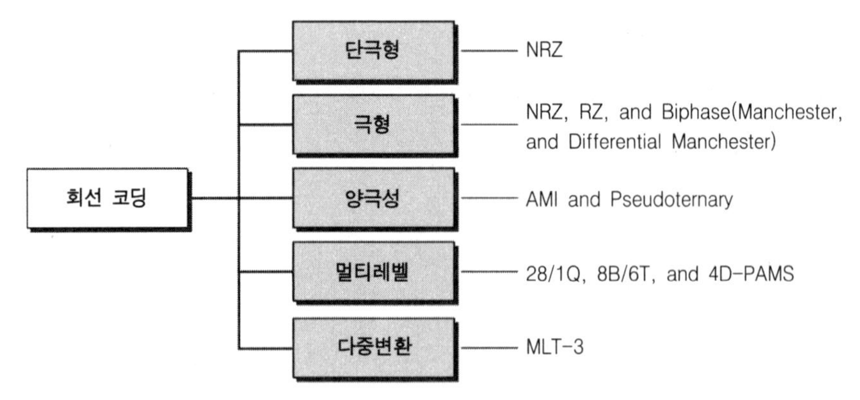

(자료출처 : Data Communication & Networking 4th(McGraw Hill))

회선코딩 방법의 분류

회선코딩(Line Coding) 방식 중 극형(Polar)의 부호화는 다음과 같은 종류가 있다.

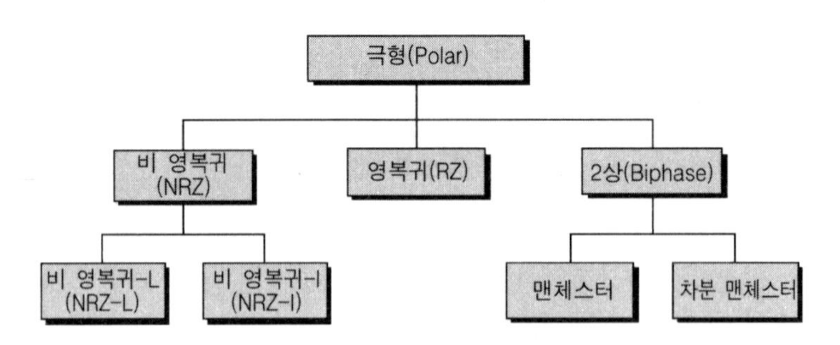

극형(Polar) 전송방식의 종류

베이스밴드 전송방식은 신호자체가 디지털화된 데이터를 전송로에 적합한 펄스파형으로 변환한 직류 그 자체이므로 감쇠 등의 문제가 필연적으로 발생한다. 따라서 장거리 통신에서는 변조를 통해 신호를 멀리 전송해야 하므로 베이스밴드 전송은 주로 단거리용으로 많이 사용하게 된다. 대부분의 응용은 근거리 통신망(LAN), 컴퓨터와 단말간의 통신(RS-232, 488 등), 전화 등에 적용되고 있으며 이 경우 신호자체는 직류이므로 감쇄 등의 문제가 있어 장거리에는 사용치 않는다. 이 베이스밴드 전송방식에서 데이터의 표현방법(에러를 줄이기 위해서)은 NRZ, RZ, 맨체스터 엔코딩 등이 있다.

이때 베이스밴드 전송은 모뎀없이 전송부호를 아날로그 또는 디지털 회선에 전송시키는 전송방법이다.

- 베이스밴드 신호 : 변조과정에서 변조하지 않은 입력신호(아날로그신호, 디지털신호)
- 베이스밴드 전송 : 무 변조 하에서 전송로(전송회선)에 적합한 펄스파형으로 전송시키는 전송방법
  - 아날로그 기저대역 전송 ; 아날로그 신호를 그대로 전송
  - 디지털 기저대역 전송 ; 디지털화된 펄스 열로 변환하여 전송

베이스밴드 전송은 반송파 없이 무 변조 하에서 보통 수 [MHz] 이내의 주파수 영역전체를 사용하는 전송이며 특성은 다음과 같이 요약된다.

① 정의 : 초기에 입력된 신호를 모뎀 없이 전송로(아날로그 회선 또는 디지털 회선)에 전송시키는 전송방식

② 물리적 특성 : 컴퓨터나 단말기에서 출력되는 직류신호를 DSU(CSU)를 통하여 전송

③ 응용
- 근거리 통신망(LAN)
- 컴퓨터나 단말기의 동신
- 전화

④ 전송특성
- 입력신호(아날로그 또는 디지털)를 그대로 전송로를 통하여 전송
- 구현이 간단하고 비용 저렴
- 500 [m] 이내의 근거리 통신용
- 50 ~ 100 [bps]의 저속전송
- 단류방식과 복류방식

⑤ 단점
- 직류신호 사용으로 감쇄 발생
- 원거리통신에 부적합
- 잡음에 약함
- 전송시간 포착 난이

⑥ 대표적 전송장비
- DSU(Digital Service Unit)
- CSU(Channel Service Unit)

2) 베이스밴드 전송방식

베이스밴드 전송의 신호방식은 일정방향의 직류전류만 사용한 단류방식과 직류전류의 방향을 양(+), 음(-)으로 바꾸어 전송하는 복류방식이 있다.

- 단류 방식 : 일정방향의 직류성분 하나만 사용
- 복류 방식 : 양(+), 음(-)의 직류성분을 사용

다음에 베이스밴드 전송방식의 특성에 대하여 알아보자.

(1) 단류방식(Single Current)

① 정의 : 전압 0[V]를 0, (+)전압 또는 (-)전압 중 하나만을 1로 대응시킨 신호로 전송하는 방식

② 특성

- 가장 단순한 통신방식
- 잡음에 대한 면역성 부족
- 동기유지 난이
- 수신측에서 0 또는 1을 판정하기 위해 대응하는 전압의 $\frac{1}{2}$을 기준으로 설정

③ 응용 : 근거리 통신

④ 단점

- 전송로의 상태에 따라 수신 전위가 변동하므로 최적신호 유지난이
- 잡음발생
- 파형변형
- 원거리 전송에 부적합

⑤ 종류

- RZ(Return to Zero) : 영 복귀 방식
- NRZ(Non Return to Zero) : 영 비복귀 방식
- 맨체스터(Manchester)
- 차분 맨체스터(Differential Manchester)

단류 RZ는 2진부호 펄스의 기본이며 하나의 정보 "1"을 표시한 후 반드시 "0"으로 되돌아가는 방식으로 "1"의 점유율이 50%(Duty Cycle 50%)이고 NRZ는 RZ의 점유율 100%(Duty Cycle 100%)인 경우이다.

〈영 복귀방식(Return to Zero)〉

한 비트 간격동안에 $\frac{1}{2}$시간은 (+) 또는 (-)의 '1' 상태를 유지하고 나머지 $\frac{1}{2}$시간은 '0'의 상태로 돌아오는 방식으로 매 비트마다 천이가 일어나므로 단류방식의 경우 동기특성이 양호하지 못하다

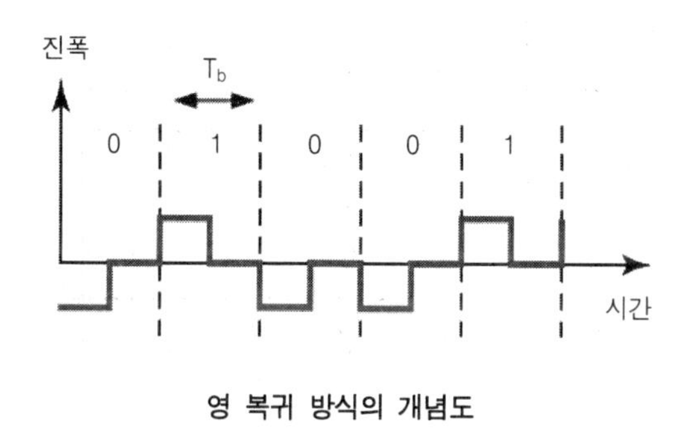

영 복귀 방식의 개념도

① 정의 : 각 비트의 $\frac{1}{2}$시간은 양, 또는 음의 '1' 상태를 유지하고 그뒤에 $\frac{1}{2}$시간에 "0(Zero)"의 상태로 돌아오는 전송방식

② 특성

- 최대변조율은 NRZ의 2배(T_b^2 (T_b : 비트 점유시간))이므로 넓은 대역폭이 필요
- 동기유지에서 NRZ보다 우수
- 단류방식의 경우 동기유지가 난이하나 복류방식의 경우 동기유지가 용이
- 매 비트마다 구별이 가능하므로 별도의 표본화가 불필요

③ 응용 : 단거리 전송

〈영 비 복귀방식(Non Return to Zero)〉

한 비트 간격동안에는 0, 1의 값을 전압으로 표시한 후에 '0(Zero)'으로 복귀하지 않고 안정된 생태를 유지하며 신호의 높이는 비트 '1'에 대해서는 높은 상태(+)를 유지하고 비트 '0'에 대하여는 낮은 전압상태를 유지하게 된다.

이 방식은 가장 쉬운 형태의 (-) 인코딩 방법으로 컴퓨터 주변기기인 단말기, 프린터 등에 많이사용되는 방식이다. 참고로 NRZ-L(Level)은 비트 값이 전압레벨을 결정하는 방법이고 NRZ-I(Inversion)는 비트값 '1'이 입력되면 신호가 반전되는 비 복귀 방식이다.

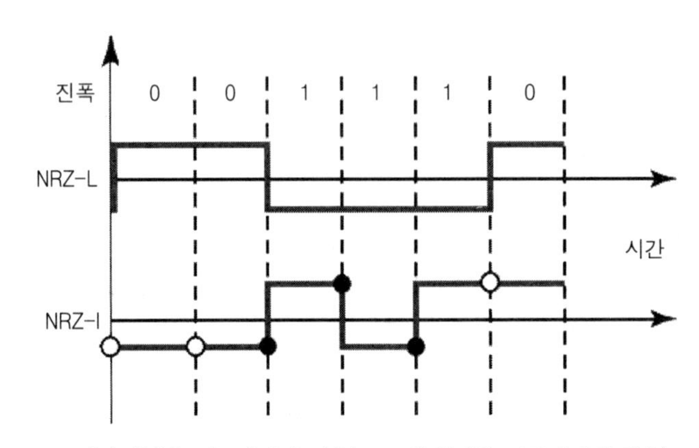

※ o 비반전(다음 비트가 0인 경우), ● 반전(다음 비트가 1인 경우)

영 비 복귀 방식의 개념도

① 정의 : 한 비트 간격동안에는 0, 1의 값을 전압으로 표시한 후에 '0(Zero)'으로 복귀하지 않는 전송방식

② 특성

- 비트신호 변화에 따라 전압레벨이 변화
- 효율적인 대역폭 사용 가능
- 직류성분 존재
- 동기화능력 부족(길게 연속된 0, 1은 상태천이를 만들지 못하여 클럭 생성능력이 부재)
- 가장 쉬운 형태의 인코딩 방식
- 잡음에 대해 RZ보다 우수

• 응용 : 가장 보편적인 전송방식

• 종류 : NRZ-L, NRZ-M, NRZ-S

특성 종류	신호생성	동작특성
NRZ-L (Nonreturn to Zero Level)	1 : 높은 전압(+) 0 : 낮은 전압 (-) ※ 일반적으로 반대로 사용	1의 경우 (+)레벨, 0의 경우 (-)레벨을 부여하는 전송 부호
NRZ-M (Nonreturn to Zero Mark)	1 : 비트 시작점에서 매번 천이 0 : 천이하지 않음	1의 경우 비트 시작점에서 매번 천이하고 중간에서도 천이
NRZ-S (Nonreturn to Zero Space)	1 : 천이하지 않음 0 : 비트 시작할 점에서 매번 천이	0의 경우 비트시작점에서 매번 천이하고 비트 중간에서도 천이

전송방식	전압	파 형
바이폴라 NRZ-L	+E 0 −E	1 0 0 0 1 0 1 1 0 0 1
바이폴라 NRZ-M	+E 0 −E	1 0 0 0 1 0 1 1 0 0 1
바이폴라 NRZ-S	+E 0 −E	1 0 0 0 1 0 1 1 0 0 1

NRZ의 전송방식 개념도

(2) 복류방식(Double Current)

① 정의 : 양(+) 전압을 '0', 음(-) 전압을 '1'로 대응시킨 신호로 전송하는 방식

② 특성

• 베이스밴드 전송 방식에서 가장 보편적 사용

- 단류방식에 비해 파형 변형이 적음
- 단류방식에 비해 동기 용이
- 수신측에서는 기준을 '0(zero)' 전압으로 고정시키고 전압변화를 검토하여 전송하는 방식
- 안정된 전송특성

③ 응용 : 근거리 통신

④ 장점

- 안정된 전송특성
- 파형의 변형이 적음

⑤ 종류

- RZ(Return to Zero) : 한 비트 간격동안 일정 전압을 유지하고 '0(Zero)'으로 돌아오는 전송방식
- NRZ(Nonreturn to Zero) : 한 비트간격동안 일정전압을 유지하고 '0 (Zero)'으로 돌아오지 않는 전송방식

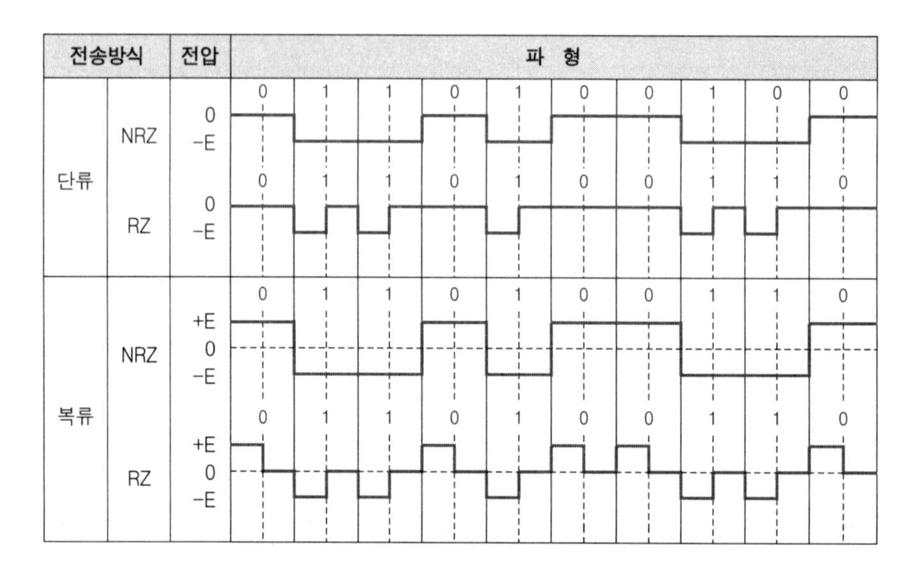

베이스밴드의 단류 및 복류 전송방식의 개념도

3) 베이스밴드 전송방식

(1) 바이폴라(Bipolar)방식(≒ RZ 방식과 유사)

① 정의 : '0'일 때 상태 변화없이 '0[V]' 상태를 유지하고 '1'일 때 양(+) 전압과 음(-) 전압을 교대로 반전하여 나타내는 방식

② 특성

- 에러검출 용이(양 또는 음 전압 교환전송 이므로)
- 잡음에 대한 면역성이 단극성보다 양호
- 복류 NRZ는 동기유지가 난이하나 복류 RZ는 동기유지 우수
- 극성이 교대로 반전하는 교류에 비슷하므로 직류성분 차단 전송로에 이용(직류성분이 거의 없음)
- 데이터 전송율의 $\frac{1}{2}$ 지점을 중심으로 대역폭 형성

③ 응용

- 고속디지털회선
- ISDN
- 직류성분 차단용 전송로

④ 단점 : 수신기에서 "0(Zero)" 부호의 연속을 억압하는 기능이 없어 수신동기유지 난이

⑤ 종류

- AMI 전송방식
  - 정의 : 입력신호가 '0'이면 '0' 레벨의 펄스로, 입력신호가 '1'이면 부호간격 T_b 동안 양(+) 전위와 음(-) 전위의 2개의 레벨을 서로 교대로 변환시키는 방식
- 의사 3진 전송방식
  - 정의 : 입력신호가 '1'이면 '1' 레벨의 펄스로, 입력신호가 '0'이면 부호간격 T_b 동안 양(+) 전위와 음(-) 전위의 2개의 레벨을 서로 교대로 변환시키는 방식

AMI 및 의사 3진 전송방식의 특성

<table>
<tr><th>특성 / 종류</th><th>신호생성</th><th>동작특성</th></tr>
<tr><td>교대표시 반전
AMI(Alternate Mark Inversion)</td><td>1 : 비트간격에 펄스 발생
0 : 펄스 존재하지 않음</td><td rowspan="2">펄스가 존재하지 않는 데이터 비트 '0'을 연속으로 전송하는 경우 장기간 타이밍 축출의 어려움으로 펄스가 발생하지 않는 특성, 즉 동기화능력 감소</td></tr>
<tr><td>의사 3진
(Pseudo Ternary)</td><td>1 : 펄스 존재하지 않음
0 : 비트간격에 펄스 발생</td></tr>
</table>

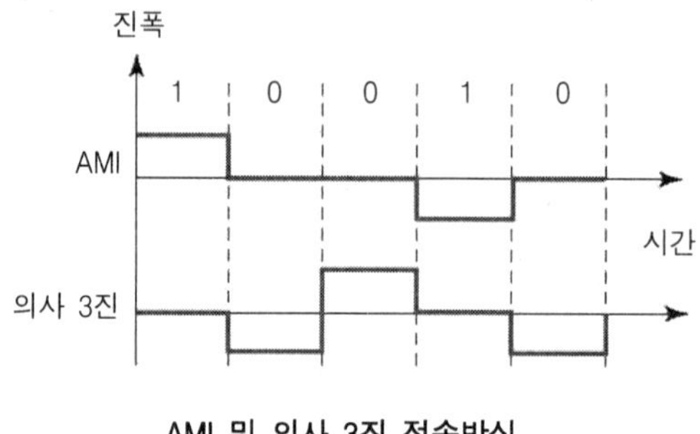

AMI 및 의사 3진 전송방식

(2) 차분(Differential) 방식

① 정의 : 적용전압(+, -)에 무관하게 '0'일 때 전압레벨의 변화가 있고(즉, 앞 펄스레벨의 반전), '1'일 때 전압레벨의 변화가 없는(즉, 앞 펄스레벨 유지) 전송방식

② 특성

- 정확한 신호 복조 가능
- 동기유지 난이

(3) 다이코드(Dicode) 방식 = 이중부호방식

① 정의 : 연속되는 비트의 내용에 따라 양(+)과 음(-) 전위로 전송하는 방식으로, 0 → 1 변화시 양(+) 전압, 1 → 0 변화시 음(-) 전압 상태를 표시

② 특성 : 비트 내용의 변화가 없는 (1 → 1, 0 → 0) 경우 "0(Zero)" 전압상태

(4) CMI(Coded Mark Inversion)

① 정의 : 극성이 음(-) → 양(+) 변화 시에만 "0(Zero)"이고, 극성이 양(+) 또는 음(-)으로 무변화시 또는 양(+)과 음(-)을 교대로 변화시 '1'을 나타내는 방식

② 특성

- 대표적 직류성분 억압부호(직류성분이 존재치 않음)
- 많은 신호의 상태변화를 가지고 있으므로 타이밍효과가 NRZ방식보다 우수

③ 응용

- 광섬유에 의한 고속 LAN
- 고속 디지털 회선(192 [Kbps] ~ 6 [Mbps]) 전용

(5) 2 위상(Bi-phase) 방식 = 차분 맨체스터(Differential Manchester)

① 정의 : '1'일 때 한 펄스 구간의 반은 양(+)의 전압을 나타내고 나머지 반은 음(-)의 전압을 나타내고 '0'일 때는 1의 경우와 반대로 상태를 나타내는 방식

② 특성

- RZ와 NRZ의 단점보안 방식
- 각 비트 시간간격 동안 전압전이의 예측이 가능하므로 수신측은 전이에 대한 동기화가 가능
- 직류성분이 존재하지 않음
- 기대위치에 전이가 발생치 않으면 에러 검출 가능
- 잡음에 의한 전이 위치 앞, 뒤에서 모두 신호가 역으로 된 경우 에러검출 불가
- 비트간격 한 가운데서 항상 천이가 존재하므로 자체 클럭 코드(Self Clocking Code)라고 한다.

③ 응용 : 근거리통신망(LAN)의 데이터 전송

④ 종류

㉮ 맨체스터(Manchester) 방식

- 정의 : '0'인 경우 음(-) → 양(+)으로 변환하고, '1'인 경우 양(+) → 음(-)으로 변환하는 방식
- 특성
  - 동기화 및 해당 비트를 표현하기 위해 각 비트 중간에서 신호를 반전
  - 2가지 전이를 통해 영복귀(RZ)와 같은 수준의 동기화 달성

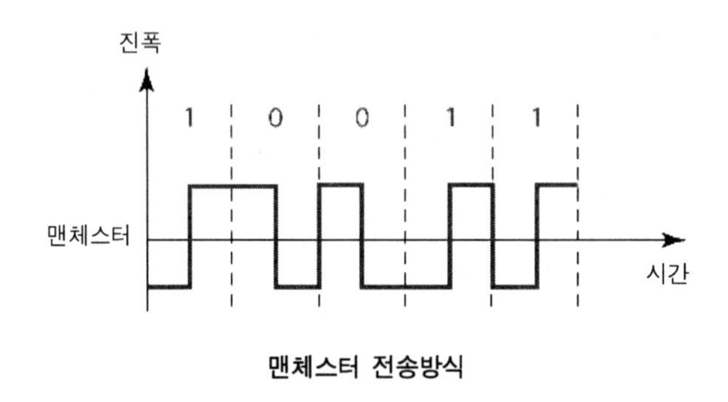

맨체스터 전송방식

㉯ 차분 맨체스터(Differential Manchester) 방식

- 정의 : '0'인 경우 바로 이전 펄스의 후반 $\frac{1}{2}$ 신호와 반대극성을 나타내고 '1'인 경우 바로 이전 펄스의 후반 $\frac{1}{2}$ 신호와 동일한 극성을 나타내는 방식
- 특성
  - 비트 간격 중간에서의 반전은 동기화를 위해 사용
  - 비트간격 시작점에서의 전이 여부로 비트를 식별
    즉, 비트 전이는 '0'을, 무변화는 '1'을 의미

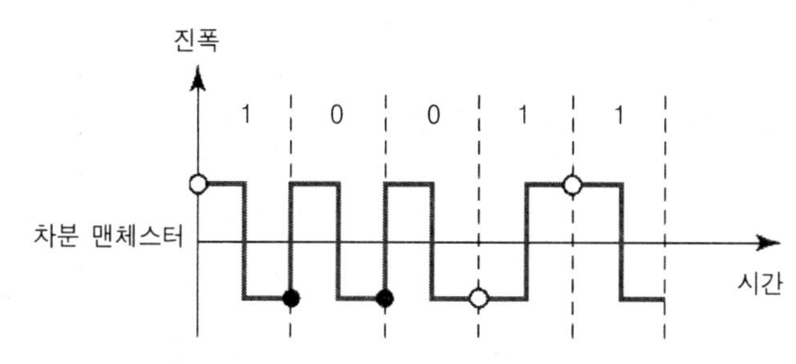

※ o 비반전(다음 비트 가 '1'인 경우), ● 반전(다음 비트가 '0'인 경우)

다음에 베이스밴드 전송방식의 특성을 요약하였다.

전송방식	전압	파 형
바이폴라 (RZ-AMI)	+E 0 −E	0 1 1 0 1 0 0 1 1 0
다이코드 방식	+E 0 −E	0 1 1 0 1 0 0 1 1 0
차분 방식	+E 0 −E	0 1 1 0 1 0 0 1 1 0
CMI 방식	+E 0 −E	0 1 1 0 1 0 0 1 1 0

베이스밴드 전송방식 개념도

다음에 베이스밴드 전송방식의 개념도를 나타내었다.

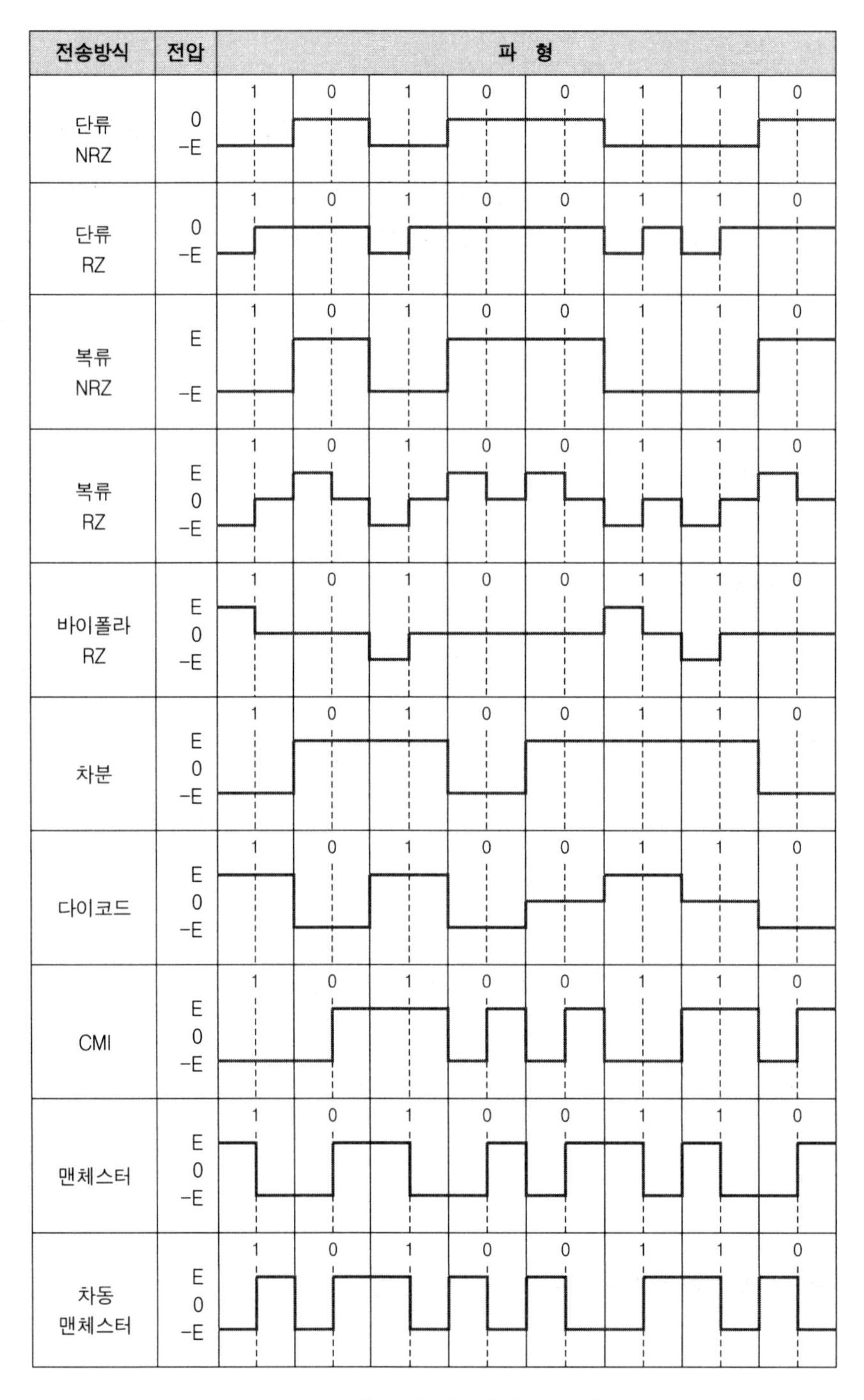

베이스밴드 전송방식의 개념도

2.2 대역전송

대역전송이란 변조(주파수 변조)를 사용하여 신호크기, 주파수 및 위상 값을 베이스밴드 전송방법에 비례하여 변화시켜 광범위한 주파수 영역을 효과적으로 사용하기 위한 전송방식이다. 대역전송의 대표적인 예는 AM, FM 변조, 위상변조 방식이 있다.

1) 대역전송

(1) 대역전송 특성

직류신호(디지털 신호)를 모뎀을 사용하여 교류신호(음성)로 변조하여 아날로그 신호 상태로 전송하는 방식으로 정의된다.

① 물리적 특성

디지털 신호를 아날로그 신호로 변조하므로 모뎀이 필요하며 원거리 전송시 증폭기를 사용해야 된다.

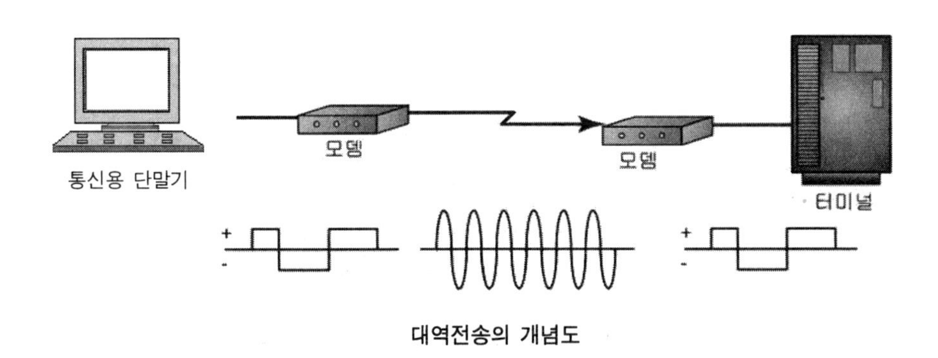

대역전송의 개념도

② 응용

- 근거리 통신망에서 데이터 전송
- 유선TV(CATV)

③ 단점

- 모뎀, 증폭기 필요
- 신호왜곡 현상 발생

④ 종류

- 광대역전송(Broadband Transmission)
- 반송대역 전송(Carrierband Transmission)

2) 광대역 전송

(1) 광대역 전송

직류신호(디지털 정보)를 정현파와 같은 반송파 신호를 사용하여 복수채널의 아날로그 신호 상태로 변환하여 전송하는 방식으로 TV나 라디오 등을 포함하여 많은 전송매체에서 광대역을 사용하고 있으며 일반적으로 100[KHz] 이상의 반송 주파수를 사용한다. 현재의 공중통신망은 디지털 망으로 구축되어 디지털 신호를 전송하고 있다.

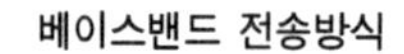

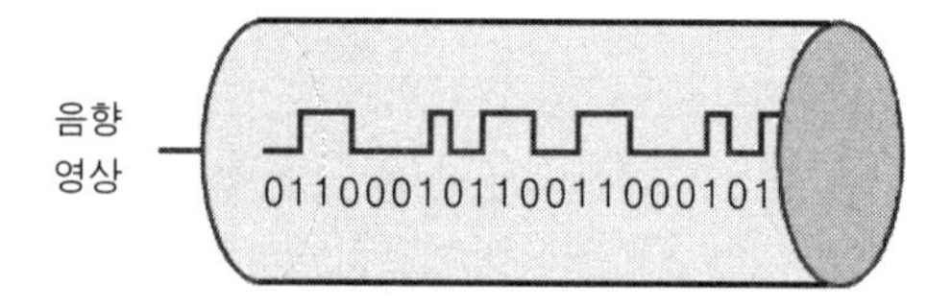

광대역 전송방식

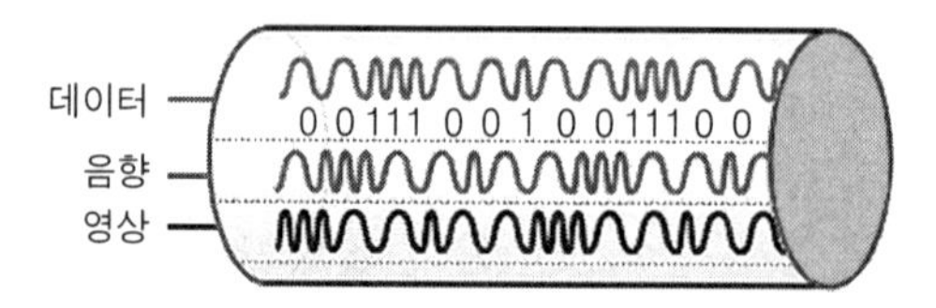

베이스밴드 전송과 광대역 전송의 개념도

① 전송특성 : 단방향 신호 전송방식(Baseband는 양방향 전송방식)

② 응용

- 근거리 통신망(LAN)에서의 데이터, 음성, 영상전송
- 유선TV(CATV)

③ 종류

특성 종류	동 작 특 성
헤드앤드 (Head End)	• 하나의 신호를 증폭·조정한 다음 혼합하여 송·수신 방향에 대응되는 두 개의 전송로로 송출하는 장치 • 수신주파수영역 → 송신주파수영역 변환기능 필요
분배기 (Splitter))	• 하나의 전송선로(물리적 전송선로)를 두 개의 서로 다른 논리적 채널로 분할하여 송·수신 채널로 사용하는 방식

※ 헤드앤드란?

헤드앤드(Cable Head와 Antenna End를 합성한 것)란 모든 신호를 전송선로로 송출하는 장치. 즉, 송신기라고 할 수 있으며 양방향 시스템에서는 모든 신호가 집중되는 곳으로 통신 시스템에서 가장 중요한 부분이다.

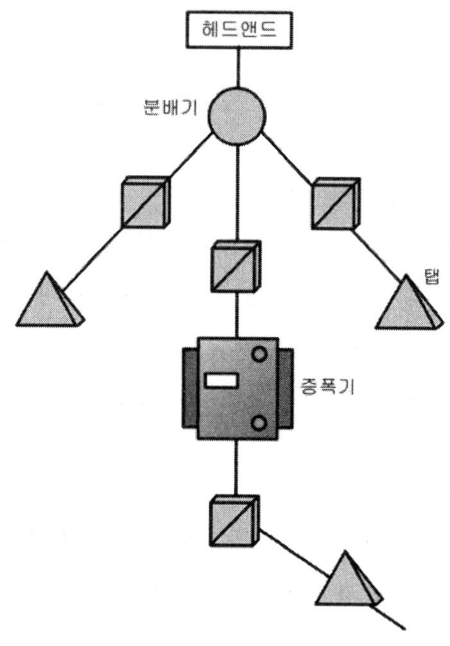

광대역 전송 개념도

(2) 반송대역 전송

광대역 전송방식의 변형된 방식으로 단일채널의 전송하고자하는 신호 주파수보다 충분히 높은 반송파(Carrier Wave) 주파수를 이용하여 전송로에 적합한 주파수 대역범위 내의 대역통과 신호로 변환하여 전송하는 방식이다.

- 전송특성 : 양방향 신호전송방식
- 응용 : 근거리 통신망(LAN)에서의 데이터 전송

대역전송의 특성 비교

특성 \ 전송방식	베이스밴드 전송	대역 전송	
		광대역 전송	반송대역 전송
신호형태	디지털	아날로그	아날로그
채널수	단일채널	복수채널	단일채널
전송방향	양방향	단방형	양방향
토폴로지	버스형/성형	버스형/트리형	버스형/링형
전송거리	10 [Km]	>10 [Km]	10 [Km]
데이터 유형	데이터	데이터, 음성, 영상	데이터

3) 디지털 전송(Digital Transmission)

디지털 데이터 전송은 전송하려는 디지털 신호를 그대로 전송하거나 또는 전송로의 특성에 알맞은 전송부호로 변화시켜 디지털형태의 데이터를 전송로에 전송시키는 정보전송 방식이다.

이 방식은 모뎀을 사용할 필요가 없기 때문에 베이스밴드 전송방법만 있으며, 동기방식에 따라 동기식 전송방식과 비동기식 전송방식으로 구분된다.

(1) 베이스밴드(Baseband) 전송방식

저주파의 기저대 신호를 데이터 변조 없이 단거리용의 동축케이블을 통해 전송하는 방법이다.

① 정의 : 컴퓨터나 단말기에서 출력되는 직류신호를 DSU를 통하여 디지털 형태의 데이터로 전송하는 방식

② 물리적 특성

- 단말기와 교환국사이에 4선식 평형케이블 사용

• 교환국과 교환국사이에 동축케이블 및 광케이블 전송로 사용

• DSU를 사용하여 직렬 형태의 단극성 펄스 → 양극성 펄스로 변화

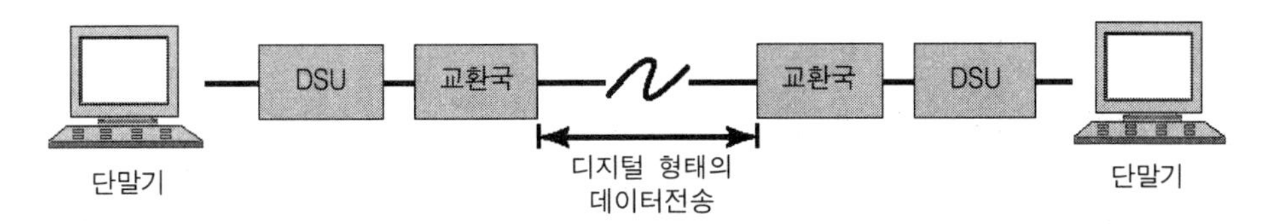

디지털 데이터 전송 개념도

③ 응용

• 근거리 통신망(LAN)

• 컴퓨터나 단말기의 출력신호

④ 디지털 변조기술

• ASK(Amplitude Shift Keying) : 진폭편이 변조

• FSK(Frequency Shift Keying) : 주파수편이 변조

• PSK(Phase Shift Keying) : 위상편이 변조

• QAM(Quadrature Amplitude Modulation) : 직교진폭 변조

(2) 동기식 전송방식

① 정의 : 미리 정해진 수만큼의 글자 열을 한 그룹으로 만들어 동시에 전송하는 방식

② 특성

• 전송효율이 좋아 중, 고속 통신

• 네트워크에서 공급되는 클럭에 의해 송, 수신 단말기간에 동기상태 유지

③ 전송형식

• 정보비트(데이터비트 6비트) + 동기신호(프레임비트 1비트) + 상태신호(상태비트 1비트) 형태로 전송

프레임 비트	상태비트	데이터 비트
1비트	1비트	6비트

전송형식 개념도

• 프레임비트 : 동기용 신호로 0,1을 반복 삽입
• 상태비트 : 비 통신시 0, 통신시 1을 나타냄
• 데이터비트 : 전송용 데이터

④ 반응속도

데이터신호 속도와 동기신호 및 상태신호를 포함한 전제 전송속도는 데이터 속도의 $\frac{8}{6}$배로 전송

동기식 전송의 반응속도

속도 \ 구분	데이터 신호속도	반응속도
전송속도	2.4 [Kbps]	3.2 [Kbps]
	4.8 [Kbps]	6.4 [Kbps]
	9.6 [Kbps]	12.8 [Kbps]

(3) 비동기식 전송방식(Asynchronus Transmission)

① 정의 : 한 번에 한 글자씩 송·수신하는 방식으로 스타트비트와 스톱비트의 차에 의하여 동기를 맞추는 방식

② 특성

• 전송효율이 낮아 저속통신(1.2 [Kbps] 이하)
• 송·수신 단말기간에 클럭의 비동기 상태
• 단거리 통신

③ 전송형식

• 데이트 비트(6비트) + 동기신호(프레임비트 1비트) + 상태신호(상태비트 1비트) 형태로 전송
• 문자 앞에 1비트의 스타트비트와 뒤에 1, 1.5, 2비트의 스톱비트를 가진다.
• 2 ~ 3 비트의 오버헤드가 요구

1상태 → 0상태 : 송신 시작 상태로 수신준비

0상태가 $\frac{1}{2}$비트시간 지속되면 샘플링 시작 후 스톱비트 도착 확인

④ 반응속도

- 저속특성은 고속전송으로 사용하기 위해 멀티 포인트 샘플링 방식 사용
- 전체 전송속도(반응속도)는 데이터 속도의 $\frac{8}{6}$×샘플링 점으로 전송

비동기 전송의 반응속도

구분 / 속도	다점 샘플링 속도	반응속도
300 [bps]	8점 샘플링방식	3.2 [Kbps]
1.2 [Kbps]	4점 샘플링방식	6.4 [Kbps]
2.4 [Kbps]	4점 샘플링방식	12.8 [Kbps]

제3절 전송매체

전송매체란 정보통신 시스템의 송·수신기 사이에서 정보를 전송하는 물리적인 통로를 의미한다. 전송매체는 매체의 성질과 신호의 특성에 의해 통신효율의 대부분을 결정하며, 특히 유선매체의 경우 전송매체가 대역폭의 한계를 결정하는 중요한 요인이 되고 있다. 또한 전송매체는 높은 전압과 큰 전류를 사용하지 않기 때문에 잡음과 전송대역, 전송손실, 지연시간, 특성 임피던스 등의 요소가 고려되어야 한다.

3.1 전송매체의 특성

전송매체(Transmission Media)는 데이터통신 시스템에서 수신기와 송신기 간의 물리적인 데이터의 전송로이다. 이러한 전송매체는 크게 하드와이어와 소프트와이어로 구분되며 하드와이어는 트위스트페어나 동축케이블 및 광케이블이 있고 소프트와이어에는 지상 마이크로파와 위성 마이크로파, 라디오파 등이 있다.

1) 전송매체의 개요

(1) 정의

정보전송 시스템에 있어서 수신기와 송신기 간의 물리적인 데이터 전송로를 의미한다.

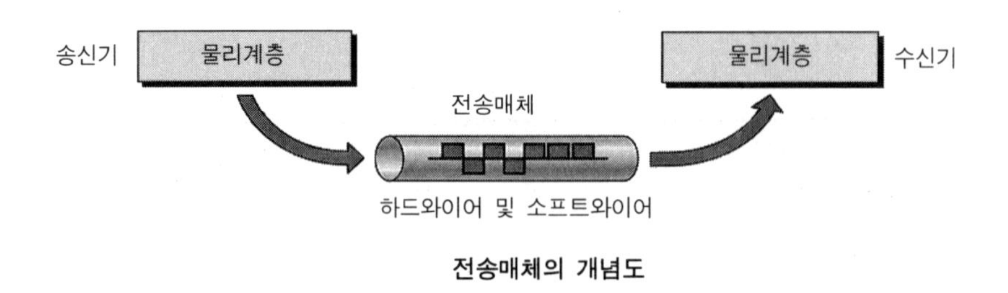

전송매체의 개념도

(2) 매체구분

전송매체는 크게 유도매체(Guided Media)와 비 유도매체(Unguided Media)로 나뉘며 이들은 반송파를 사용하여 전자기파의 형태로 통신을 하게 된다. 유도매체는 "유선매체 또는 하드와이어(Hardwire)"라고도 하고 비 유도매체는 "무선매체 또는 소프트와이어(Softwire)"라고도 한다. 유도매체는 장비간의 연결통로를 제공하는 케이블 형태의 전송수단이고, 비 유도매체는 특별한 도체가 없이 전자기적 신호를 송·수신하는 매체를 의미하며 다음과 같이 분류된다.

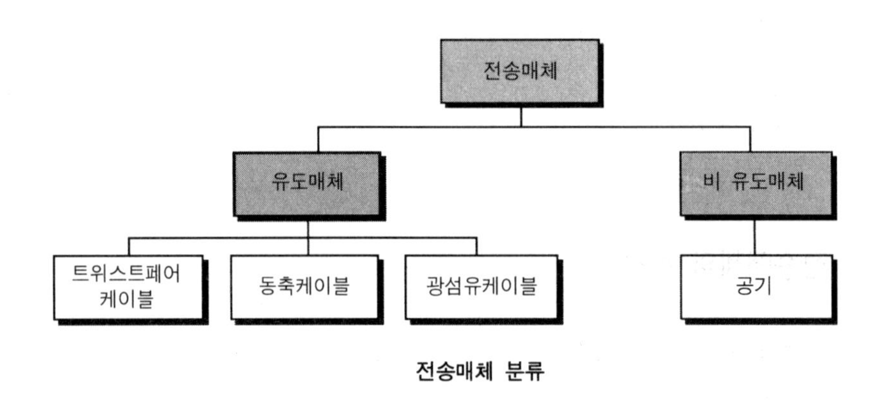

전송매체 분류

- 유도매체 : 트위스트페어, 동축케이블, 광섬유케이블
- 비 유도 매체
  - 공기, 진공, 해수
  - 지상 마이크로파, 위성 마이크로파, 라디오파

(3) 매체 특성

① 유도매체

전송매체 자체가 물리적 연결을 제공하며 대역폭의 한계를 결정하는 매우 중요한 요인으로 작용한다. 다음에 유도매체의 특성비교를 표로 나타내었다.

하드와이어 전송매체의 특성 비교

유도매체	총 데이터 전송률	대 역 폭	리피터 설치 간격
트위스트페어 케이블	1 [Mbps]	250 [KHz]	2 ~ 10 [Km]
동축 케이블	500 [Mbps]	350 [MHz]	1 ~ 10 [Km]
광섬유 케이블	>1 [Gbps]	>1 [GHz]	10 ~ 100 [Km]

다음에 유도매체에 대한 감쇠현상을 그림으로 나타내었다.

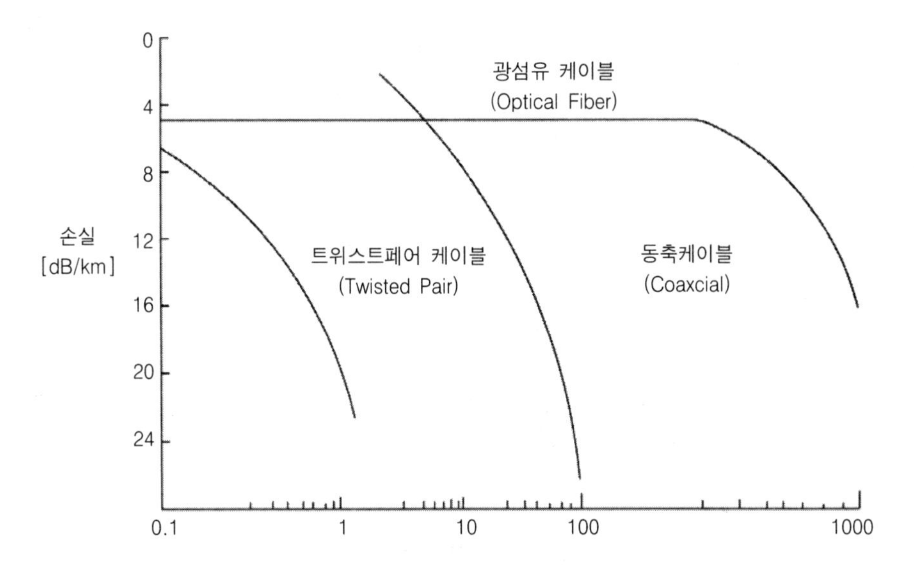

유도매체에 대한 감쇠현상 비교도

② 비 유도매체

자유공간의 무선 전송매체를 사용한 통신방법으로 주파수에 제한이 없으며 전자파의 전파방법에 따라 사용 용도가 다른 전송방식이다. 즉, 전송 안테나에서 발생하는 신호의 주파수와 대역폭이 특성을 좌우하게 되는 방식이다.

신호중심 주파수가 높을수록 잠재적 주파수 대역폭이 커지므로 데이터 전송률이 높으며 마이크로파의 주파수 범위는 2~40[GHz] 정도의 높은 주파수를 사용하고 라디오파는 30[KHz]~1[GHz] 범위의 주파수를 사용한다.

※ 일반적으로, 저주파 경우 → 다 방향성 전파
고주파 경우 → 단 방향성 전파 특성

3.2 유도매체

1) 트위스트페어 케이블(이중나선)

트위스트페어(Twisted Pair) 케이블은 두 전선을 서로 꼬아 놓은 것으로서 여러 개의 쌍이 다발로 묶여져, 하나의 케이블을 형성하는 것으로 보호용 외피로 감싸여 있다. 이를 일명 "이중나선" 또는 "꼬임선"이라고도 한다. 이때 쌍(Pair)으로서 서로 꼬이게 한 것은 선로들 간의 유도현상(전기적 간섭 현상)을 감소하기 위한 것이다. 이는 아날로그와 디지털 전송 모두가 가능하며 보통 1~2[Km] 정도의 거리를 수백[Kbps]~1[Gbps] 정도의 전송이 가능하며 잡음에 강하지 못하고 오류발생 확률이 높은 특성이 있다.

※ UTP 케이블을 꼬는 이유?
두 전선이 규칙적인 간격으로 서로 둘레를 감게 되면 각 전선은 잡음의 영향을 받는 1/2동안은 잡음의 근원에 더 가까워지나 나머지 1/2는 멀어지게 되어 결과적으로 잡음원으로부터 누적된 간섭은 두 꼬인 선에 동일하게 되어 잡음의 효과는 '0'이 되므로 잡음을 제거할 수 있기 때문이다.

(1) 물리적 특성

- 두 가닥의 절연된 구리선으로 감겨 있는 형태
- 각 쌍들은 서로 감겨 있기 때문에 다른 쌍들과의 간섭현상을 최소화할 수 있음
- 쌍내의 전선의 굵기는 0.016~0.036 인치

(2) 용도

- 아날로그 전송매체, 디지털 전송매체, 전화 시스템

(3) 전송특성

- 대여폭 : 1 ~ 2 [MHz]
- 아날로그 경우 : 5 ~ 6 [Km]마다 증폭기 필요. 약 250 [KHz] 까지의 대역폭 전송 가능
- 디지털경우
  - 2 ~ 3 [Km]마다 리피터(Repeater) 필요
  - 지점간의 전송률은 최대 10 [Mbps] 전송속도를 가지나 최근에는 1 [Gbps]까지 가능
- 외부의 금속망은 외부로부터의 간섭을 감쇠
- 근접한 쌍끼리는 꼬는 길이를 다르게 하여 누화현상을 감소시킴

(4) 장점

- 음성신호에 적합
- 노드부착 용이
- 저 가격
- 베이스밴드, 브로드밴드에 사용

(5) 단점

- 간섭잡음, 충격잡음
- 전송거리, 전송속도 제한

(6) 종류

- UTP(Unshielded Twisted Pair) 케이블
- FTP(Foiled Twisted Pair) 케이블
- STP(Shielded Twisted Pair) 케이블

① 비 차폐 트위스트페어(UTP, Unshielded Twisted Pair)

동일한 하나의 외부피복에 4쌍의 케이블을 엮어 놓은 것으로서 주로 근거리 통신(LAN)망에 이용된다. 이때 각 장치들 간의 연결용으로 플라스틱 잭 RJ-11(전화선용) 또는 RJ-45(컴퓨터용)가 사용된다.

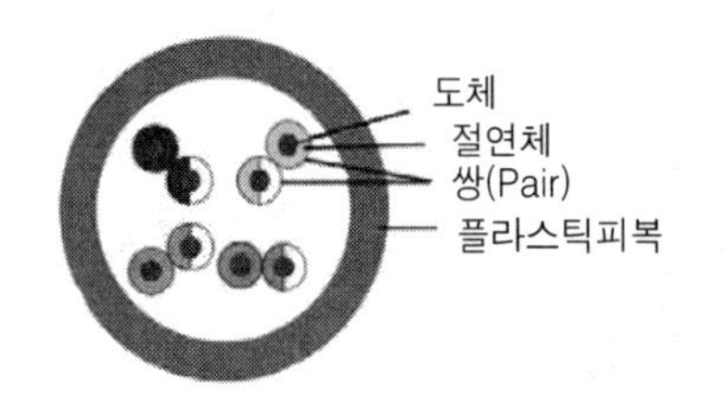

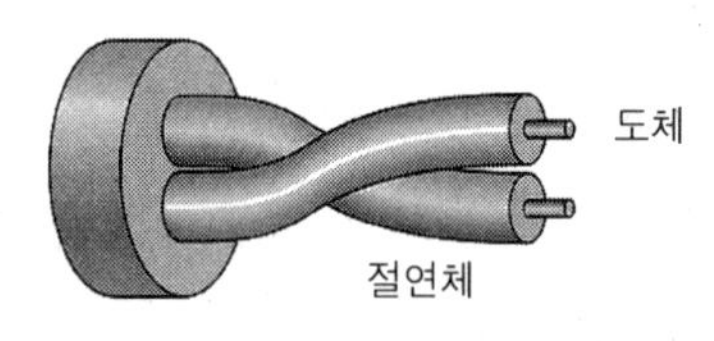

UTP 케이블 개념도

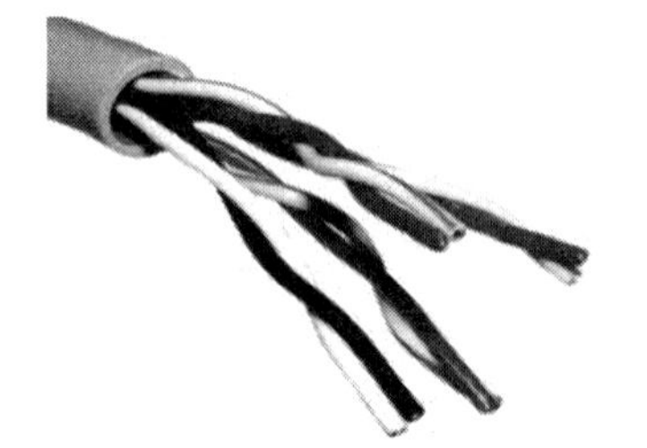

UTP 케이블

UTP 케이블의 종류 특성

카테고리	최대 속도	주파수	특성
카테고리1	1 [Mbps]	-	아날로그 음성(일반적인 전화 서비스) 전송을 위해 사용 데이터 전송을 위해 사용 불가
카테고리2	4 []Mbps]	1 [MHz]	주로 IBM의 토큰링 네트워크에 사용
카테고리3	10 [Mbps]	16 [MHz]	데이터 및 음성전달을 위해 사용될 수 있으며 10 [Mbps] 이더넷(100 Base T2/T4), 토큰링 4 [Mbps]
카테고리4	16 [Mbps]	20 [MHz]	16 [Mbps] 토큰링에서 사용되지만 일반적으로 많이 사용되지는 않음
카테고리5	100 [Mbps]	100 [MHz]	고속 이더넷(1000 Base T)
카테고리6	200 ~ 250 [MHz]	250 [MHz]	Gbit의 초고속 광대역 네트워크에 사용, 현재 비표준

UTP 케이블은 단순 케이블을 나선형으로 꼬아 놓은 것으로 차폐용 피복이 없는 케이블로 8개의 동선으로 구성되며 전송속도는 1 [Mbps]에서 1 [Gbps]까지 가능하고 서로 다른 장치들을 연결하는 방법(call "다이렉트 케이블링(Direct Cabling)")과 같은 장치들 간을 연결하는 방법(call "크로스 케이블링(Cross Cabling)")이 사용된다.

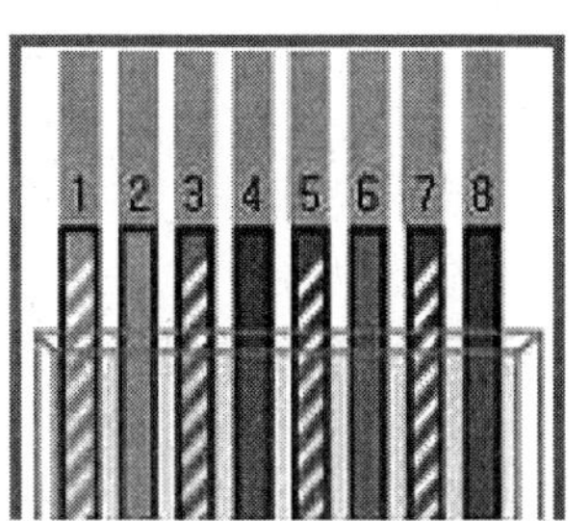

1번 : 줄무늬 + 주황색
2번 : 주황색
3번 : 줄무늬 + 녹색
4번 : 청색
5번 : 줄무늬 + 청색
6번 : 녹색
7번 : 줄무늬 + 갈색
8번 : 갈색

UTP 케이블의 배열

다이렉트 케이블링 방법은 양 끝 포트의 연결된 케이블의 위치가 서로 동일한 반면 크로스 케이블링 방법은 주황색(줄무늬 황색, 황색)과 녹색(줄무늬 녹색, 녹색)을 서로 교체하여 케이블링을 하게 된다.

UTP 케이블링 방법

전선번호	색상	A핀번호	B다이렉트	B크로스
1번 쌍 (청색 쌍)	줄무늬 + 청색(White Blue) 청색(Blue)	5번 4번	5번 4번	5번 4번
2번 쌍 (주황색 쌍)	줄무늬 + 주황색(Whit Orange) 주황색(Orange)	1번 2번	1번 2번	3번 6번
3번 쌍 (녹색 쌍)	줄무늬 녹색(White Green) 녹색(Green)	3번 6번	3번 6번	1번 2번
4번 쌍 (갈색 쌍)	줄무늬 갈색(White Brown) 갈색(Brown)	7번 8번	7번 8번	7번 8번

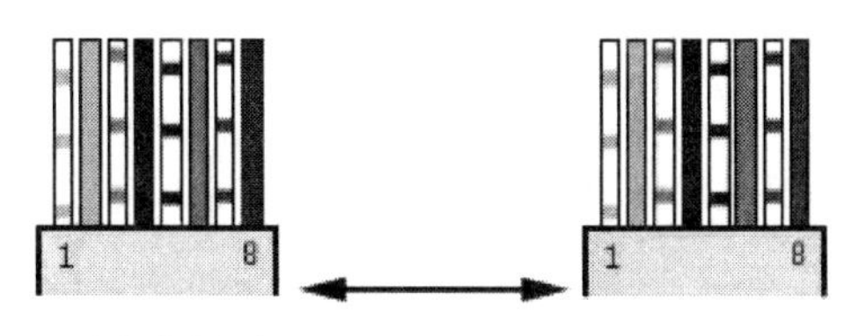

단자A(단자B) : 줄주황, 주황, 줄녹, 청, 줄청, 녹, 줄갈, 갈

다이렉트 케이블링 방식

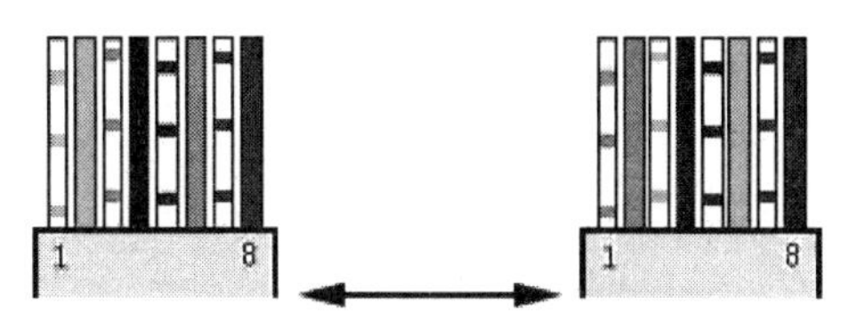

단자A : 줄주황, 주황, 줄녹, 청, 줄청, 녹, 줄갈, 갈
단자B : 줄녹, 녹, 줄주황, 청, 줄청, 주황, 줄갈, 갈

크로스 케이블링 방식

② 금박 차폐 선(FTP, Foiled Shield Pair)

FTP는 쉴드 처리는 되어 있지 않고, 알루미늄 은박이 4가닥의 선을 감싸고 있는 케이블로 UTP에 비해 절연 기능이 우수하여 외부 간섭이 심한 환경, 주로 공장 배선용으로 많이 사용된다. FTP의 단점은 UTP에 비해서 접지시 좀더 주의가 필요하다는 것이며, UTP에 연결할 때 전기적 임피던스가 맞아야만 하는 특성이 있다.

FTP 케이블

③ 차폐 트위스트페어(STP, Shield Twist Pair)

STP는 UTP 케이블의 외부 피복에 외부 전자기 간섭으로부터의 보호를 위해 동일한 하나의 외부피복 내에 각 케이블 쌍마다 은박지로 차폐 막을 입힌 구조로 UTP에 비해 잡음의 영향이 적으며 주로 근거리 통신망 토큰링 방식에 이용된다. 이때 각 장치들 간의 연결용으로 IBM 데이터 커넥터를 사용해야 한다.

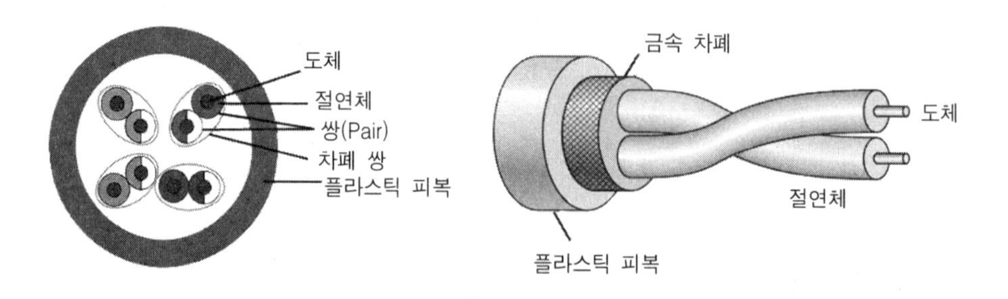

STP 케이블 개념도

STP 케이블

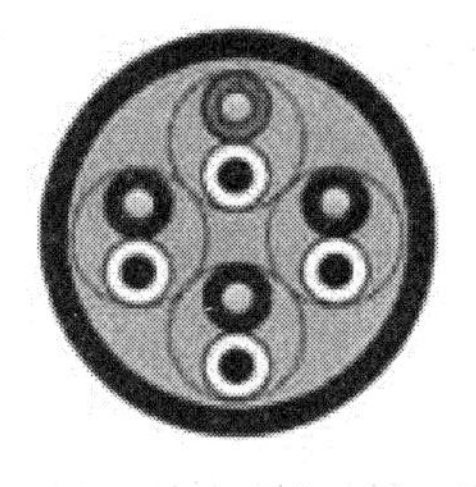

UTP

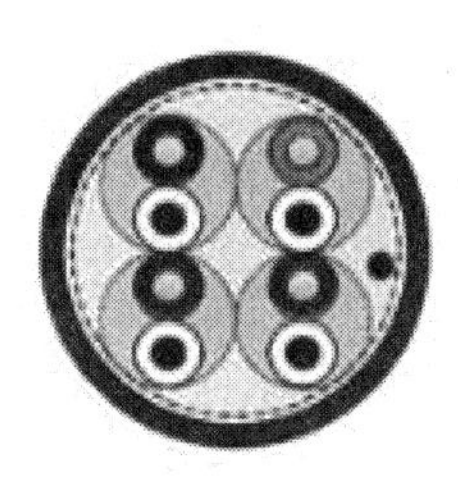

FTP

STP

UTP 및 FTP, STP의 개념 비교도

UTP 및 FTP, STP의 특성비교

종류 특성 / 항목	UTP 케이블	FTP/STP 케이블
케이블 구조	전도층이 별도로 없는 금속박막에 의한 꼬인 선만으로 구성	전도층이 꼬인 선을 둘러싸고 있는 구조
최대 전송길이	100 [m](328 Feet)	150 [m](492 Feet)
데이터 전송율	최대 100 [Mbps]	최대 150 [Mbps]
대역폭	20～100 [MHz]	20～300 [MHz]
외부간섭	전기장치, 자기장치의 간섭	전자기의 영향 최소
설치	설치 용이, 비용 저렴	제작 난이, 고가 비용
커넥터	RJ-45	RJ-45 STP용 금속박막 접지용 커넥터

2) 동축케이블

동축케이블(Coaxial Cable)은 네트워크상에서 잡음을 최소화하기 위하여 중심전도체를 내부 절연물질로 감싸고 중심전도체가 외부에 노출되는 것을 막기 위하여 다시 절연체(PE) 위에 외부 전도체(그물모양 연동선)로 감싼 후 마지막으로 외부 플라스틱 피막으로 감싸 만든 것으로, 여기서 동축이란 말은 전류가 흐르게 되는 도체의 축이 같음을 의미한다.

동축케이블은 트위스트페어보다 넓은 대역폭, 빠른 전송속도 및 전기적 간섭이 적어 근거리 통신망인(LAN)에서 가장 많이 이용되며, 케이블은 임피던스가 비교적 낮은 50[Ω](기저대역용) 용과 75[Ω](광대역용)의 두 종류가 있고, 무선통신에는 주로 50[Ω] 용을 사용하며, 방송 공동수신 설비(텔레비전공시청 설비)에서는 75[Ω] 용이 사용된다. 또한 장치들 간을 연결하기 위해서는 BNC 커넥터가 사용된다.

> ※ BNC란?
> BNC는 "Bayonet-Neil-Concelman"의 약어로서 1940년대 개발되어 현재까지 가장 폭넓게 사용되는 비디오 케이블 커넥터이다.

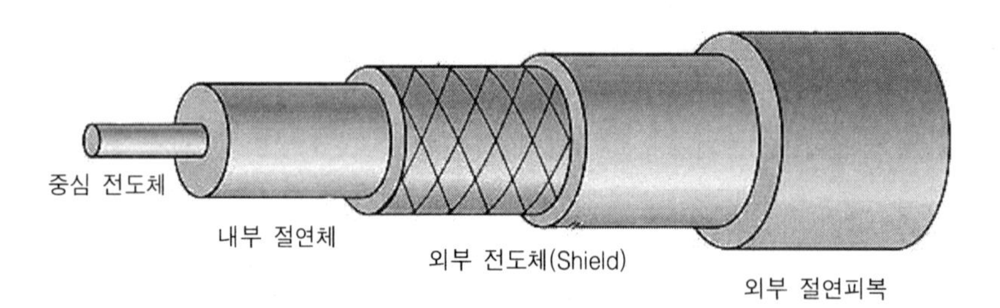

동축케이블의 개념도

(1) 물리적 특성

- 두 개의 도체로 구성되나 보다 폭 넓은 주파수 범위에 사용
- 내부도체는 균일간격의 절연체 링, 고체 전체로 고정됨
- 외부도체는 표피나 보호막으로 감싸여 있음
- 한 가닥의 케이블 지름은 0.4~1인치

다음에 동축케이블의 물리적 구조를 나타내었다.

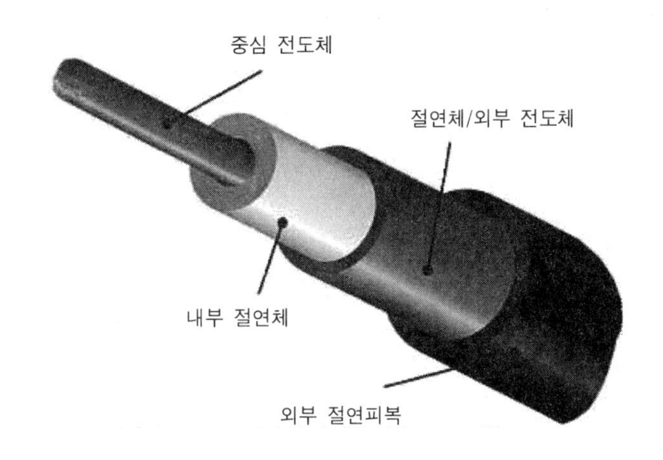

동축케이블

(2) 용도

- 장거리 전화 및 텔레비전 전송
- TV 분배(BNC 커넥터 또는 T형 커넥터가 필요)
- 근거리 네트워크
- 단거리 시스템 링크
- 기기간의 단거리 접속
- 아날로그 경우 라디오, TV 용, 디지털 경우 PC 용

(3) 전송특성

- 대역폭 : 10 [Hz] ~ 400 [MHz]
- 주파수 분할 멀티플렉싱 용으로 사용시 10,000개 이상의 음성 동시 전송 가능
- 트위스트페어보다 우수한 주파수 특성과 높은 주파수와 데이터 전송률 특성
  - 기저대역 동축케이블 : 수십 [Mbps] ~ 500 [Mbps]
  - 광대역 동축케이블 : 수십 [Mbps] ~ 수 [Gbps]
- 케이블 자체가 차폐의 집중적 구조이므로 간섭과 누화에 강함

• 아날로그 경우 : 장거리 전송시 수 [Km]마다 증폭기가 필요하며, 100 [Mbps]까지 전송 가능
디지털 경우 : 매 1 [Km] 마다 리피터 필요하며, 800 [Mbps]까지 전송 가능

(4) 장점

• 폭넓은 대역폭
• 빠른 데이터 전송속도
• 베이스밴드, 브로드밴드 방식에 사용

(5) 단점

• 감쇄현상
• 열잡음
• 상호변조잡음

(6) 종류

• 표준동축케이블 : 직경 9.5 [mm]로 초 다중화 방식용
• 세심케이블 : 장거리 광대역전송용으로 높은 경제성

동축케이블의 종류 특성

반송방식	종 류	중계기 간격	채널수	반송주파수대역
P-4M	세심동축케이블	3.8 [Km]	960개	60 ~ 4,287 [KHz]
SP-12M	세심동축케이블	2 [Km]	2,700개	300 ~ 12,435 [KHz]
	표준동축케이블	4.5 [Km]	2,700개	300 ~ 12,435 [KHz]
C-60M	표준동축케이블	1.5 [Km]	10,800개	300 ~ 59,580 [KHz]

3) 광섬유 케이블

광섬유 케이블(Optical Fiber Cable)은 가는 유리나 플라스틱을 재료(2 ~ 125 [mm])로 사용하는 전송매체로 대역폭 특성과 고속의 전송속도, 전기적인 간섭의 최소화 등의 특성을 가지는 전송매체 중 가장 우수한 매체이다.

광섬유에 빛을 전파시켜 전송하는 광통신은 광신호를 발생하기 위한 광원과 광원을 탐지하는 광탐지기가 쌍으로 구성되며, 이는 주로 100[MOz] 이상의 대역폭을 갖는 네트워크나 네트워크 사이의 백본(Backbone) 전송용으로 사용된다. 구성은 빛을 통과시키는 코어(Core)와 코어보다 낮은 굴절계수를 갖는 케블라(Kevlar) 섬유로 구성된 클래딩(Cladding)층, 낮은 반사지수 특성과 이들을 보호하기 위한 외부피복층(Jacket)으로 구성된다. 광섬유 통신은 빛이 광섬유를 통과해 나갈 때 클래딩층은 거울과 같이 빛을 반사하며 클래팅층에서의 반사과정이 반복됨으로서 빛이 전송되며 광섬유 자체의 대역폭은 50[Tbps]이며 실제는 기가[Gbps]급 정도의 송신, 수신이 가능하다.

(1) 물리적 특성

- 초 순수 용해 규소 섬유를 이용한 광섬유 제작 가능
- 광섬유는 높은 반사지수(유리, 플라스틱 등에 대해)를 가지며 다발로 구성된 케이블의 내에는 안정도 목적으로 강철심이 들어있다.

다음에 광섬유 케이블의 형태를 그림으로 나타내었다.

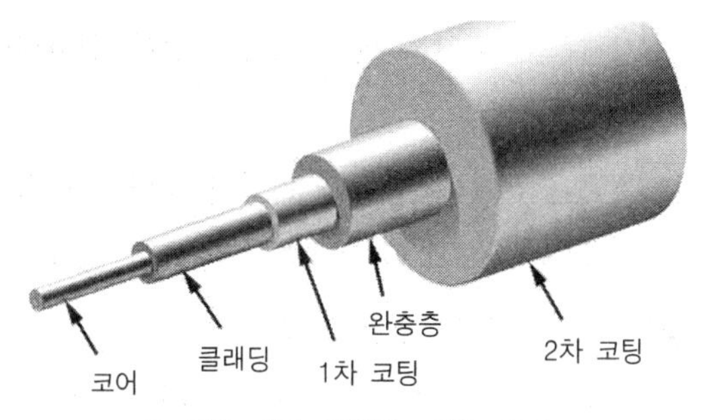

※ 코어 : 석영, 피복층 : 석영 + GeO_2

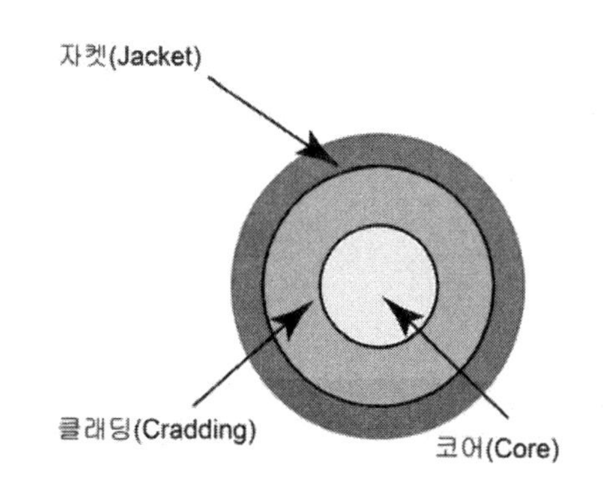

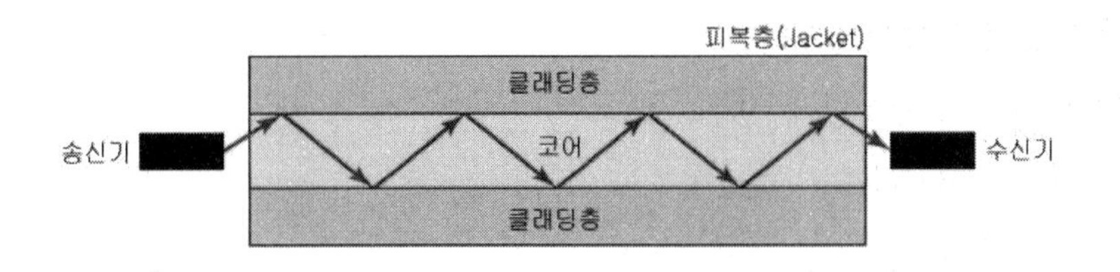

광섬유 케이블의 형태도와 개념도

(2) 용도

- 근거리 및 광대역 통신망
- 장거리 통신
- 군사용
- 가입자 회선

(3) 전송특성

- 대역폭 1 ~ 3.3 [GHz]
- 주파수 특성은 1,014 ~ 1,015 [Hz] 특성, 즉 가시범위이며 적외선의 한 부분임
- 전송시에는 아날로그 신호만 전송되나 변조를 통해 아날로그, 디지털 전송 가능
- 다중모드 : 얕은 입사각으로 들어온 빛은 섬유를 통해 전파되나, 다른 빛(光)은 주위에 흡수

  즉, 반사각이 다양함을 의미하며 코어의 반경이 줄면 반사각도 줄어들며 코어의 반경을 한 파장 길이로 하면 단 하나의 각도, 한 모드만 통과할 수 있음을 알 수 있다.
- 내부반사는 주위보다 높은 반사지수를 가짐
- 데이터 전송시 119 [Km]마다 리피터가 필요하며 2 [Gbps] 전송 가능

(4) 장점

- 높은 데이터 전송률
- 작은 비 전도성
- 넓은 대역폭
- 적은 간섭
- 장거리용 적합

• 전기적인 스파크 미 발생
• 가벼운 무게
• 넓은 리피터 설치간격
• 낮은 신호 감쇠

(5) 단점

• 탭(Tap)을 이용한 분기선 구성 난이
• 설치 및 관리 난이
• 단방향성

(6) 종류 : 빛의 굴절율에 따른 분류

• 단일모드(Single Mode)
• 다중모드(Multimode)
  - 계단형(Stepped Index)
  - 경사형(Graded Index)

① 단일모드(Single Mode Fibers)

매우 얇은 유리섬유로 빛은 직진하고 분산이 거의 없으나 탭(Tap)을 이용한 연결이 어려우며 코어의 두께가 얇으나 신호의 직진성이 우수하다. 주로 광대역 전송이나 장거리 전송에 적합하며 코어의 두께가 작아 접속이 어렵다.

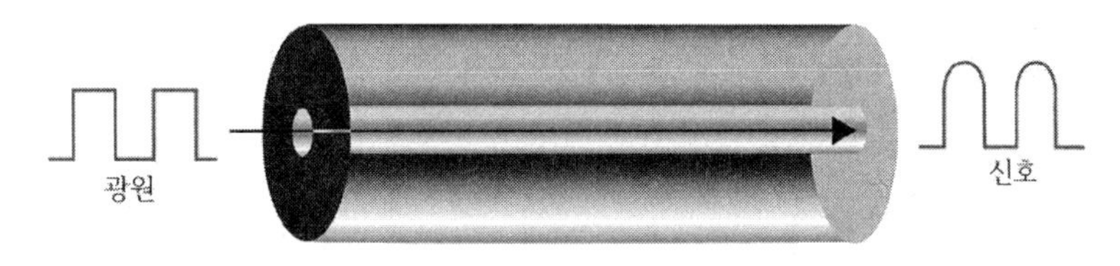

단일모드 개념도

② 계단형 인덱스 다중모드(Stepped Index Multi-mode Fibers)

일정각도 이하로 입사된 빛은 굴절하면서 전파되나 다른 빛은 흡수되며 단일모드에 비하여 두꺼워서 연결 작업이 용이하나 신호의 직진성이 없어 비교적 저속(200 [Mbps/1Km]), 단거리에 사용된다.

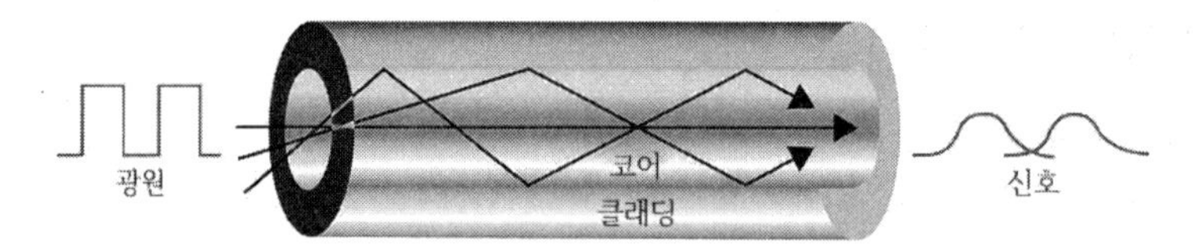

계단형 인덱스 다중모드 개념도

③ 경사형 인덱스 다중모드(Graded Index Multi-Mode Fibers)

계단형의 단점을 보완하기 위해 코어와 클래싱 내부의 반사지수에 변화를 주어 모든 모드의 신호가 동일전파속도를 가지게 되나 정확한 굴절율 제어가 어려우며 중거리 전송에 적합하다.

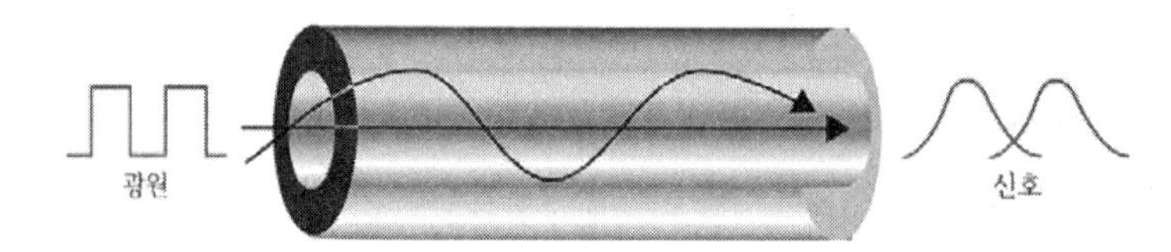

경사형 인덱스 다중모드 개념도

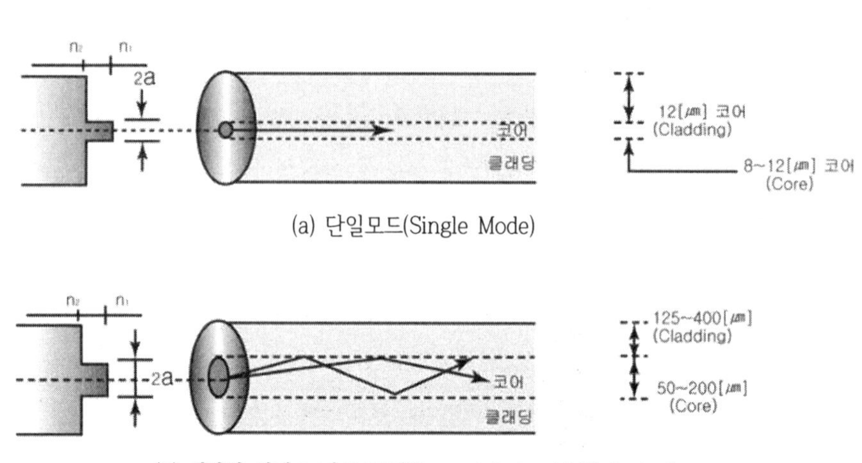

(a) 단일모드(Single Mode)

(b) 계단형 인덱스 다중모드(Stepped Index Multiplexing)

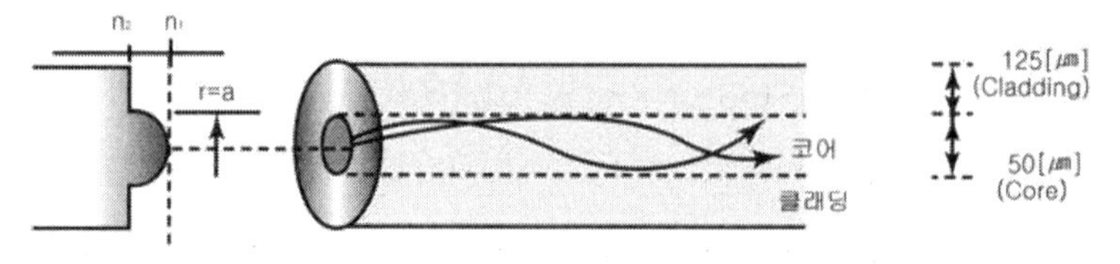

(c) 경사형 인덱스 멀티모드(Graded Index Multiplexing)

광섬유의 분류 특성

단일모드와 다중모드의 특성비교

단일 모드	다중 모드
• 장거리 전송과 높은 데이터 전송율 • 고속 전송용 • 광섬유 접속이 난이 • 적은 빛의 산란	• 단거리 전송과 낮은 데이터 전송율 • 저속 전송용 • 높은 가격 • 많은 빛의 산란 • 광섬유 접속 용이

4) 유도매체의 특성비교

구분 / 비교	트위스트페어 케이블	동축케이블	광섬유
대 역 폭	UTP : 20 ~ 100 [Mbps] STP : 20 ~ 300 [Mbps]	10 ~ 400 [MHz]	1 ~ 3.3 [GHz]
두 께	0.016 ~ 0.036인치	0.4 ~ 1인치	2 ~ 600 [mm]
간 섭	감쇠가 크고 간섭에 약함	외부간섭과 도처에 민감	낮은 감쇠
리피터 설치간격	2 ~ 10 [Km]	1 ~ 10 [Km]	119 [Km]
용 도	전화, LAN	CATV, 고속 LAN	장거리통신, 백본망, 초고속 LAN, 군사용
전 송 률	UTP : 1 ~ 100 [Mbps] STP : 1 ~ 150 [Mbps]	1 [Mbps] ~ 1 [Gbps]	10 [Mbps] ~ 10[Gbps]

3.3 비 유도매체

1) 지상 마이크로파

지상 마이크로파(Terrestrial Microwave)는 장거리 통신 서비스용으로 포물선형의 접시형 안테나인 "파라볼라(Parabolic)" 안테나를 사용하여 1 ~ 수십 [Gbps] 전송률을 나타내는 전자기파로, 안테나는 고정되어 있고 일직선상에서 안테나 간에는 장애물이 없어야 한다. 또한 장거리에 대한 높은 데이터 전송율을 제공하며, 동축케이블보다 같은 거리에서 증폭기나 리피터가 훨씬 적게 소요된다.

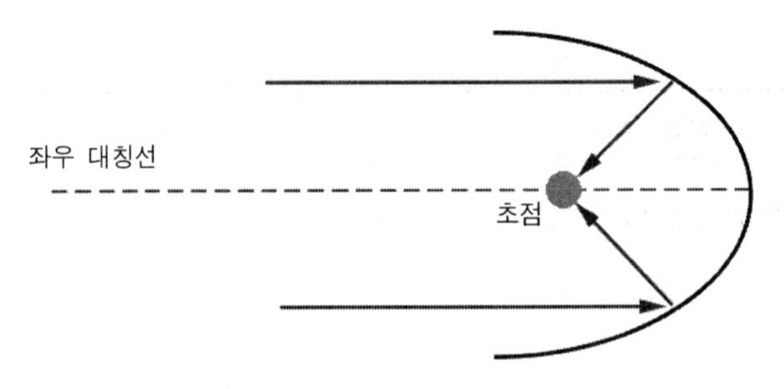

파라볼라 안테나 개념도

※ 전자기파(Electron Wave)란?

전자기파란 자기장이 시간에 따라 변화 하면서 전기장의 변화를 낳고, 전기장의 변화가 다시 자기장의 변화를 만들어 가면서, 공간에 전파해 가는 파동을 의미하며 광의의 개념에서는 가시광선, 적외선, 자외선 등을 의미한다. 무선통신용으로 사용되는 전자기파는 주로 약 300 [GHz] 이하의 전자파를 의미한다.

전자기파의 개념도

전자기파의 종류 특성

구분	대역	주파수 범위	전파	주요 용도
장파	VLF	3-30 [KHz]	지표	장거리 무선통신(선박 항해용)
	LF	30-300 [KHz]	지표	무선표지 및 항해 위치
중파	MF	300 [KHz]-3 [MHz]	대류권	AM 방송, 기상통보
단파	HF	3-30 [MHz]	대류권	단파방송(CB, Citizens Band) 선박전신
초단파	VHF	30-300 [MHz]	대류권 및 가시선	VHF TV방송, FM 방송, 경찰/소방 등 비상용 통신

구분	대역	주파수 범위	전파	주요 용도
극초단파	UHF	300 [MHz]-3 [GHz]	가시권	UHF TV방송, 디지털 TV 방송, 이동통신, 페이저(Pager) 위성통신
	SHF	3-30 [GHz]	가시권	위성통신
	EHF	30-300 [GHz]	Line-of-sight	Long-range radio navigation

※ VLF, Very Low Frequency, MF, Medium Frequency
HF, High Frequency VHF, Very High Frequency
UHF(Ultra), SHF(Super), EHF(Extremely)

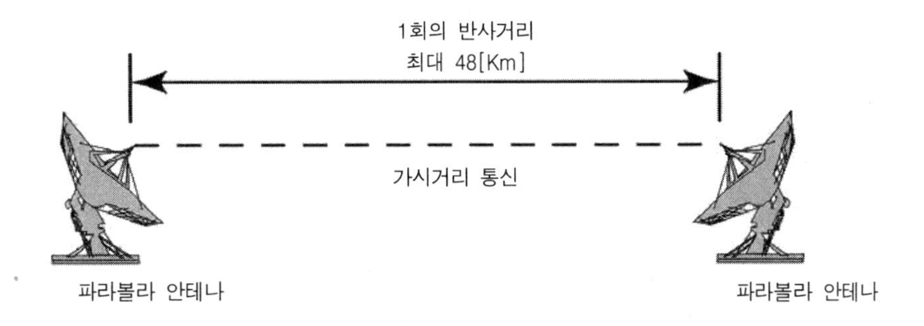

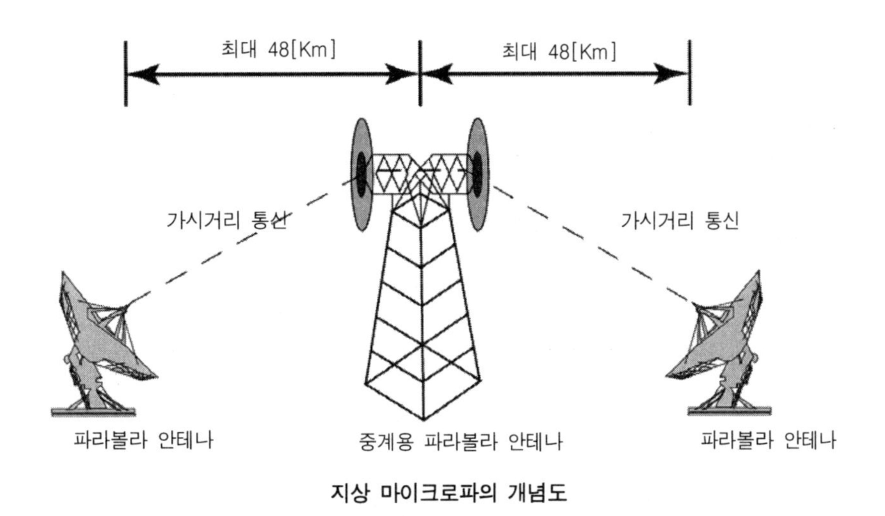

지상 마이크로파의 개념도

현재 지상 마이크로파는 2~40[GHz] 사이의 넓은 주파수 대역들 사용하고 있으나 직진성이 강한 특성으로 높은 건물이나 산악지대에 영향을 받으며, 주로 직접 중계가 가능한 원거리 통신과 전송매체 설치가 어려운 장소 등에서 TV음성이나 동축케이블의 대용으로 사용되고 있다.

(1) 물리적 특성

- 구조는 포물선 모양의 접시형으로 직경은 10피트 내외
- 대개 높은 지역에 위치하며 안테나의 최대 전송거리

최대전송거리 $d = 7.14\sqrt{Kh} = 7.14\sqrt{(4/3)h}$

이때 d는 전송거리[Km], h는 안테나 높이[m], K는 지표에 대한 굴절률을 표시한다.

(2) 용도

- 장거리 통신서비스
- TV 방송, 라디오 방송 전송용 동축케이블의 대용
- 근거리(직경10[Km] 이내)에서의 디지털 데이터 전송서비스
- 두 건물의 폐쇄회로, TV 방송 및 LAN을 서로 연결하기 위한 용도

(3) 전송특성

- 대역폭 2~40[GHz]
- 높은 주파수일수록 대역폭, 전송률이 높아짐

다음에 대역폭과 데이터 전송율과의 관계를 표로 나타내었다.

대역폭과 데이터 전송율과의 관계

주파수 대역폭[GHz]	대역폭[MHz]	데이터 전송률[Mbps]
2	7	12
6	30	90
11	40	90
18	220	274

• 마이크로파의 손실(손실은 거리의 제곱에 비례함)

$$L = 10\log\left\{\frac{4\pi d}{\lambda}\right\}^2 \text{dB}$$

이때 d 거리, λ 파장의 단위이다.

(4) 장점

• 증폭기나 리피터가 적게 소요
• 장거리 통신에 대한 높은 전송율
• 케이블 불필요

(5) 단점

• 초기설치시 고비용
• 두 지점간의 장애물이 없어야 함
• 고 지대 위치

2) 위성 마이크로파

위성 마이크로파(Satellite Microwave)는 지구 정지궤도(35,860 [Km])의 35,786 [Km] 상공에서부터 시간당 10,640 [Km]의 지구궤도를 회전하고 있는 통신 위성체를 이용하여 2개 또는 그 이상의 지상 송신국을 연결하기 위해 전자기적 주파수를 사용하여 상향링크(Up Link)하고 증폭(아날로그전송) 및 재생(디지털전송)하여 다른 주파수로 하향링크(Down Link)하는 지향성 매체이다. 정지궤도에 있는 통신위성은 하루에 23시간 56분의 주기로 회전하고 있으므로 지구상에서는 정지하고 있는 것처럼 보이며, 사용 주파수는 1 ~ 15 [GHz] 범위를 사용하고 있다.

(1) 물리적 특성

• 2개 또는 그 이상의 지상에 위치하는 송수신국을 연결하는데 사용하는 마이크로파 중개국이 필요
• 위성은 임의의 주파수 대역을 수신하여 이를 증폭, 재생하여 다른 주파수로 송신

> ※ **트랜스폰더(Transponder) 채널이란?**
> 궤도위성은 많은 주파수 대역에서 동작하는데 이 주파수 대역을 말함.

- 지구의 자전속도(하루 23시간 56분) 주기로 서쪽으로 운행하므로 지구의 현재위치에서 고정되어 있는 것처럼 보임

위성 마이크로파 통신은 C 밴드(일반적 TV 방송용 위성으로(정지 궤도용)) 경우 상향링크는 5.925 [GHz] - 6.42 [GHz] 사이의 주파수를 사용하고 하향링크는 4.2 [GHz] - 4.7 [GHz] 사이의 주파수를 사용하고 있으며, 하나의 위성이 일반적으로 42.4 [%] 지구표면을 커버하며 전체 지구를 커버하기 위해 3개의 위성이 필요하다. 다음에 일반적인 통신위성의 사용 방법의 예를 그림으로 나타내었다.

> ※ **Ku 밴드(HDTV와 같은 고속 정보전송용(정지 궤도용))의 상향링크 및 하향링크 주파수는?**
> 상향링크 : 14~14.5 [GHz], 하향링크 : 11.7~12.2 [GHz]를 사용한다.

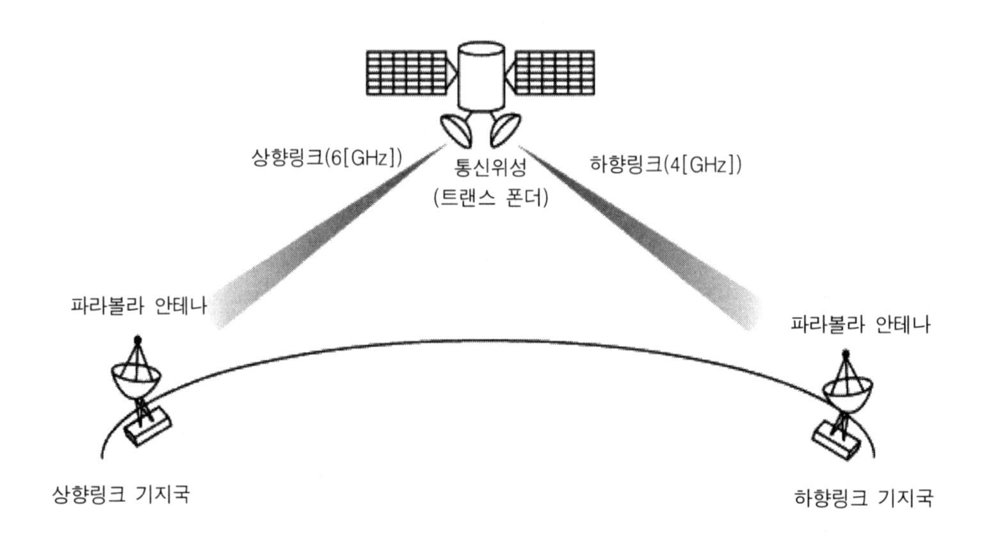

(a) 위성 마이크로파를 통한 위성과 기지국간의 통신

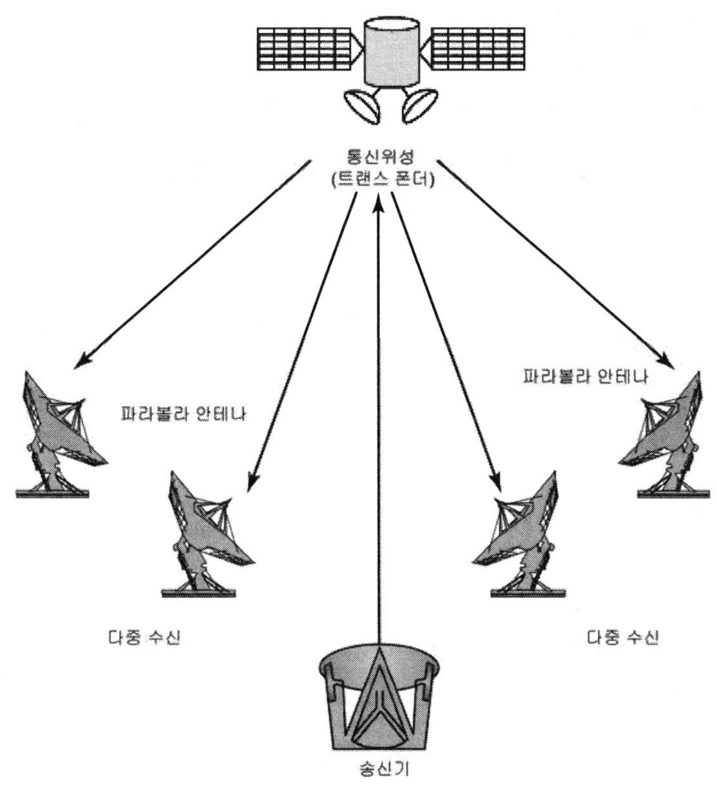

(b) 위성 마이크로파를 통한 방송 링크

위성 마이크로파 방식의 통신 개념도

위성통신을 이용한 주파수 대역폭

주파수 대역	상향링크	하향 링크
C	5.925 ~ 6.425 [GHz]	3.7 ~ 4.2 [GHz]
Ku	14 ~ 14.5 [GHz]	11.7 ~ 12.2 [GHz]
Ka	27.5 ~ 31 [GHz]	17.7 ~ 21 [GHz]

(2) 용도

- 사용빈도가 높은 국제간의 통신용 매체
- TV 방송
- 장거리전화
- 텔렉스

(3) 전송특성

- 대역폭 : 1 ~ 15 [GHz]
  - < 1 [GHz] : 자연에 의한 잡음(우주, 태양, 대기 및 각종전자기구 잡음) 발생
  - > 10 [GHz] : 대기에 의한 흡수, 강우에 의한 감쇠 발생
- TV 방송(약 1 [m] 직경의 접시형 안테나 이용)수신
- 왕복 송·수신에 약 240 [ms] 소요

(4) 장점

- 수천 개의 음성 급 채널을 한 개의 위성국이 처리
- 광대역 원거리 전송 특성
- 전송비용은 거리에 무관

(5) 단점

- 중간 장비 경유시 전파지연
- 보안 문제노출
- 다수의 방송 매체(송신국, 수신국)에서 문제점 대두

3) 라디오파

라디오파(Radio)는 마이크로파(지상, 위성 마이크로파는 지향성)와 달리 다 방향성(Omni-direction)의 주파수 범위 30 [MHz] ~ 3 [GHz]를 사용하며 안테나가 필요치 않는 매체이다.

라디오파의 전방향성 개념도

라디오파는 신호원으로부터 모든 방향으로 전파되는 전방향성 특성을 가지며 장거리 전송이 가능하나 거리에 따른 신호세기가 감소하며 쉽게 간섭을 받는 특성이 있다.

(1) 물리적 특성

- 다 방향성 통신(마이크로파는 지향성임)
- 다 방향성이라 안테나나 정해진 지점에서의 안테나 설치가 불필요
- 단방향(무선호출), 양방향(이동전화) 통신이 가능

(2) 용도

- AM 방송, FM 라디오 방송
- TV(VHF, UHF) 방송, 무선통신(HAM)
- 패킷 형태의 자료전송(이동통신, 예 : CDPD)

※ CDPD : Cellular Digital Packet Data(셀룰러 디지털 패킷자료)

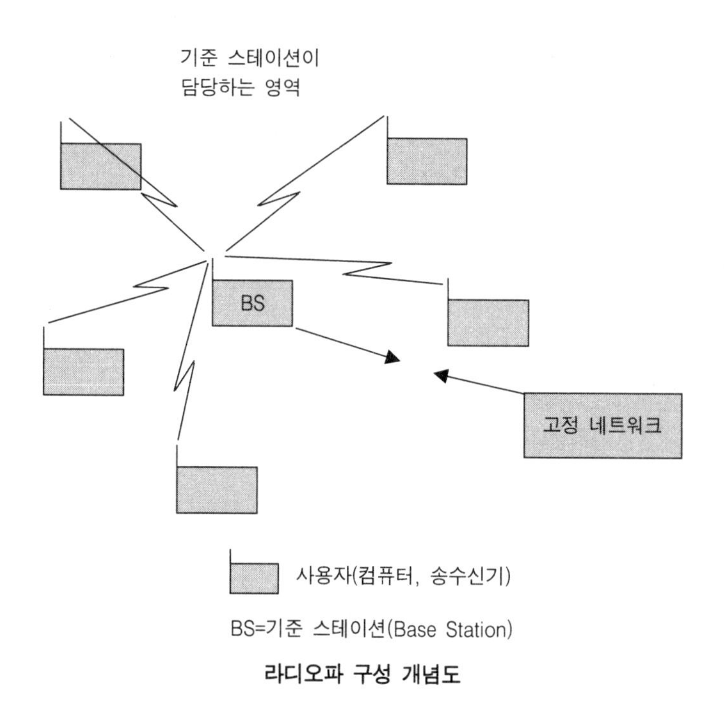

라디오파 구성 개념도

(3) 전송특성

- 대역폭 : 주파수 30 [MHz] ~ 3 [GHz]
- 다 방향성 전송 특성
- 30 [MHz] 이상의 라디오파는 전리층을 통과하므로 대기에 의한 반사, 감쇠가 거의 없음
- 안테나의 최대전송거리(=지상 마이크로파의 전송거리)

$$\text{최대 전송거리} \quad d = 7.14\sqrt{Kh} = 7.14\sqrt{(4/3)h}$$

이때 d는 전송거리[Km], h는 안테나 높이[m], K는 지표에 대한 굴절률을 나타낸다.

- 감쇠도(=지상 마이크로파의 전송거리)

$$L = 10\log\left\{\frac{4\pi d}{\lambda}\right\}^2 \text{dB}$$

이때 d 거리, λ 파장의 단위이다.

- 주요 간섭원 : 다중경로간섭(육지, 물, 자연적, 인공적 물체의 반사-비행기 통과시 TV 화면 겹침)

(4) 장점

- 안테나 불필요

(5) 단점

- 다중경로 간섭 발생
- 대역폭 내의 디지털 통신에서 데이터 전송률 저조

CHAPTER 3 정보전송 신호처리 방식

1. 데이터 부호화와 변조
2. 디지털 신호의 변조
3. 아날로그 신호의 변조
4. 디지털 신호의 복조
5. 델타변조

정보전송 신호처리 방식

정보전송의 부호화(Encoding) 과정에서 전송하고자 하는 대부분의 문자나 숫자 또는 기호는 전기신호를 이용하여 데이터나 문자로 표현하며 이 경우 디지털 신호 '0' 또는 '1'에 여러 형태의 펄스파형을 대응시키게 되며, 이러한 것을 "부호(Code)"라 한다. 여기에서는 이러한 부호를 사용한 데이터의 부호화와 변조특성에 대하여 학습하고자 한다.

제1절 데이터 부호화와 변조

통신망을 통한 데이터의 전송 시에는 수신자가 그 데이터를 인식하도록 프로세싱과 변·복조가 이루어져야 한다. 이때 고려되어야 할 사항 중 하나가 송·수신되는 데이터가 아날로그냐 디지털이냐인데, 이러한 데이터의 형태에 따라 고려해 주어야 할 사항이 차이가 있게 되며 데이터전송을 위해 일정 신호로 변화시키는 것을 "부호화(Encoding)"라 한다.

1.1 부호화의 개요

부호화는 일정 정보원(아날로그 및 디지털)을 전송이 가능한 신호(아날로그 및 디지털)의 형태로 바꾸는 것을 의미하며 정보원의 부호화를 통하여 전송 데이터의 양을 조절하고 정보전송 손실의 최소화를 목적으로 한다.

• 부호화의 필요성

- 통신에 대한 지연(Delay)으로 잘못된 신호전송의 최소화
- 잡음에 의한 신호 손실의 최소화

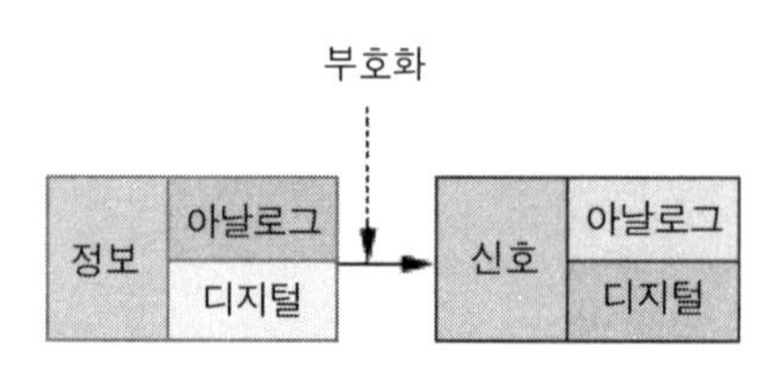

부호화의 개념도

부호화(Encoding)는 정보원(아날로그 또는 디지털)에 따라 부호화 방법이 달라지며 부호화를 통해 생성된 신호(전송하려는 신호)를 반송신호(Carrier Signal)에 싣는 과정을 "변조(Modulation)"라 하고, 변조에 의해 전송된 신호를 원래의 정보로 변환시키는 것을 "복조(Demodulation)"라 한다.

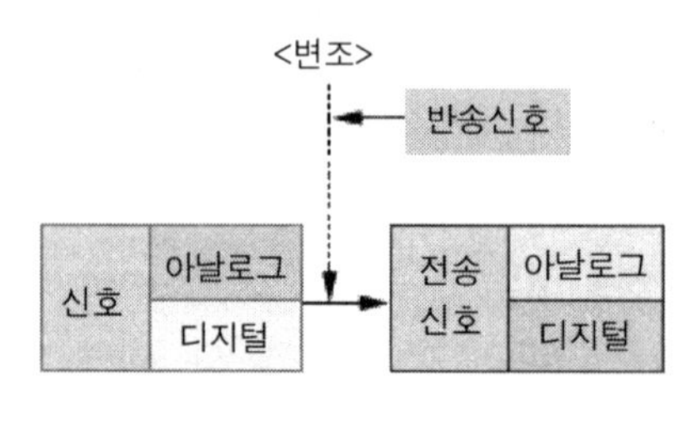

변조의 개념도

1.2 정보의 부호화

정보전송의 부호화(Encoding)는 아날로그 및 디지털 정보원에 따라 달라지게 되며 이들의 부호화에 대하여 알아보자.

① 아날로그 정보원의 부호화란?

입력정보(아날로그 또는 디지털)를 변조기(Modulator)를 이용하여 아날로그 신호로 변환하는 것을 의미하며, 부호화된 신호는 변조를 통하여 전송하고 이를 다시 복조

기(Demodulator)를 이용하여 아날로그 정보로 복원하게 된다.

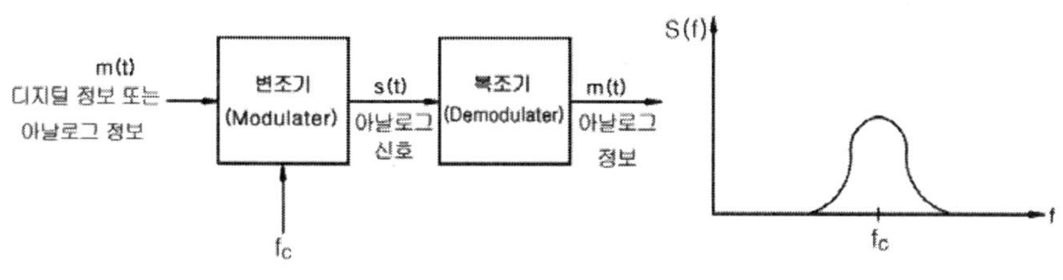

아날로그 신호로의 부호화

② 디지털 정보원의 부호화란?

입력정보(아날로그 또는 디지털)를 인코더(Encoder)를 이용하여 디지털 신호로 변환하는 것을 의미하며, 부호화된 신호는 변조를 통하여 전송하고 이를 다시 디코더(Decoder)를 이용하여 디지털정보로 복원하게 된다.

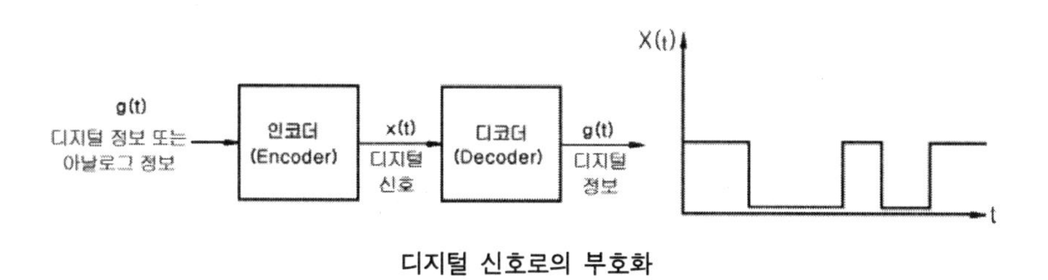

디지털 신호로의 부호화

제2절 디지털 신호의 변조

2.1 디지털 데이터와 디지털 신호의 특성

디지털 정보(Data)는 전송을 위하여 일정한 형태의 디지털 신호로 변환되어야 하는데, 이때 가장 간단한 경우는 각 디지털 데이터가 1 : 1로 디지털 신호로 대응되어 전송되는 방법이다.

불연속적인 전압펄스의 연속으로 구성된 디지털 신호는 각 데이터 비트가 신호로 부호화되어 전송되는데 "0(Zero)"은 저위의 전압을 나타내고 '1'은 고위의 전압을 나타내게 된다. 데이터 신호의 전송률은 초당 전송되는 비트 수로 나타내며 한 비트의 기간은 송신기가 한 비트를 방출하는데 걸리는 시간을 의미한다. 수신기에서 수신된 신호는 다음과 같은 세 가지의 요소에 의해 그 특성이 좌우된다.

- 신호대 잡음 비(S/N 비)
- 데이터 전송률
- 대역폭(Bandwidth)

즉, 신호대 잡음 비가 증가할수록 에러율은 감소하게 됨을 알 수 있다. 또한 데이터 전송률이 낮을수록 에러율은 증가하며 대역폭이 클수록 데이터 전송률이 증가하게 된다.

다음에 디지털 신호와 데이터에 대한 특성을 요약하였다.

- 정의
  - 디지털 정보(데이터) : 컴퓨터 또는 단말기에서 전송하고자 하는 2진수 형태의 데이터
  - 디지털 신호 : 불연속적인 전압펄스의 연속적인 구성(미리 정해진 유한개의 전압값)을 갖는 신호
- 수신된 신호의 해석 시 고려사항
  - 신호대 잡음비(S/N비가 증가하면 비트 오류율이 감소)
  - 데이터 전송률(전송률이 증가하면 비트 오류율이 증가함)
  - 대역폭(대역폭의 증가는 데이터 전송률의 증가를 허용함)

데이터에 대한 인코딩은 데이터 비트를 신호요소로 매핑(Mapping)시키는 것을 말하는데, 데이터의 인코딩은 다음과 같이 분류된다.

- NRZ(Nonreturn to Zero)
- RZ(Return to Zero)
- 2위상(Biphase)
- 지연변조(Delay Modulation)
- 다중레벨 2진법(Multilevel Binary)

2.2 디지털 신호로의 부호화

1. 디지털 정보(데이터) → 디지털 신호로의 부호화(Encoding)

1) 부호화

디지털 정보의 디지털 신호화란 디지털 정보(데이터) 비트를 디지털 신호요소(순차적인 전압펄스)로 변환시켜 원격지 전송에 적합한 형태의 신호로 바꾸어 주는 것을 의미한다. 이러한 디지털 신호로의 변환방법은 신호원(아날로그 또는 디지털) 자체에 따라 달라지게 된다.

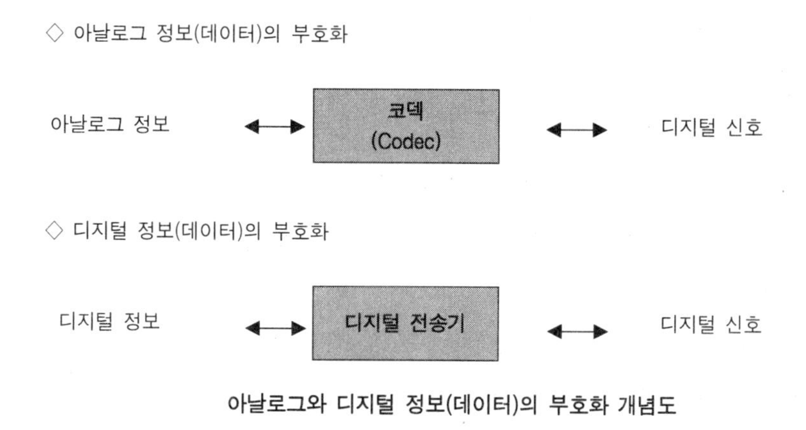

아날로그와 디지털 정보(데이터)의 부호화 개념도

2) 부호화된 신호의 전송특성

부호화된 디지털 신호는 통신망에서 가입자회선(전용회선)에 디지털 신호를 전송하기 위해 디지털 신호 송신장치(DSU, CSU)가 필요하게 되며 이들의 특성은 다음과 같다.

(1) DSU(Digital Service Unit)

DSU는 디지털 전용회선 양 끝에 위치하여 단말기에서 만든 디지털 신호가 원거리로 전송하기 위하여 단말장치의 단극성(Unipoler) 신호를 변형된 양극선(Bipolar) 신호로 바꾸어 주는 역할을 하는 일명 “가입자측 장비”이다. DSU는 최대전송속도는 64 [Kbps] 이하(56[Kbps], 38.4 [Kbps], 19.2 [Kbps], 4.8 [Kbps], 2.4 [Kbps])의 속도로 전송하고 전송된 신호를 디지털 정보로 복호화하는 역할을 수행하게 된다.

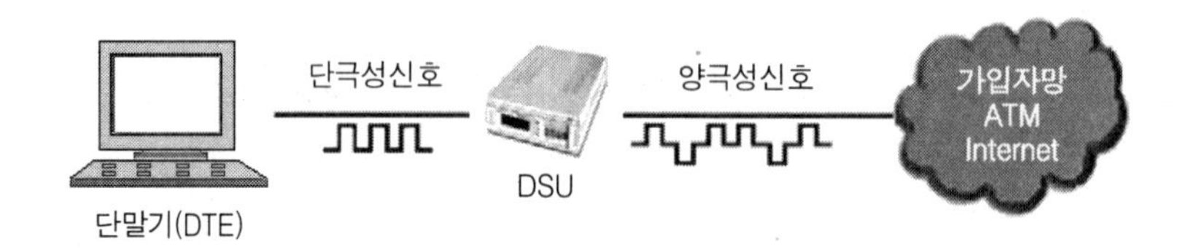

DSU의 전송개념도

① 정의 : 신호의 변조과정 없이 회선전압차를 이용하여 단극성 펄스 신호를 원거리용의 양극성 펄스 신호로 변환시키는 장치

② 특성
- 모뎀에 비해 경제적
- 가입자와 전화국간을 접속하여 전송하는 방식
- 회선의 전압차를 이용하여 '0(0 [V])'과 '1(+3-[V]과 -3 [V])'로 데이터를 전송하는 방식
- 송·수신측의 DSU에는 선로상태 테스트 기능 보유
- 정확한 동기유지를 위한 클록 추출회로 내장

③ 전송속도 : 56 [Kbps] ~ 64 [Kbps]

④ 모듈구성
- 양극성 부호기(Bipolar Encoder)/복호기(Bipolar Decoder)
- 디지털위상 동기루프(Phase Locked loop)

⑤ 기능(내부)
- 단말장치(DTE)에서 만들어진 데이터를 양극성(Bipolar) 디지털 신호로 변환
- 클록(Clock)의 조정
- 채널의 등화
- 신호의 재생

⑥ 응용 : 1.544 [Mbps](T1급) 이하의 통신

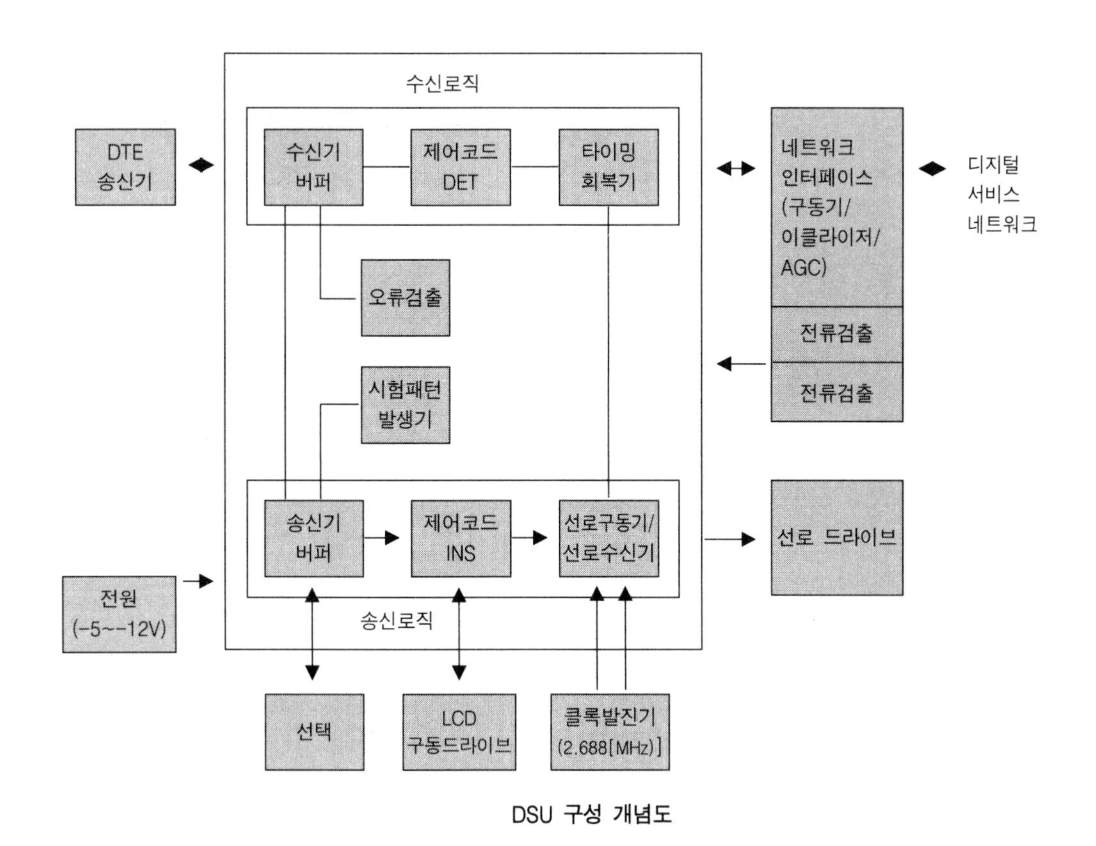

DSU 구성 개념도

(2) CSU(Channel Service Unit)

CSU는 128[Kbps] 이상의 T1(1.54[Mbps]) 및 E1(<2.048[Mbps])과 같은 트렁크 라인을 그대로 수용하여 내부 통신망과 외부 통신망을 연결시키는 데이터 통신 전용장비로, 디지털 트렁크 회선과의 직접 연결에 이용하는 가입자전송장치이다. CSU에서 "Channel Service"에서 "Channel"이란 한 개의 채널이 56[Kbps] 또는 64[Kbps]의 전송속도를 가진다는 의미이다. 즉, 64[Kbps]를 1 채널로 생각하여 실제 전송시 각 채널이 개별로 전송하는 것이 아니라 MUX에서 채널들을 모아 하나의 대용량 전송로를 통해 한꺼번에 전송하는 "트렁크 방식" 전송이 되며, CSU는 이러한 트렁크 라인(T1, E1)을 그대로 수용하는 장비이다.

CSU의 전송 개념도

※ 가입자전송장치란?
가입자에게 전용회선, 음성회선, 저속/중속 데이터, T1/E1, 45M, 155M 등의 서비스를 제공하는 장치류를 의미하며 일명 "국측 장비"라고 한다.

※ 다중화(Multiplexing)란?
다중화란 두 개 혹은 그 이상의 신호를 결합하여 하나의 물리적 회선을 통하여 전송할 수 있도록 하여 주는 것을 의미하며 미국의 공중통신망에서 제공되는 시분할 다중화 방법(TDM)에 의한 디지털전송 서비스를 T급이라고 한다.

※ T1(Time Division Multiplexing, Level 1)이란?
미국의 공중통신망에서 제공되는 전송속도 1.544[Mbps]의 디지털전송 서비스를 의미하며 시분할 다중화 방식(TDM)에 의한 디지털 다중화 계층 1(DS-1)의 포맷을 갖는 64[Kbps]의 음성채널, 24채널을 전송하는 용량과 같다.
T1 다중화는 24개의 DS-0 신호를 DS-1으로 다중화하는 방식을 의미하며 T1에 대응하는 유럽방식으로 34개의 DS-0E 신호를 DS-1E으로 다중화 하는 방식이 있으며 다중화된 신호를 통상 미국식은 T1급, 유럽식은 E1급이라고 한다.
이러한 T1(E1)급의 다중화는 다중화 기술의 발전을 통하여 다음과 같은 전송속도를 지원하고 있다. 참고로 유럽식의 경우 타임슬럿비는 30(31)을 기본으로 하였으나 현재는 32를 수용하고 있다.

CSU는 T1과 E1에 따라 전송속도가 다르며 동기식 데이터 채널과 프로그램 가능한 전송속도를 가진다. 즉, 사용 가능한 속도는 56[Kbps] 또는 64[Kbps]의 DTE의 타임슬럿(N) 배이다. T1의 경우 타임슬럿비는 24이고 E1의 경우 타임슬럿비는 30(또는 31)이다.

다중화장치의 전송속도

다중화 계층	북미방식			유럽방식	
	PCM 음성 채널수	전송속도	비고	PCM 음성 채널수	전송속도
DS-0	1	64 [Kbps]		1	64 [Kbps]
DS-1	24	1,544 [Mbps]	T1	30	2,048 [Mbps]
DS-2	(×4) 96	6,312 [Mbps]	T2	(×4) 120	8,448 [Mbps]
DS-3	(×7) 672	44,736 [Mbps]	T3	(×4) 480	34,368 [Mbps]
DS-4	(×6) 4,032	274,176 [Mbps]	T4	(×4) 1,920	139,264 [Mbps]
DS-5	-	-	-	(×4) 7,680	564,992 [Mbps]

* DS : Digital Signal

전송속도는 T1의 경우 56 [Kbps]에서 56 [Kbps] × 24 = 1.344 [Kbps]이고, 64 [Kbps]에서 1.536 [Mbps]이다. E1의 속도는 56 [Kbps]의 경우 56 [Kbps] × 30(31) = 1.680(1.736) [Kbps]이고, 64 [Kbps] 의 경우는 1.920(1.984) [Mbps]이다.

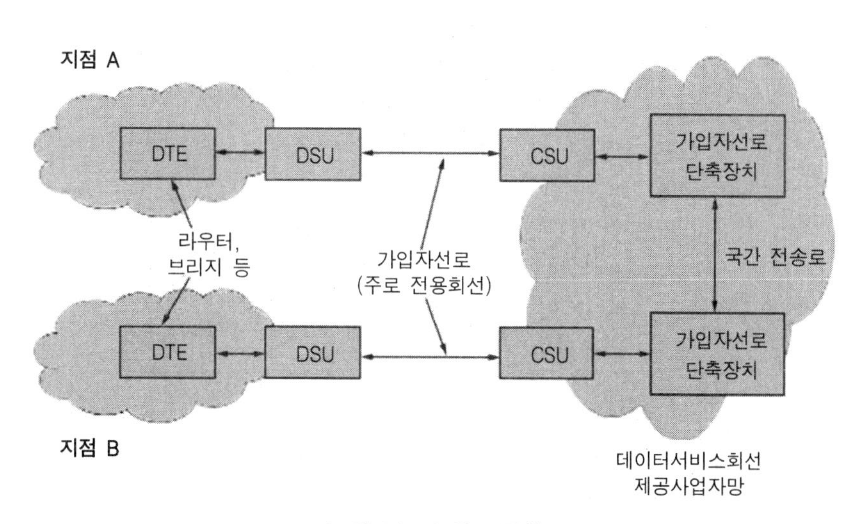

DSU와 CSU의 회로 구성도

- 정의 : 전화국의 다중화기 채널(MUX)을 통해 단극성펄스 신호를 원거리용의 양극성 펄스 신호로 변환하여 T1 및 E1 프레임을 생성하는 장치

- 특성
  - 북미 및 유럽 디지털 전송방식 표준인 T1, E1 프레임생성
  - 전송시 다중화기(MUX)가 여러 채널을 모아 하나의 대용량 전송로를 통하여 한꺼번에 전송
  - T1의 경우 24 타임슬럿으로 구분하여 1.544 [Mbps] 속도전송
  - E1의 경우 32 타임슬럿으로 구분하여 < 2.048 [Mbps] 속도전송
- 응용 : 1.544 [Mbps](T1급) 이상의 통신

2. 아날로그 정보(데이터) → 디지털 신호화(call "디지털화(Digitalzation)")

아날로그 정보(데이터)를 디지털 데이터로 변환하는 것은 음성, 정보, 영상정보 등을 고속의 고품질 저가격으로 전송할 수 있기 때문인데, 이러한 아날로그 정보를 디지털 데이터로 변환하고 이를 부호화 하는 방법에 의해 디지털 신호로 변환하는 과정을 "디지털화(Digitization)"라 한다. 이때 반환된 디지털 데이터는 부호화 방법에 의해 디지털 신호로 변환 처리할 수 있게 된다. 이러한 아날로그 데이터의 디지털 데이터 변환과 부호화 방법은 다음과 같다.

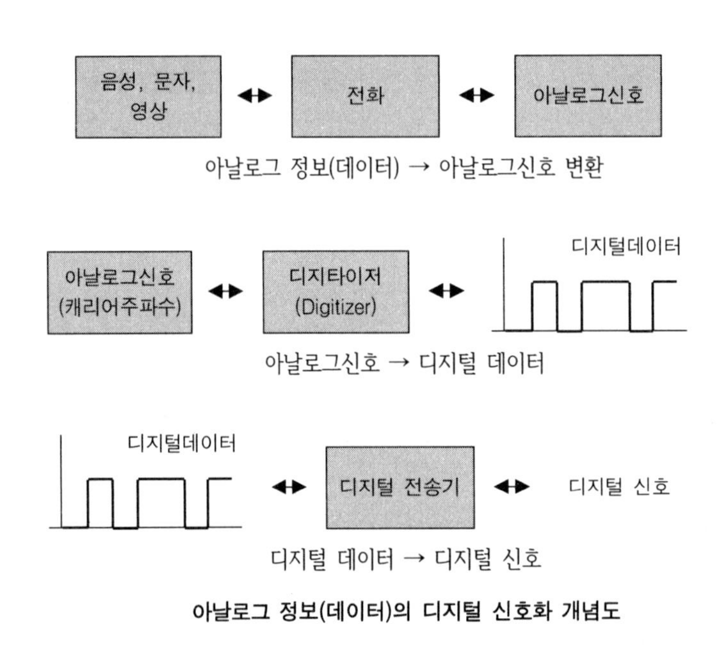

아날로그 정보(데이터)의 디지털 신호화 개념도

즉, 아날로그 정보를 디지털신호로 전송하기 위해서는 코덱(CODEC, Code-Decoder)이 사용되며 이러한 아날로그 데이터의 디지털화에는 대표적으로 펄스부호변조(PCM, Pulse Code Modulation) 방법이 사용된다.

펄스부호변조 방법은 크게 PAM 표본화(Pulse Amplitude Modulation Sampling), PCM 양자화(Quantization), 부호화(Encoding)의 3단계로 이루어진다. 이러한 샘플링에 의한 디지털 신호로의 변환은 복조 부분에 상세히 실명되어 있다.

2.3 디지털 데이터의 부호화 방식

디지털 데이터의 부호화는 양(+)의 전압과 음(-)의 전압을 가지는 전압필드로 변환시켜주는 것을 의미한다. 일반적으로 사용되는 디지털 데이터의 부호방법은 다음과 같다,

- 영복귀(RZ, Return to Zero)
- 영비복귀(NRZ, Nonreturn to Zero)
- 2위상(Bi-Phase)
- 바이폴라(Bipolar)

참고로 디지털 데이터의 부호화 방식은 정보전송 방식에 상세히 설명되어 있다.

제3절 아날로그 신호의 변조

3.1 변복조기(Modem)

단말기에서 사용하는 디지털 신호는 아날로그회선을 통하여 전송이 가능하도록 변조되어 전송되고, 또한 변조된 수신신호는 다시 디지털 신호로 복조하게 되며 이러한 역할을 하는 장치가 모뎀이다.

① 정의 : 아날로그 신호 ↔ 디지털신호 상호변환장치

② 전송 특성

- 일반적으로 디지털 데이터를 아날로그 신호로 또는 아날로그 신호를 디지털 데이터 신호로의 전송은 모뎀(Modem)을 이용하여 전화망에 연결, 사용하게 된다.
- 전화망에서의 모뎀은 음성주파수 300 ~ 3,400 [Hz] 주파수 영역(3 [KHz] 대역폭)의 음성 신호를 생성하며 보다 높은 주파수에서도 같은 기법이 사용된다.
- 디지털 데이터를 아날로그신호로 인코딩하는 방법은 진폭(Amplitude)과 주파수(Frequency), 위상(Phase)을 혼용하여 변조하게 된다.
- 자동속도조절 특성으로 인해 송신측 모뎀이 1.2 [Kbps], 수신측 모뎀이 300 [Kbps]이면 자동적으로 300 [Kbps]로 낮추어 전송하게 된다.

③ 기능

- 변복조기는 아날로그 전송매체(전화선을 이용한 전송)를 통해 데이터를 전송하는데 필수적인 기기이다.
- 일반적인 변복조의 기능은 디지털 데이터를 아날로그전송 회선을 통해 아날로그 신호로 변조(Modulation)하여 전송하며, 수신 쪽에서는 수신된 아날로그 신호를 다시 디지털 데이터로 복조하여 주는 신호변환기의 기능을 가지게 된다.

다음은 변복조기의 기능을 그림으로 나타내었다.

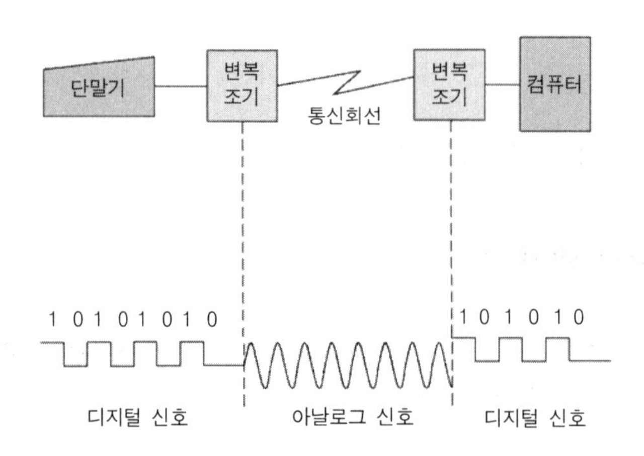

변복조기의 기본 기능

④ 변복조기의 구성

㉮ 송신부

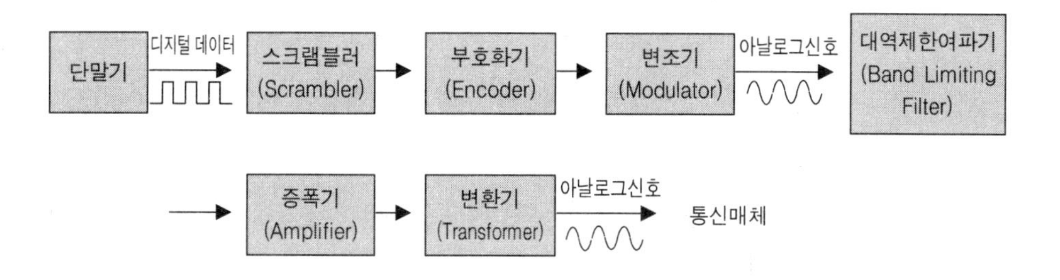

- 스크램블러(Scrambler)

  이진 데이터가 '1'이나 '0'이 연속해서 여러 번 계속될 경우 신호에 DC 값이 발생하여 전력 소모가 증가되고 또한 연속되는 데이터로 인해 수신단에서 클럭 동기 획득이 어려우므로 데이터 형태를 임의(Random)의 신호 형태로 바꾸어 수신측에서 동기를 잃지 않고 스펙트럼이 채널대역폭 내에서 최적의 동기상태를 유지하도록 하는 역할을 수행

- 부호화기

  데이터를 전송하기에 적당한 형태로 변환

- 변조기

  디지털 데이터 ↔ 아날로그 신호로 변환하는 과정으로 ASK, FSK, PSK를 수행

- 대역제한 여파기(필터)

  전송에 사용하는 대역폭으로 신호를 제한

㉯ 수신부

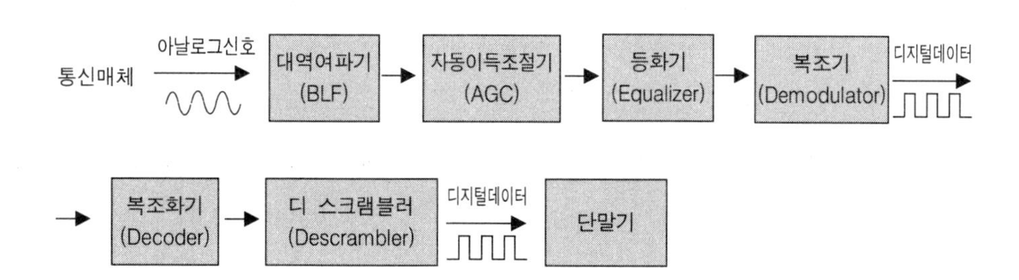

- 자동이득조절기(AGC, Automatic Gain Control)

  변화하는 수신신호의 세기를 일정크기로 만들기 위해 수신 이득 조절
- 등화기(Equalizer)

  수신된 여러 가지 신호가 주파수에 따라 감쇠정도가 달라 발생되는 채널잡음 제거를 목적으로 보상하거나 전송시간 지연에 대한 차이를 보상
- 복조기

  아날로그 신호를 디지털 데이터로 변환
- 복조화기

  부호기의 역 동작 수행
- 디 스크램블러

  원래의 데이터 형태를 복원

⑤ 변복조기의 분류특성

변복조기는 여러 면에서 분류되는 특성을 가지고 있다.

㉮ 동기방식

- 비동기식 변복조기
  - 저속도(1.2 [Kbps] 이하)용으로 FSK 방식을 사용
  - 한 글자씩 전송
- 동기식 변복조기
  - 중속도(2.4 [Kbps] 이상)용으로 DPSK 방식을 사용
  - 블록단위로 전송

㉯ 사용채널 대역폭

- 음성 이하 대역(Sub Voiceband) 변조기

  저속(50 [bps])용으로 주파수 분할방식을 사용
- 음성대역(Voiceband) 변복조

  300 ~ 3,400 [Hz]의 음성대역을 이용하며 9.6 [Kbps] 이하의 속도
- 광대역(Wideband) 변복조기 : 48 [KHz], 96 [KHz], 240 [KHz] 대역을 이용한 고속용

㉰ 사용 가능한 거리

- 선로구동기(Line Driver) 변복조기

  1마일 미만의 거리용, 100 [Kbps] ~ 1 [Mbps] 속도

- 제한거리(단거리)변복조기

  1~20마일 거리에서 110 [bps]~1 [Mbps] 속도

- 장거리변복조기

  거리제한 없이 일반적인 음성급 선로를 이용 50~16,000 [bps] 속도

㉱ 사용 가능한 포트수

- 단일포트 변복조기

  비동기식 또는 2.4 [Kbps] 이하 속도

- 멀티포트 변복조기

  4.8 [Kbps] 이상의 경우 2, 4, 8개 포트 내장

㉲ 통신속도

- 저속 변복조기 : 300 [bps] 이하
- 중속 변복조기 : 1.2 [Kbps] ~ 2.4 [Kbps]
- 고속 변복조기 : 4.8 [Kbps] ~ 9.6 [Kbps] 또는 14.4 [Kbps] ~ 16 [Kbps], 28.8 [Kbps]용

㉳ 등화회로(Equalizer) 내장방식

- 고정식 변복조기 : 특성이 고정되어 있음
- 가변식
  - 수동조정방식
  - 자동조정방식

㉴ 사용회선

- 교환회선(Dial-up) 변복조기

  저속도, 중속도 용

- 비교회선 변복조기(전용회선)

  2선식 4선식 전용회선을 이용한 통신속도 제한이 없음

이러한 변복조기는 여러 가지의 사용방법에 따라 특성이 변화하게 되는데 일반적으로는 동기식, 비동기식 음성내역(300 ~ 3,400 [Hz]) 장거리 변·복조기와 저속용으로 단일포트와 중·고속도용으로 멀티포트가 사용되고 있다.

다음에 변복조기의 분류특성을 표로서 나타내었다.

<table>
<tr><th>종류 및 특성
분류관점</th><th colspan="2">종류</th><th>특 성</th></tr>
<tr><td rowspan="2">포트수</td><td colspan="2">단포트 변복조기</td><td>보통 비동기식 혹은 2,400 [bps] 이하의 통신 속도의 변복조기</td></tr>
<tr><td colspan="2">멀티포트 변복조기</td><td>보통 4,800 [bps] 이상의 변복조기 경우에 2개, 4개, 8개 등의 포트 내장</td></tr>
<tr><td rowspan="3">속도</td><td colspan="2">저속도 변복조기</td><td>300 [bps] 까지의 저속도 단말기에서 이용</td></tr>
<tr><td colspan="2">중속도 변복조기</td><td>1,200 ~ 2,400 [bps] 까지의 중속도 단말기에서 이용</td></tr>
<tr><td colspan="2">고속도 변복조기</td><td>4.8 ~ 9.6 [Kbps] 혹은 14.4 [Kbps], 16.0 [Kbps] 등의 변복조기</td></tr>
<tr><td rowspan="3">등화방식</td><td colspan="2">고정 등화 변복조기</td><td>등화회로의 특성이 고정되어 있음</td></tr>
<tr><td rowspan="2">가변 등화 변복조기</td><td>수동식</td><td>등화회로의 특성을 수동으로 가변시킬 수 있음</td></tr>
<tr><td>자동식</td><td>자동으로 등화회로의 특성을 선로의 특성에 맞도록 조정 가능</td></tr>
<tr><td rowspan="2">사용회선</td><td colspan="2">교환 회선용 변복조기</td><td>다이얼업 회선을 이용하는 변복조기. 보통 저속도, 중속도</td></tr>
<tr><td colspan="2">비교환 회선용 변복조기
(전용 회선용)</td><td>2선식 혹은 4선식 전용 회선을 이용하는 변복조기. 통신 속도에는 제약 없음</td></tr>
<tr><td rowspan="2">동기방식</td><td colspan="2">비동기식 변복조기</td><td>주로 저속도(1.2 [Kbps] 이하) 비동기식 단말기에서 사용</td></tr>
<tr><td colspan="2">동기식 변복조기</td><td>주로 중속도(2.4 [Kbps] 이상) 동기식 단말기에서 사용</td></tr>
</table>

분류관점 \ 종류 및 특성	종류	특 성
이용대역폭	음성 이하 대역 변복조기	50[bps] 등의 저속 변복조기에서 사용하며, 보통 음성 대역을 주파수 분할하여 이용
	음성 대역 변복조기	300~3,300[Hz]의 음성 대역을 이용하며, 대부분 9.6[Kbps] 이하
	광 대역 변복조기	48, 96, 240[KHz] 등의 대역폭을 이용한 고속 변복조기
사용가능거리	선로 구동기※	1마일 미만의 거리에서 100[Kbps]~1[Mbps]의 속도로 사용
	제한거리 혹은 단거리 변복조기	1~2마일의 거리에서 110[bps]~1[Mbps]의 속도로 사용
	장거리 변복조기	거리의 제한없이 일반적인 음성급 선로 이용으로 50~16,000[bps] 속도로 사용

※ 단, 사용가능거리에서 선로 구동기는 디지털 데이터를 그대로 디지털 신호로 송신하는 방식

3.2 아날로그 신호로의 변조

일반적으로 변·복조 방법은 통신속도에 따라 결정되나 주로 디지털 정보(데이터)를 아날로그 신호로 변환(변조)할 때는 진폭변조, 주파수변조, 위상변조 방법이 사용된다. 그러나 정보통신의 경우 사용 신호값이 '0'과 '1'의 2진수 값으로만 사용되므로 일반적으로 진폭변조, 주파수변조, 위상변조라 하지 않고 다음과 같이 "편이(Shift)변조"라 나타낸다.

〈아날로그 신호의 변·복조 방식〉

- 진폭편이 변조(ASK, Amplitude Shift Keying) : n개 파형의 신호 진폭의 크기가 다른 변조
- 주파수편이 변조(FSK, Frequency Shift Keying) : n개 파형의 신호 주파수가 다른 변조
- 위상편이 변조(PSK, Phase Shift Keying) : n개 파형의 신호 위상이 다른 변조

• 전폭위상편이 변조(OAM, Quadrature Amplitude Modulation) : n개 파형의 신호진폭, 위상의 변조

일반적으로 정보통신에서는 동기식의 경우 진폭편이 변조와 위상편이 변조 방식의 혼합 방식이 사용되며 비동기식의 경우 주파수편이 변조 방식이 사용된다. 그리고 이러한 변조방법들에 의한 신호 변조시 전송 데이터의 전송률과 변조율은 정보통신의 신뢰도에서 상당히 영향을 미치게 된다.

데이터의 변조율은 다음과 같은 수식으로 나타낸다.

$$D = \frac{R}{l} = \frac{R}{\log_2 L}$$

D : 변조율(Band)
R : 데이터 전송률[bps]
L : 신호요소의 수
l : 하나의 신호요소가 가지는 비트 수

즉, 변조율은 신호요소의 수와 전송률에 의존됨을 알 수 있다.

1) 진폭편이 변조(ASK)

진폭편이 변조(ASK, Amplitude Shift Keying)방법은 반송파로 사용되는 정현파의 진폭에 정보를 싣는 변조방식으로 정현파 진폭을 2진폭 또는 4진폭으로 정하여 데이터 값이 1 또는 0으로 변함에 따라 이미 약속된 정현파의 크기를 상대측에 보내고 수신측에서는 미리 약속된 '1' 또는 '0'의 값으로 복원하는 방법이다. ASK 변조는 디지털 신호 '0'과 '1'에 따라 반송파를 단속(On, Off)하므로 반송파의 진폭을 달리하는 방식, 즉 "OOK 변조(On-Off Keying)"라고도 한다. 대역폭은 OOK 변조가 양측파대 특성을 가지므로 베이스밴드(Baseband) 대역폭은 R_b이고 변조 후에는 $2R_b$의 양측파대 특성이 나타난다.

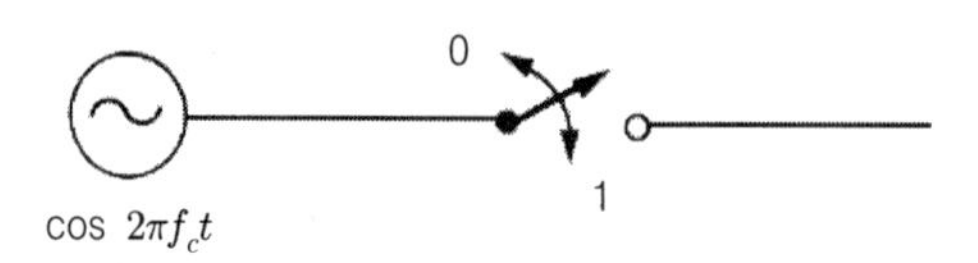

OOK 변조 개념도

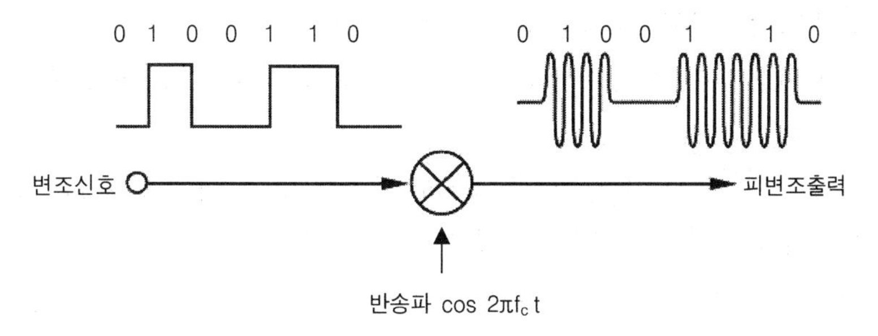

진폭편이 변조의 개념도

① 정의 : 2개의 2진 값(0, 1)을 서로 다른 진폭을 가진 반송파로 정현파의 진폭에 정보를 싣는 변조방식

② 특성

- 가장 기본적인 변조방식
- 송·수신 장치의 구조간단
- 저 가격
- 통신회선의 레벨변동에 약함
- 진폭변조는 OOK(On-Off-Keying)이라고도 함
- 바이폴라 NRZ 경우 2진 값 '1', '0'이 각각 '+1', '-1'에 대응되므로 2상 PSK와 같은 출력

③ 응용 : 1.2 [Kbps] 이하의 저속통신

④ 단점 : 통신회선의 상태에 민감한 변조 특성

⑤ 종류

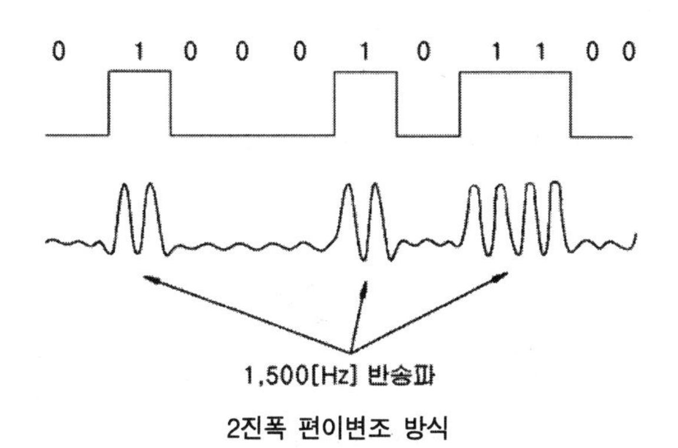

2진폭 편이변조 방식

• 2진폭편이 변조방식

- 정의 : 정현파의 진폭은 '0'과 '1'의 두가지 상태 진폭으로 변조하는 방식

• 4진폭편이 변조방식

- 정의 : 정현파의 진폭을 00, 01, 10, 11의 4가지 상태의 진폭으로 변조하는 방식

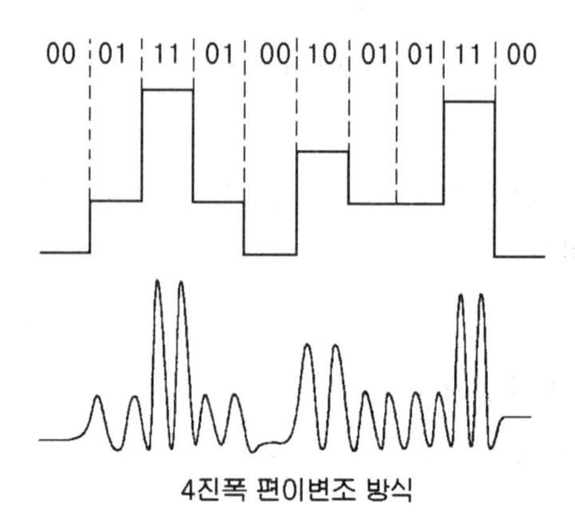

4진폭 편이변조 방식

⑥ 변조와 복조

• 변조(송신) : 반송파를 이용하여 정현파 진폭에 정보를 실어 대역여파기를 통하여 전송

• 복조(수신) : 수신신호를 검파기를 통하여 복원시킨 후 저역여파기를 통하여 원 신호 복원

다음에 진폭편이 변조의 내부 회로도를 그림으로 나타내었다.

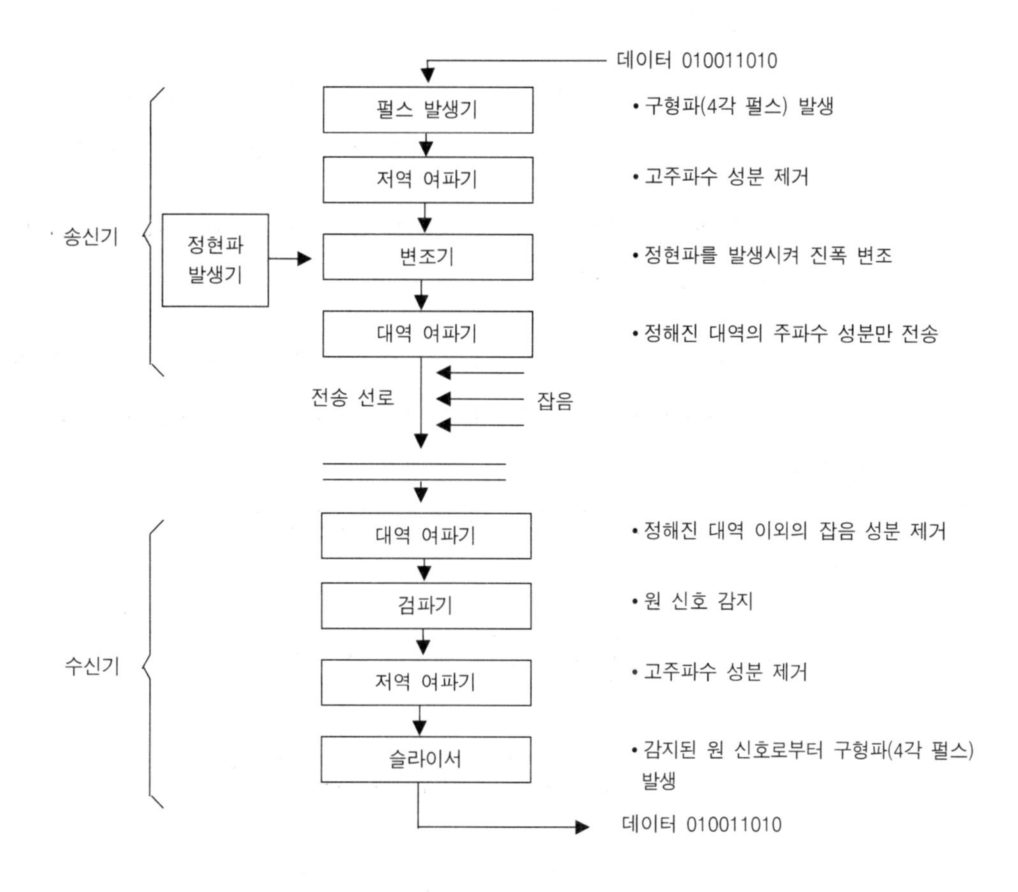

진폭편이 변복조기의 내부회로

㉮ 변조

위의 그림에서 송신측에서는 반송파로 사용되는 정현파를 발생시켜 펄스발생기를 통하여 생성된 진폭에 정보를 실어 대역 여파기를 통해 전송하게 된다. 반면 수신측에서는 대역 여파기를 통해 수신된 신호를 검파기를 통하여 미리 약속된 신호 값으로 복원시켜 저역 여파기를 통해 다시 원래의 정류파형 신호로 복원하게 된다.

진폭편이 변조에서의 반송파는 2진 값을 가지는데 하나는 고정된 진폭을 가지는 반송파로 존재하고 또 다른 하나는 반송파의 비존재로 나타나게 된다.

다음에 반송파신호를 수식으로 나타내었다.

$$S(t) = A\cos(2\pi F_C t + \theta_c) \quad \text{2진수 '1'인 경우(반송파의 존재)}$$
$$= 0 \quad \text{2진수 '0'인 경우(반송파의 비존재)}$$

이때 $S(t) = A\cos(2\pi F_C t + \theta_c)$ 는 반송파신호(Carrier Signal)이고, F_C는 반송파 신호의 주파수이다.

진폭편이 변조의 특징으로는 갑작스런 이득의 변화에 민감하여 음성신호는 1.2 [Kbps] 이하의 전송속도로 사용되는 어느 정도 비효율적인 변조기법이라 하겠다.

㉯ 복조

다음에 수신측에서의 진폭편이 변조과정을 나타내었다.

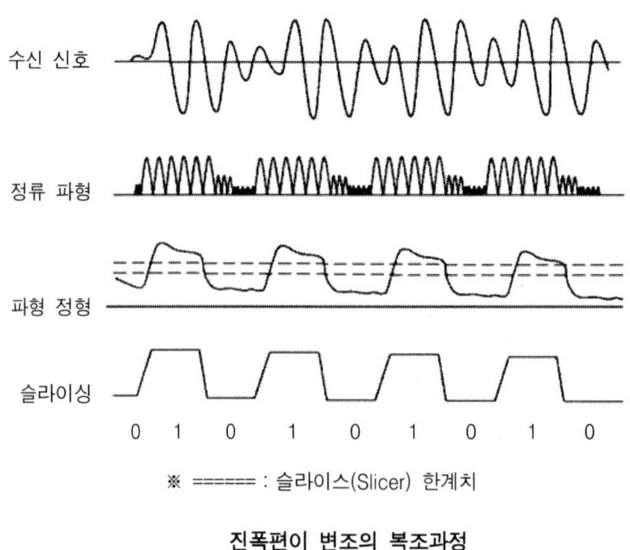

진폭편이 변조의 복조과정

2) 주파수편이 변조(FSK)

주파수편이 변조(Frequency Shift Keying)는 반송파로 사용하는 정현파의 주파수에 정보를 싣는 변조방식으로서 정현파의 주파수를 2가지로 정하여 데이터가 '1' 또는 '0'으로 변함에 따라 2개의 주파수 중 할당된 주파수를 송신하게 되며 수신측에서는 다시 미리 약속된 방식에 따라 '1' 또는 '0'으로 복조하는 방식이다. 즉, 주파수는 0과 1에 따라 반송파 주파수를 달리 대응시키는 방법이며 1' 또는 '0'에 따라 진폭과 위상은 같고 주파수만 다른 반송파를 사용하여 전송하는 방식이다.

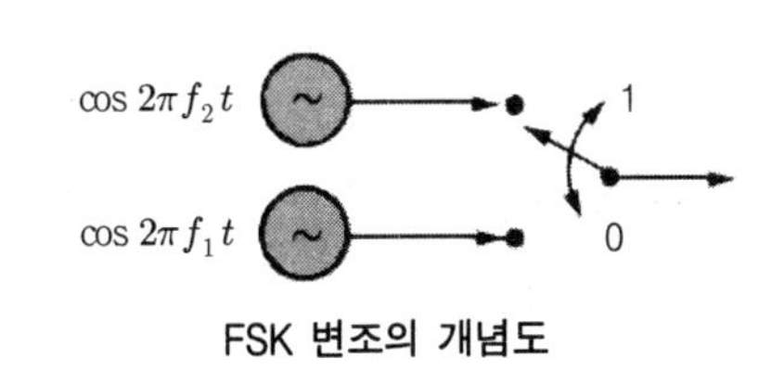

FSK 변조의 개념도

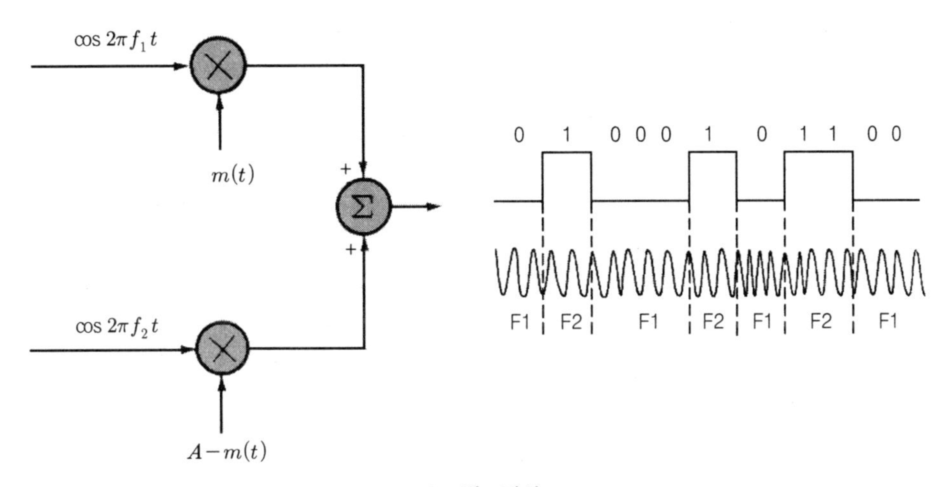

FSK 변조방식

① 정의 : 반송파(정현파 주파수)에 정보를 실어 서로 다른 주파수를 사용하고 동일한 진폭과 위상을 사용한 변조하는 방식

② 특성

- 장치구성 간단
- 잡음 등에 의한 레벨변동의 영향을 받지 않음
- 비동기식 모뎀에서 일반적으로 사용
- 복조시 신호속도 동기가 불필요하나 반송파 필요
- 저속(300 ~ 1,200 [bps]) 및 고주파(3 ~ 30 [MHz])용

③ 응용

- 2 [Kbps] 이하의 데이터전송용
- 고주파(3 ~ 30 [MHz])용 라디오 전송용

④ 단점

- 주파수대역폭이 ASK 양측대파 방식과 비슷한 대역폭

⑤ 변조와 복조

- 변조(송신) : 반송파에 정보를 실어 대역여파기를 통하여 전송
- 복조(수신) : 수신신호를 진폭제한기에서 펄스로 변환 후 필터를 통하여 원 신호 복원

다음에 주파수편이 변조기의 내부회로를 나타내었다.

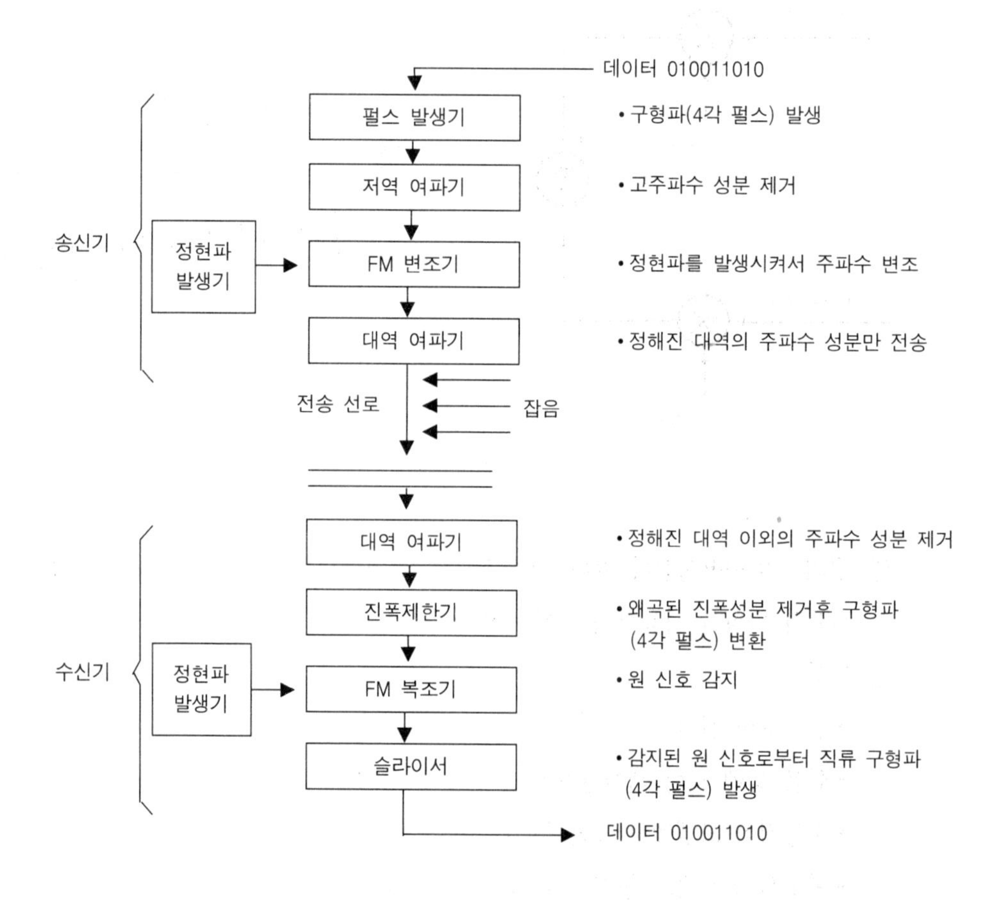

주파수편이 변복조기의 회로구성 요소

㉮ 변조

주파수편이 변조에서의 반송파는 2진 값으로 2개의 다른 주파수로 구분하며 주로 반송주파수 부근에 존재하게 된다.

다음에 반송주파수 신호를 수식으로 나타내었다.

$S(t) = ACOS(2\pi F_1 t + \theta_c)$ 2진수 '1'인 경우

$ACOS(2\pi F_2 t + \theta_C)$ 2진수 '0'인 경우

이때 F_1, F_2는 2개의 반송파 신호의 주파수이다.

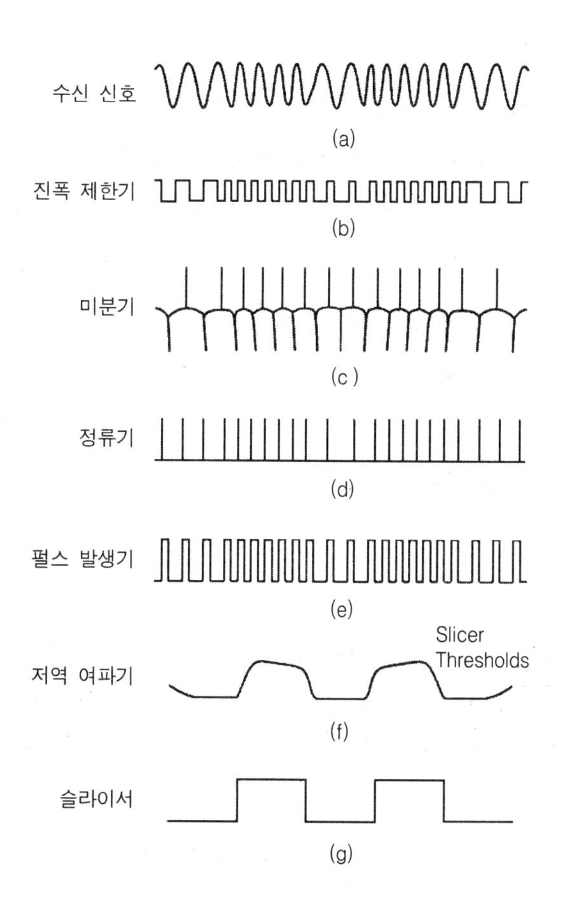

주파수편이 변조의 복조과정 개념도

주파수 편이 방식의 특성으로는 주로 고주파 음성신호(3 ~ 30 [MHz]) 범위에서 전송되며 비동기식 변복조기에서 널리 사용되고 겨우 2.4 [Kbps] 이하의 전송속도로 사용되는 방식이라 하겠다.

㉯ 복조

위에 주파수편이 변조의 복조과정을 나타내었다. 즉, 그림에서 수신된 신호는 진폭제한기를 통하여 구형파를 생성하고 미분기를 이용하여 신호와 잡음의 차를 검출하고 적분기에서 잡음에 해당되는 부분을 제거한 펄스로 변환시킨 후 펄스 발생기를 통하여 원 신호를 복원하게 됨을 알 수 있다.

3) 위상편이 변조(PSK)

위상편이 변조(Phase Shift Keying)는 반송파로 사용되는 정현파의 위상에 정보를 실어 전송하는 방식으로 일정 주파수, 일정 진폭을 가진 정현파의 위상을 2등분, 4등분, 8등분(각각 180˚, 135˚, 90˚, 45˚)으로 나누어 각 위상에 '1' 또는 '0'을 할당하거나 2비트 혹은 3비트를 묶어서 각 위상에 할당하여 송신하게 된다. 즉, 2 위상 편이변조의 경우 디지털 신호 '0' 또는 '1'에 따라 반송파의 위상을 2등분하여 전송하는 방식으로 '0'을 전송하는 경우 $A\cos(2\pi f_c t + 0°)$로, '1'을 전송하는 경우 $A\cos(2\pi f_c t + 180°)$로 전송하여 '0'과 '1'을 전송할 때 180° 위상차가 있는 반송파를 전송하는 방식이며 '0'과 '1'에 따라 진폭과 주파수는 같고 위상만 다른 반송파가 전송되는 방식이다.

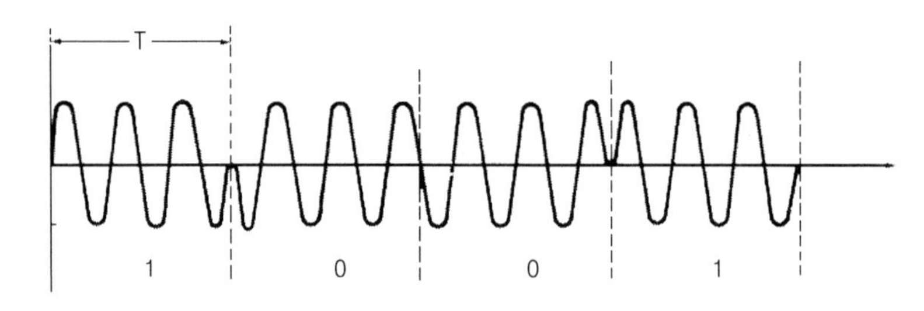

PSK(2 위상편이) 변조 개념도

① 정의 : 정현파의 위상을 나누어(2, 4, 8 등분) 각 위상에 정보를 싣는 변조방식으로 데이터를 표현하기 위해 반송신호의 위상을 이동시키는 변조 방법

② 특성

- 2진수 '1'은 이전위상과 같은 위상을 가진 신호를 전송하고 '0'은 이진수의 위상과 반대의 위상을 전송
- 한 위상에 2비트(4위상, 3비트(8위상)를 대응시켜 속도증가 가능
- 데이터 전송에 가장 적합한 중, 고속 통신용
- 위상편이에 의해 정보를 전송하므로 복조 시 기준위상이 필요
- 변조속도는 1초간 파형상태의 변화 횟수에 의존하나 여러 위상이 되므로 전송 가능한 비트수 증가
- 일반적인 위상편이 변조방식은 DPSK
- 전송로등의 레벨 변동(진폭변화)에 의한 영향이 없음
- PSK파는 일정한 포락션(Constant Envelop)를 가짐

③ 응용

- 군사용, 상업용
- 4 위상(2비트로 대응시킨)편이 변조 : 음성내역(300 ~ 3,400 [Hz])에서 2.4 [Kbps] 속도전송
- 8 위상(3비트로 대응시킨)편이 변조 : 4.8 [Kbps] 속도전송
- 고속전송(1.2 ~ 5.6 [Kbps]) 가능

④ 장점 : 하나의 주파수 내에서 0과 1을 모두 전송

⑤ 종류

- 절대위상편이 변조(APSK, Absolute Phage Shift Keying) : 실현 타당성 부재로 거의 사용치 않음
- 상태위상편이 변조(DPSK, Differential Phase Shift Keying) : 이웃하는 신호위상과 비교하여 그 차이에 따라 위상을 결정하는 방식

다음에 상대 위상편이 변조방식의 위상변조 종류에 대하여 나타내었다.

- 2 위상편이 변조(BPSK) : 180°의 위상변화 - 180°와 0°, 270°와 90°
- 4 위상편이 변조(QPSK) : 90°의 위상변화 - 0°와 270°, 180°와 90°

• 8 위상편이 변조(8PSK) : 45°의 위상변화 - 0°, 315°, 270°, 225°, 180°, 135°, 90°, 45°

㉮ 2 위상편이 변조(BPSK)

2 위상편이 변조(Binary Phase Shift Keying)는 위상을 2등분하는 방식으로 위상각 θ_c를 2등분된 각각의 서로 다른 위상(180°와 0°, 90°와 270°)에 '0'과 '1'을 할당하는 방식이다.

$S(t) = A\cos(2\pi F_C t + \theta_c)$　　2진수 '1'인 경우

• 정의 : 위상 상태의 개수가 2(180°, 0°)인 변조방식
• 특성 : 180°의 위상변화

즉, 2 위상편이 변조의 경우 피변조파에서 '1'에서 '0' 또는 '0'에서 '1'로 바뀌는 지점에서 180°의 위상변화가 일어남을 알 수 있다.

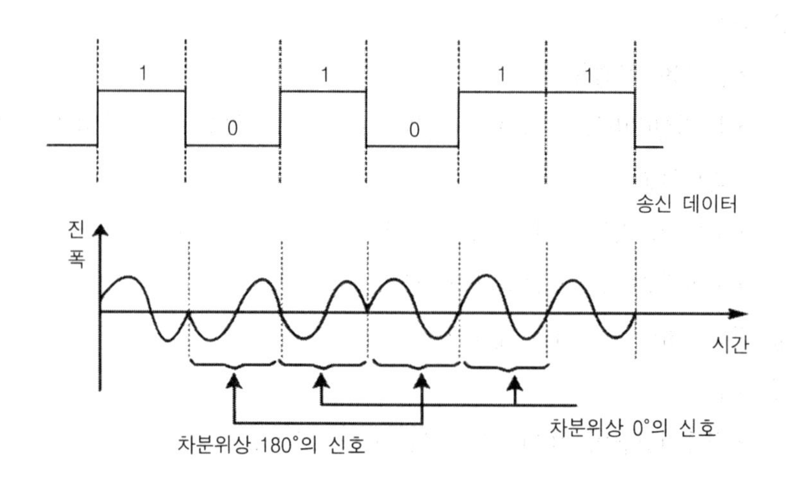

2 위상편이 변조 개념도

㉯ 4 위상편이 변조(QPSK)

4 위상편이 변조(Quadrature Phase Shift Keying)는 연속되는 2비트의 조합(00, 01, 10, 11)으로 분할하여 바로 직전 전송한 반송파를 기준으로 다음 전송 2비트에 의해 위상변화가 결정되는 4등분(0°, 270°, 180°, 90°) 변조방식으로 비

트 오류제어 특성이 우수하다.

즉 2비트 조합을 나타내는 입력 데이터열 $d_n = d_0, d_1, d_2, d_3, d_4, \cdots\cdots$를 다음과 같이 I-CH(In-Phase CH)과 Q-CH(Quadrature CH)로 나누어 이들을 각각 $d_I(t)$, $d_Q(t)$로 분리하여 각 경우 0° 위상차를 갖는 2개의 반송파를 각각 BPSK처럼 변조시킨 후 후 합성하면 90° 위상차를 갖는 2개의 BPSK를 선형으로 더한 결과가 되어 각각 90° 위상차가 있는 4개의 위상을 얻는 방식이다.

$d_I(t) = d_0, d_2, d_4, \cdots\cdots$ (짝수 비트)

$d_Q(t) = d_1, d_3, d_5, \cdots\cdots$ (홀수 비트)

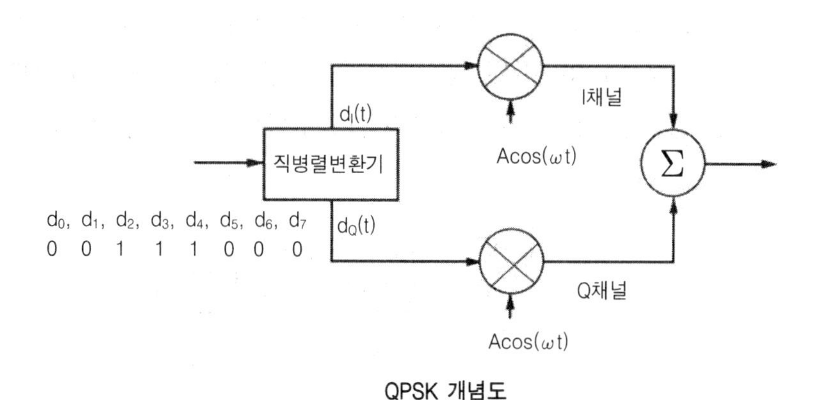

QPSK 개념도

• 정의 : 위상 상태의 개수가 4(0°, 270°, 180°, 90°)인 변조

• 특성 : 90°의 위상변화

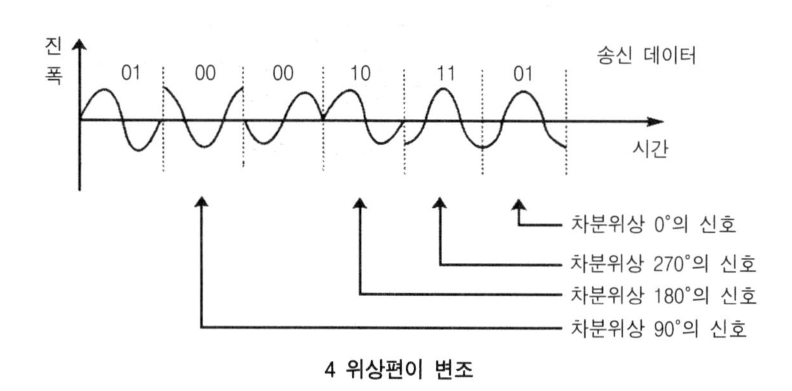

4 위상편이 변조

이 방법은 2개의 독립된 BPSK 채널을 이용하여 합성하는 방식이므로 2배의 비트를 전송할 수 있어 스펙트럼 효율을 2배로 높일 수 있다. 반면 4개의 위상평면으로 분할하여 사용하게 되므로 I채널과 Q채널의 2진수 값이 00→11, 01→10이므로 2비트가 동시에 변하면 위상이 180°로 급격히 변동하여 스펙트럼의 "부엽(Side Lobe)"이 넓어지는 원인이 되기도 한다.

㉰ 8 위상편이 변조(8 PSK)

연속되는 3비트의 조합(8종류)으로 분할하여 바로 직전 전송한 반송파를 기준으로 다음 전송 3비트에 의해 위상변화가 정해지는 8등분(0°, 315°, 270°, 225°, 180°, 135°, 90°, 45°) 변조방식이다. 즉, 입력 데이터 열이 직·병렬 회로에 들어오면 3개의 채널(Q, I, C)로 분리되어 각 채널의 비트율은 R/3이 되고 각각 2개의 입력이 2 to 4 레벨 변환기에 들어오면 4개의 출력이 가능하게 되어, 각각이 곱 변조기에서 곱해져 총 8개의 출력이 나오게 되는 방식이다.

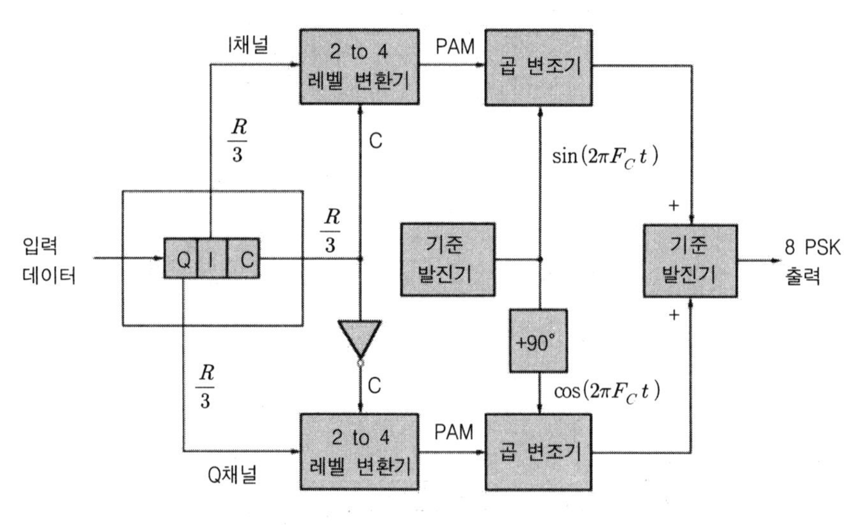

8 PSK 개념도

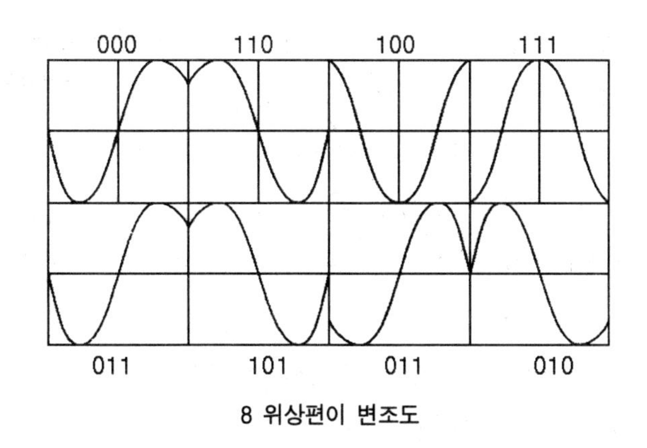

8 위상편이 변조도

- 정의 : 위상상태 개수가 8(0°, 315°, 270°, 225°, 180°, 135°, 90°, 45°)인 변조 방식
- 특성 : 45°의 위상변화

8 위상편이 변조의 위상각

3비트	위상 변화
001	0°
101	315°
100	270°
110	225°
111	180°
011	135°
010	90°
000	45°

⑥ 변조와 복조

- 변조(송신) : 데이터 신호비트의 수에 따라 위상을 편이하여 전송
- 복조(수신) : 반송파의 위상을 변화시켜 동기화하여 원 신호 복원

다음에 위상편이 변조기의 내부회로 구성요소와 변·복조 과정을 나타내었다.

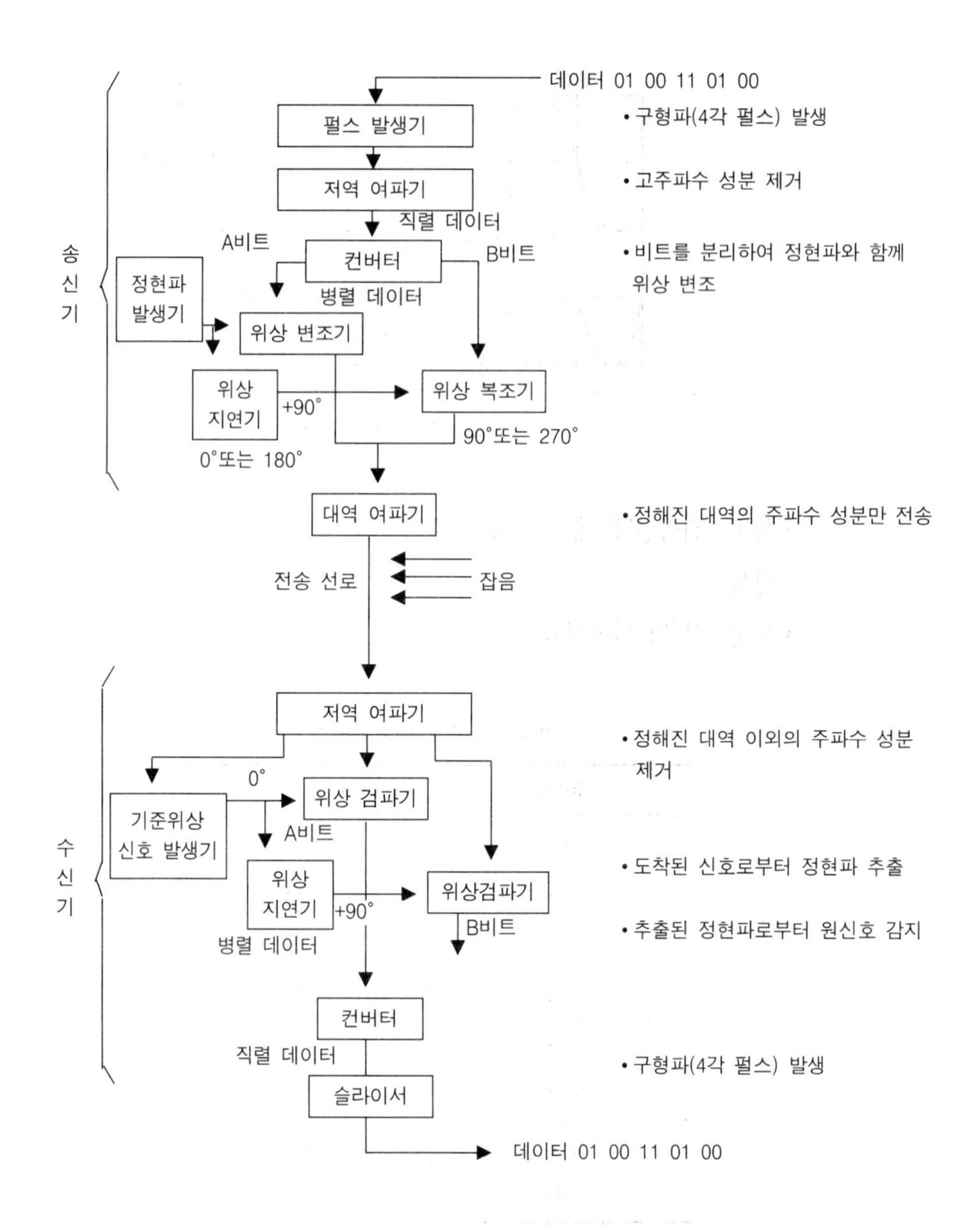

4 위상편이 변 · 복조기의 회로구성

㉮ 변조특성

위상편이 변조(Phase Shift Keying) 방식은 데이터를 표현하기 위하여 일정 주파수, 일정 진폭을 가진 정현파의 위상을 2등분, 4등분, 8등분(각각 180˚, 135˚, 90˚, 45˚)으로 나누어 각 위상에 '1' 또는 '0'을 할당하거나 2비트 혹은 3비트를 묶어서 각 위상에 할당하여 송신하는 방식이다.

대표적으로 2 위상편이 변조방식을 수식으로 나타내면 다음과 같다.

$S(t) = A\cos(2\pi f_c t + Qc)$ 2진수 '1'인 경우

$A\cos(2\pi f_C t)$ 2진수 '0'인 경우

여기서 F_c는 반송신호의 주파수이다.

㉯ 복조

수신된 신호에 대하여 주파수편이 변조방법과 같이 동기검파를 수행시킬 수 있다.

⑦ 위상편이 변조의 특성비교

위상편이 변조	장 점	단 점
DPSK(2 위상)	- 높은 전송 속도	- 낮은 비트 밀도 - 넓은 대역폭의 통신회선이 요구됨
DPSK(4 위상)	- 장애 현상에 상대적으로 강함 - 중간 전송속도	- 위상 장애에 약함
DPSK(8 위상)	- 4위상 DPSK보다 높은 전송속도를 가지지만 더큰 대역폭이 요구됨 - 중간 비트 밀도	- 위상 장애에 약함
DPSK (8 위상, 2 진폭)	- 높은 비트 밀도 - 8위상 DPSK보다 높은 전송 속도	- 오류 발생 확률이 높아짐 - 진폭 변화 장애에 약함
DPSK (4 위상, 2 진폭)	- 4위상 DPSK보다 높은 전송 속도	- 진폭 변화 장애에 약함

4) 직교진폭편이 변조(QAM)

직교진폭편이 변조(Quadrature Amplitude Modulation)는 반송파의 진폭 및 위상을 상호 변환하여 데이터를 실는 변조방식으로 제한된 전송대역 내에서 고속의 데이터 전송에 유리한 방식이다. 즉, QAM은 비트 오류제어 특성이 뛰어난 QPSK의 변조원리에 협대역 방식인 진폭 변조까지 포함시킨 것으로 PSK에서 I채널과 Q채널의 각 베이스밴드(Baseband) 신호레벨을 독립이 되도록 한 변조 방식이다. 따라서 QAM은 정보신호에 따라 반송파의 진폭과 위상을 동시에 변화시키는 APK(Amplitude Phase Keying)의 한 종류가 된다.

QAM에서 2진 입력 데이터는 다음과 같은 방법으로 입력된다.

- Q_1, I_1 : 극성을 결정하며 '1'은 +, '0'은 -를 제공
- Q_2, I_2 : 크기를 결정하며 '1'은 0.821 [V], '0'은 0.22 [V]를 제공

입력된 데이터는 2 to 4 레벨 변환기에서 2개의 입력을 받아 4개의 신호를 발생시키게 되고 ±0.821과 ±0.22가 나와 이들이 각각 반송파와 곱해져 선형 합성기에서 더해져 위상을 만들게 된다.

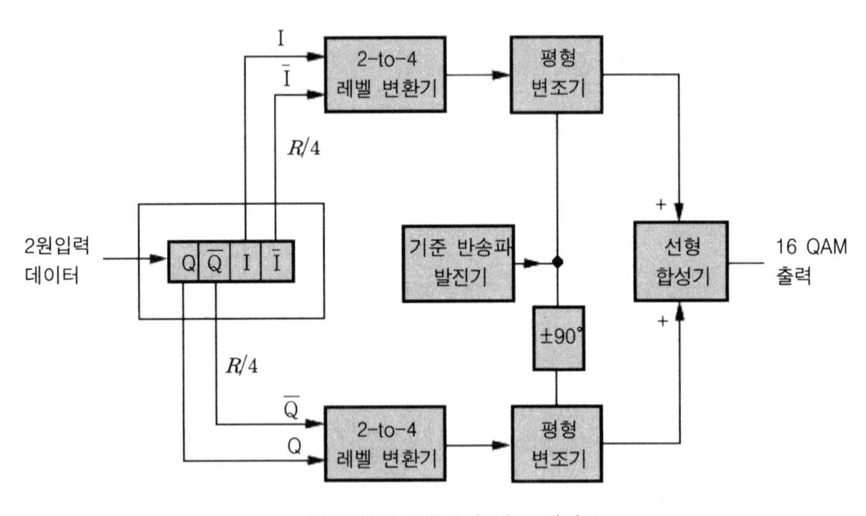

직교진폭(16진)편이 변조 개념도

① 정의 : 반송파의 진폭 및 위상을 상호 변환시켜 제한된 전송대역 내에서 고속의 데이터 전송에 유리한 방식

② 특성

- 진폭편이 변조와 위상편이 변조를 혼합시킨 변조방식
- 진폭편이 변조는 잡음에 영향을 쉽게 받으므로 주로 마이크로파 링크 채널에 사용
- QAM 방식은 서로 90° 위상차가 나는 동일 주파수를 가지는 두 개의 반송을 이용하므로 반송파의 90° 위상편이가 발생
- 데이터 타이밍 표시용 파일럿 신호 불필요

③ 응용

- 전화용 마이크로파 중계 전용

④ 장점

- 구현용이
- 복조, 분석 간단

⑤ 종류

- I(In Phase)채널 반송파 성분
- Q(Quadrature Phase)채널 반송파 성분

⑥ 변조와 복조

- 변조 : 진폭과 위상을 변화시켜 두 개의 분리된 신호로 변조
- 복조 : 각 채널(I, Q) 신호를 독립적으로 복조 및 복호화

㉮ 변조

진폭위상편이 변조는 두 개의 분리된 반송파 신호(I, Q) 성분으로 나누어 고려된다.

$$S(t) = i(t)\cos 2\pi ft + q(t)\ \sin 2\pi ft$$

$$S(t) = \frac{1}{\sqrt{2}} f_i(t)\cos 2\pi ft + \frac{1}{\sqrt{2}} f_q(t)\sin 2\pi ft$$

$i(t)$: I 성분진폭
$q(t)$: Q성분진폭

여기서 I 신호와 Q신호는 독립적으로 변조되어 하나의 진폭과 위상변조를 동시에 수행하는 결과가 되게 되며, 이때 변조결과는 다음과 같다.

I 채널 변조 $I(t) = i(t)\cos 2\pi ft$
Q채널 변조 $Q(t) = q(t)\sin 2\pi ft$

즉, 하나의 힘 벡터가 서로 직각인 두 개와 다른 벡터성분으로 분리되는 것과 같은 결과로 변조됨을 알 수 있다.

㉯ 복조

하나의 동 위상 기준신호는 위상 검출기에 의해 I가 복조되면 같은 기준신호를 90° 위상 편이시켜 Q 성분을 복조하게 된다. 또한 QAM에서 각 반송파는 여러 개의 디지털 레벨 중 하나로 변조되는 데 각 반송파가 n개 레벨이 있다면 다음과 같이 n^2개의 진폭 및 위상의 상태 성좌도(Constellation)가 존재하게 된다.

$n \times n = n^2$ 의 진폭위상 상태

※ 성좌도(Constellation)란?
변조된 디지털 신호에 대해 각 이웃 신호들 간의 거리관계를 표시한 것을 의미하며 변조된 데이터(신호 패턴)들이 기하학적인 평면상의 어떤 점으로 배정되며, 마치 각 점이 밤 하늘의 별과 같이 보인다고 하여 "성좌도"라고 한다.

즉, 변조된 캐리어 신호를 In-phase(I) 성분 및 Quadrature(Q) 성분으로 나누어서, 이를 복소수로 표현하면 다음이 된다.

변조된 캐리어 $I+jQ$

이를 그래프로 표현하고 좌표에 나타내면 다음이 된다.

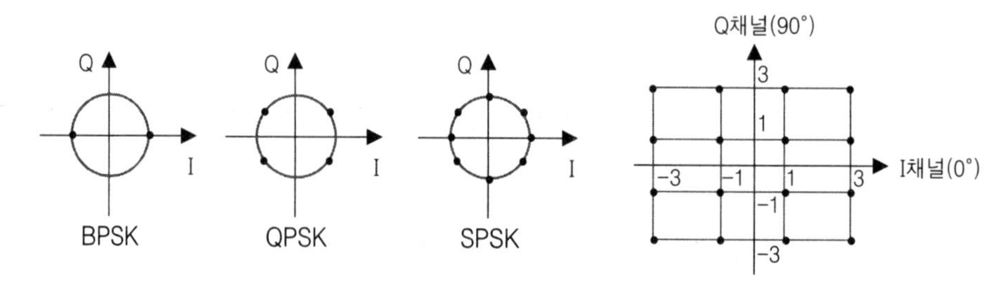

성좌도의 개념도

즉, 2개의 위상레벨을 2×2=4개의 디지털 상태, 4개의 위상레벨을 4×4=16 디지털 상태로 각각 2비트, 4비트로 표현되어 비교적 우수한 특성을 제공하게 된다.
이러한 각각의 위상레벨을 다음과 같은 상태로 변조 및 복조가 되어 다중레벨 디지털 신호에서는 QAM 방식이 우수한 특성을 나타내게 된다.

- 2비트 2×2=4의 진폭/위상 상태
- 4비트 4×4=16의 진폭/위상 상태
- 8비트 8×8=64의 진폭/위상 상태

다음에 진폭위상편이 변조의 위상/진폭편이 변조의 종류를 나타내었다.

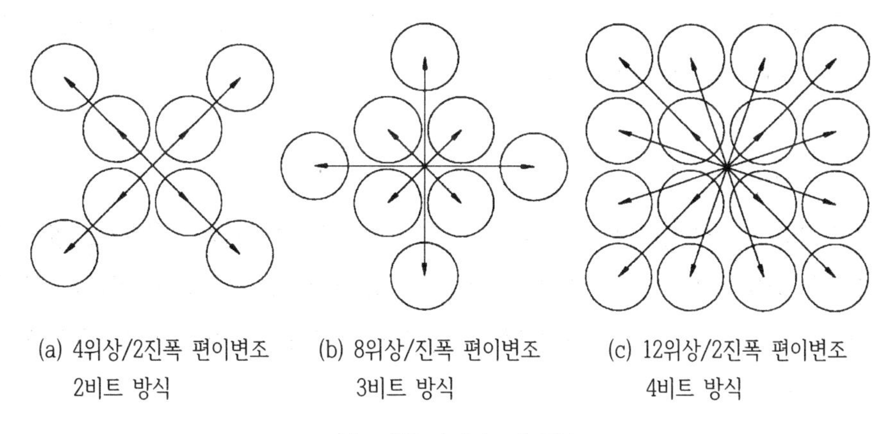

(a) 4위상/2진폭 편이변조 2비트 방식
(b) 8위상/진폭 편이변조 3비트 방식
(c) 12위상/2진폭 편이변조 4비트 방식

직교진폭 편이변조의 종류

3.3 아날로그 데이터 → 아날로그신호 변환

정보통신에서는 정보신호가 아날로그 데이터인가 디지털 데이터인가에 따라 그 송·수신 방법이 달라지게 된다.

인간이 들을 수 있는 가청주파수는 대부분 수 [KHz] 범위 내의 저주파이다. 이러한 저주파의 정확한 송신과 수신을 위해 안테나는 방사 전자파(저주파)의 파장길이의 $\frac{1}{2}$ 또는 $\frac{1}{4}$의 높이를 가져야 한다.

$$\lambda = \frac{C}{F}$$

이때 λ : 파장, C : 광속(3×108 [m]), f : 주파수 20 ~ 20,000 [Hz]이다.

즉, $\lambda = \frac{3 \times 10^8\,[\mathrm{m}]}{20 \sim 20{,}000\,[\mathrm{Hz}]} = 7.5 \times 10^3\,[\mathrm{m}] \sim 3.75 \times 10^6\,[\mathrm{m}]$ 범위 내의 안테나를 세워야 하나 실제적으로는 상당히 어려운 점이 있다. 그러므로 이런 저주파성분을 고주파 신호성분으로 변조하는 방법이 필요하게 되었다.

지금까지 공부한 것처럼 디지털 데이터인 경우는 데이터 통신에서의 전송매체 특성 중 하나인 베이스밴드 전송방법에 의하여 아날로그 신호 자체를 통신채널을 통해 직접 전송하게 된다. 이때 아날로그 데이터의 변조 방법에는 진폭 변조(AM, Amplitude Modulation,) 주파수 변조(FM, Frequency Modulation), 위상변조(PM, Phase Modualtion) 등이 있으며 이제 그 변조 방법에 대하여 알아보자.

1) 진폭변조(AM)

진폭변조(Amplitude Modulation)는 가장 단순한 형태의 변조방법으로 일정 주파수를 가진 정현파 신호파형의 진폭변화에 따라 반송파(Carrier)의 진폭에 변화를 주어 그 포락선(Envelop)이 변조된 신호파형이 되도록 변조하는 방식이며 주로 양측파대(DSB, Double Side Band) 방식으로 전송한다.

진폭변조는 정보신호의 스펙트럼이 반송파 주파수대 부근으로 옮기는 것 외에 새로운 주파수를 발생시키지 않으므로 "선형변조"라고도 한다.

- 양측파대 : 각 변조신호에 포함된 모든 정보를 동일하게 가지고 있는 파대
- 단측파대(SSB, Sinsle Side Band) : 변조된 신호를 대역통과 필터를 통과시키거나 새로운 변조회로를 통과시켜 얻는 한쪽 방향의 파

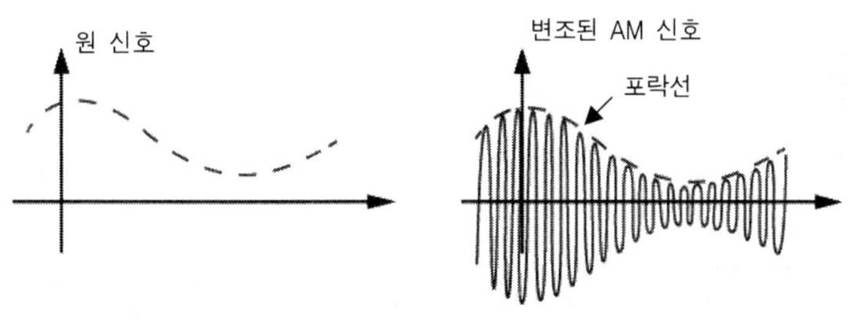

진폭변조의 개념도

① 정의 : 일정 주파수를 가진 정현파 신호파형의 진폭변화에 따라 반송파(Carrier)의 진폭에 변화를 주어 변조된 신호파형이 되도록 변조하는 방식

② 특성

- 라디오(AM 방송) 방송 등에서 사용하는 변조방식
- 가장 단순한 형태의 변조방식
- 반송파 변조 시 상측파대와 하측파대가 발생
  - 상측파대(Upper Side Band) : 반송파 주파수 바로 위 대역에 존재하는 변조주파수 대역폭만큼의 신호(정보) 스펙트럼
  - 하측파대(Lower Side Band) : 반송파 주파수 바로 아래 대역에 존재하는 변조주파수 대역폭만큼의 신호(정보) 스펙트럼

③ 응용

- AM 라디오(단파 및 중파) 방송

④ 장점(단측파대, SSB)

- 점유 주파수 대역폭이 $\frac{1}{2}$감소
- 적은 송신기의 소비전력
- 작고 가벼운 송신기 제작가능
- 적은 왜곡의 영향

⑤ 단점(단측파대, SSB)

- 직진성 저하
- 주파수 불안정
- 송 · 수신기 회로 구성 복잡

⑥ 변조

변조방법 중 가장 단순한 변조형태이며 수식으로 나타내면 다음과 같다.

$$S(t) = A\ [1 + a\ m(t)]\ \cos\ 2\pi f_c t$$

이때 $A \cos 2\pi f_c t$는 반송파(정현파) 신호, $m(t)$는 변조될 입력신호(원 신호), s(t)는 변조된 신호 전송파형, $A\ [1 + a\ m(t)]$ 포락선(Envelop) 파형, a는 변조지수, 1은 정보의 손실을 방지해 주는 반송파 성분이다.

여기서 변조지수는 반송파를 어느정도 변화시키며 원 신호를 담아 낼 수 있는 정도를 나타내며, 과변조를 방지하기 위하여 a<1 이하로 유지하여야 한다.

a는 변조지수(Modulation Index)$\left(= \dfrac{\text{원 신호 최대진폭 크기}}{\text{반송파 최대 진폭 크기}}\right)$ 이다.

㉮ 정상변조의 경우

0 < a ≤ 1 => [1 + a m(t)] > 0가 되어 원래 신호 추출이 용이

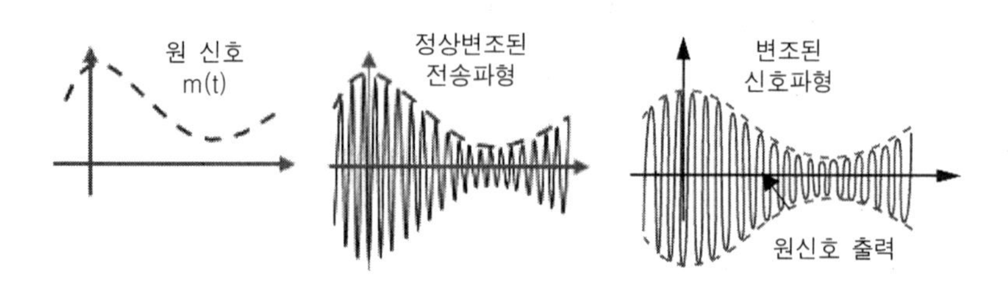

정상변조시 출력 파형

㉯ 과 변조의 경우

a > 1 => [1 + a m(t)] < 0(음수)가 되어 원 신호를 복원하지 못하며 위상반전(Phase Reversal) 및 포락선 왜곡(Envelope Distortion)을 발생

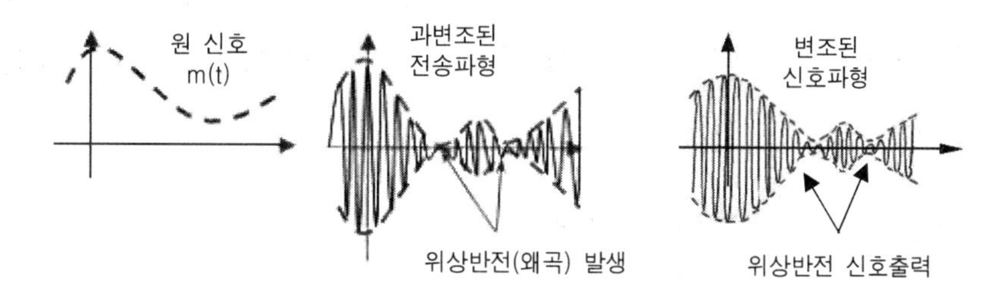

과 변조된 전송파형

다음에 진폭변조에 대한 정현파 신호파형과 변조된 파형을 계산식과 함께 나타내었다.

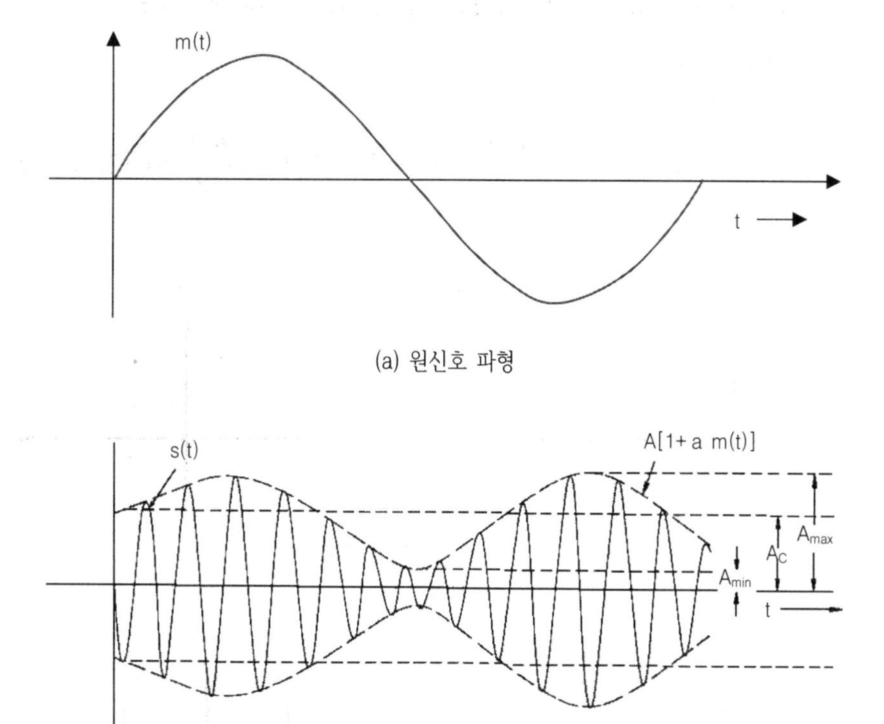

(a) 원신호 파형

(b) 변조된 AM 신호

※ A_C는 A_{max} + A_{min}을 의미한다.

진폭변조된 파형의 개념도

위 그림에서와 같이 변조될 입력신호(원 신호) $S_m(t) = A_m \cos\ 2\pi f_m t$, 반송파 신호 $S_c(t) = A_c \cos\ 2\pi f_c t$일 때 진폭변조된 파형의 정량적 표현식 s(t)는 다음처럼 나타낸다.

$$\begin{aligned} S_{AM}(t) &= (A_c + A_m(t)) \cos\ 2\pi f_c t \\ &= (A_c + A_m \cos\ 2\pi f_m t) \cos\ 2\pi f_c t \\ &= A_c(1 + \frac{A_m}{A_c} cos\ 2\pi f_m t) \cos\ 2\pi f_c t \\ &= A_c(1 + a \cos 2\pi f_m t) \cos\ 2\pi f_c t \end{aligned}$$

이때, 변조지수 $a = \dfrac{A_m}{A_c}$, f_m 변조된 정현파 주파수, f_c 반송파주파수이다.

여기서 삼각함수 정리공식에 의하여 AM 변조된 신호의 주파수축 상의 신호는 다음과 같이 나타낸다.

$$S_{AM}(t) = A_c \cos 2\pi f_c t + \frac{aA_c}{2} cos(2\pi(f_c + f_m)t) + \frac{aA_c}{2} cos(2\pi(f_c - f_m)t)$$

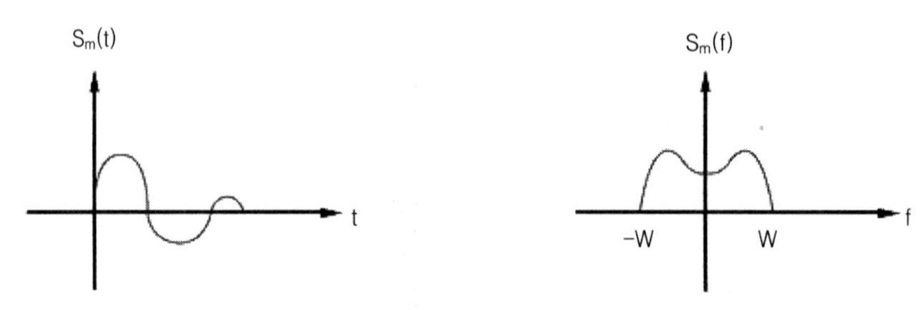

변조될 입력신호(원신호)

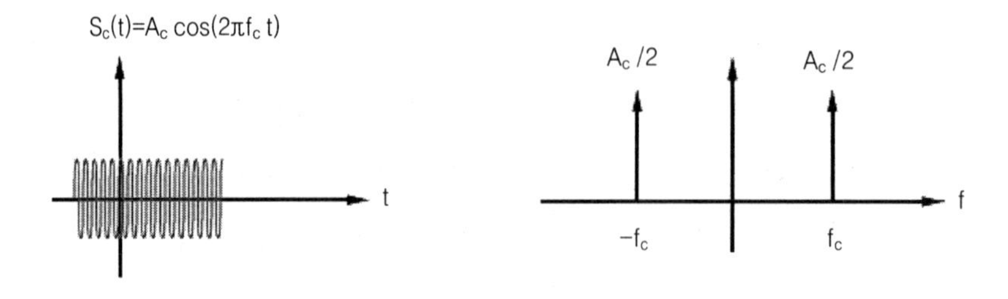

반송파 신호

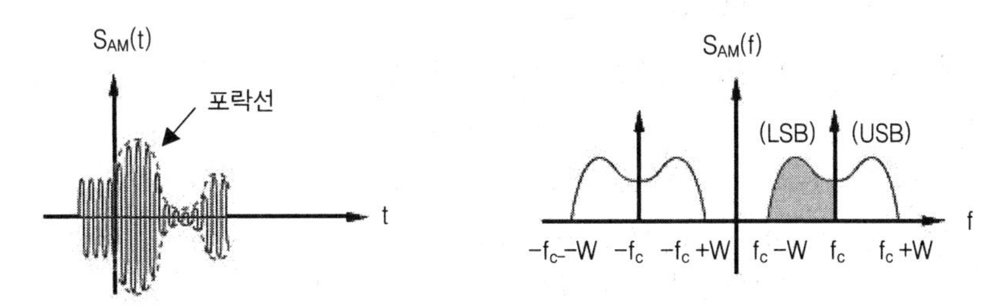

AM 변조된 신호

AM 변조된 신호의 주파수축 상의 신호는 다음과 같은 주파수 성분으로 나타낼 수 있다.

- 주파수 성분
  - 반송파 주파수 f_c
  - 상측파대 성분 $f_c + f_m$
  - 하측파대 성분 $f_c - f_m$

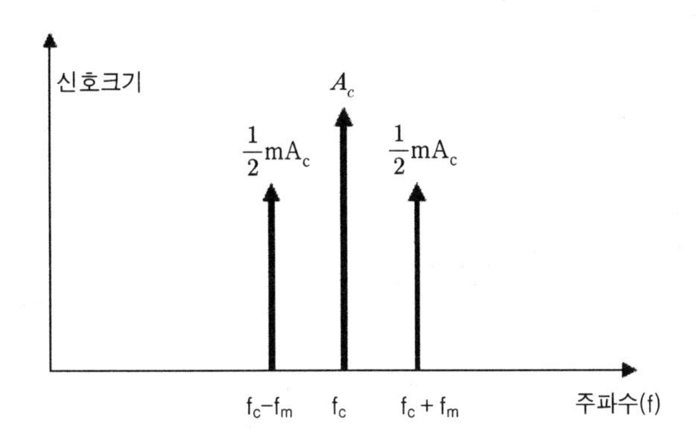

AM 변조된 신호의 주파수 성분

즉, 원래의 신호에 대한 반송주파수 항과 반송파로부터 f_m [Hz]만큼 각 방향으로 이동하는 주파수 항의 합으로 구성되는 진폭변조 파형의 표현식을 얻게 됨을 알 수 있으며, 이는 진폭 변조된 파형의 그림과 같은 결과가 된다.

진폭변조된 파형의 그림에서 알 수 있듯이 AM 변조된 신호파형은 $A[1+a\ m(t)]$ $\cos\ 2\pi f_c t$로서 변조될 입력신호(원 신호)인 $S_m(t)=A_m\ \cos\ 2\pi f_m t$와 같은 신호 윤곽을 나타내고 있음을 알 수 있다. 이때 변조지수 a > 1(과 변조)이면 [1 + a m(t)] < 0(음수)가 되어 원 신호를 복원하지 못하며, 위상반전(Phase Reversal) 및 포락선 왜곡(Envelope Distortion)이 발생하여 입력신호의 진폭과 반송파의 진폭이 범위를 벗어나 신호의 윤곽은 시간 축을 침범하게 되므로 침범된 만큼의 손실이 발생하게 됨을 의미한다.

2) 주파수변조(FM)

주파수변조(Frequency Modulation)는 정보신호(원 신호)의 크기에 따라 반송파 신호의 주파수가 비례하여 변하(call "순시 주파수")는 전송방식으로 국내 FM 방송의 경우 주파수 최대편이(f_d) 범위(전파 관리법 규정)는 150 [KHz]이고 일반 주파수 대역은 88 ~ 108 [MHz]로 상·하 양측 주파수대에 각각 25 [KHz] 보호대역을 두어 결국 허용 주파수 대역폭은 200 [KHz]가 된다.

FM 변조에서 송신기의 특성을 반영(f_d)한 반송파 주파수는 다음과 같이 나타낸다.

$$f_i(t)=f_c+f_d\ A_m(t)$$

f_d : 주파수 편이상수

여기서 f_d는 송신기의 특성을 반영한 계수이다.

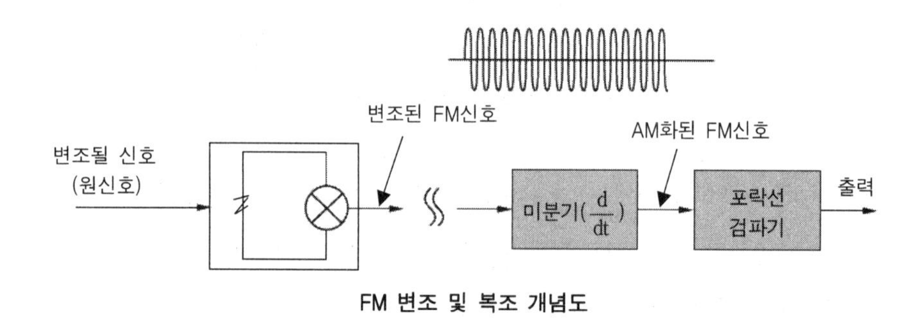

FM 변조 및 복조 개념도

FM 변조에 사용되는 신호는 중간주파수(IF)에서 전압조정 발진기(VCO)를 동작시켜 중간 주파수에서 발생시킨 변조된 주파수를 채배기(Multiplier)와 혼합기를 통하여 반송파 주파수로 올려서 여파기를 통하여 생성하게 된다.

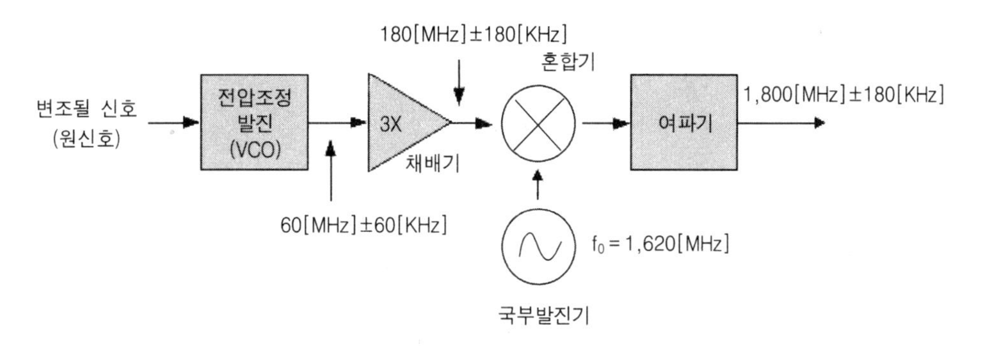

FM 신호 발생기 개념도

※ 전압조정 발진기(VCO, Voltage Controlled Oscillator)
중간 주파수(IF, Intermediate Frequency)

※ 순시 주파수(Instantaneous Frequency)란?
주파수가 고정된 상수가 아니라, 시간에 따라 변화될 수 있는 가변 주파수를 의미한다. 이 경우 주파수 f를 $f_i(t)$로 나타낸다.

FM 변조에서 변조될 입력신호(원 신호) $S_m(t) = A_m \cos 2\pi f_m t$, 반송파 신호 $S_c(t) = A_c \cos 2\pi f_c t$ 일 때 주파수 변조된 파형의 표현식 $S(t)$는 다음처럼 나타낸다.

$$
\begin{aligned}
S_{FM}(t) &= A_c \cos(2\pi f_c t + 2\pi f_d \int_0^t A_m(\tau)d\tau) \\
&= A_c \cos(2\pi f_c t + \frac{2\pi A_m f_d}{2\pi A_m} \sin 2\pi f_m t) \\
&= A_c \cos(2\pi f_c t + \frac{\Delta f}{f_m} \sin 2\pi f_m t), \\
&= A_c \cos(2\pi f_c t + a \sin 2\pi f_m t)
\end{aligned}
$$

여기서, 최대 주파수편이 $\triangle f = f_d \cdot A_m$, 변조지수 $a = \beta = \dfrac{\triangle f}{f_m}$

FM 변조된 신호를 주파수축 상에 나타내면 다음과 같은 신호로 나타낸다.

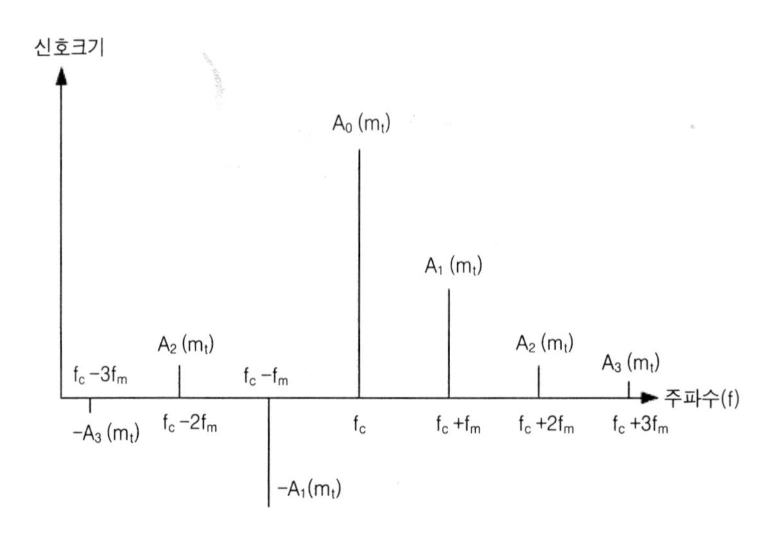

FM 변조된 주파수 성분

- 정의 : 정보신호의 진폭에 따라 반송파 신호의 주파수를 변화시켜 전송하는 방식
- 특성
  - 반송파 주파수의 편이 범위 : 150 [KHz]
  - 변조 전, 후의 신호 진폭은 일정
  - FM의 경우 변조 후 신호 스펙트럼이 여러 FM 측파대로 분리되므로 전체 전력을 포함하기 위해서는 넓은 대역폭이 요구
- 응용 : FM 방송(허용대역폭 200 [KHz])

3) 위상변조(PM)

위상변조(Pulse Modulation)는 정현파의 반송파 신호진폭은 일정하게 유지하고 정보신호의 변화에 따라 위상을 편이시켜 그 위상의 변화량으로 정보를 전송하는 방식으로 반송파가 정보신호에 대하여 $\pm \triangle Q$ 만큼 위상이 변하도록 하는 변조방식이다.

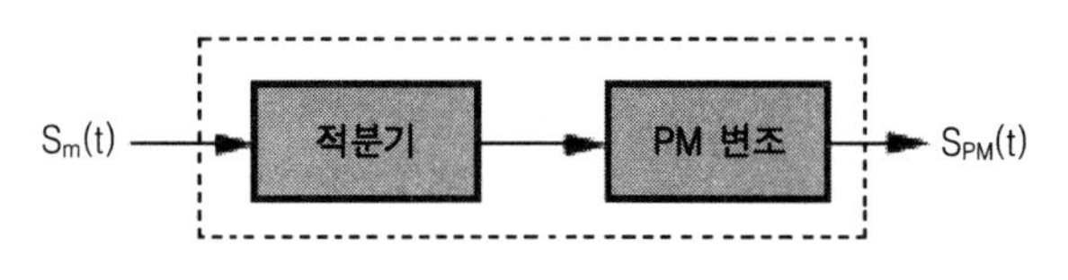

PM 변조 개념도("FM 변조기"를 이용한)

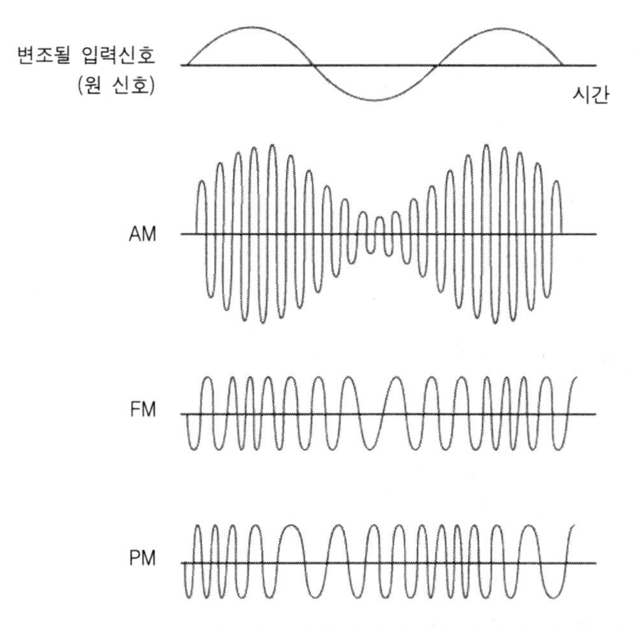

변조될 정현파 입력신호(원 신호)의 변조 결과도

위상변조는 주파수 변조와 비슷한 변조방식으로 변조될 입력신호(원 신호) $S_m(t)$를 주파수 변조한 파형("FM변조기"를 이용한)과 원 신호의 적분 $\int_0^t m(\tau)d\tau$를 위상변조한 변조파형과 동일하게 된다.

PM 변조에서 정보신호의 변화에 따른 위상편이를 수식으로 표현하면 다음이 된다.

$$s_{PM}(t) = A_c(t)\cos\ \theta(t)$$
$$= A_c(t)\cos(2\pi f_c t + \Phi(t))$$

여기서, 위상편이 $\Phi(t)$ 는 변조될 입력신호(원 신호) $m(t)$ 에 비례

$$\Phi(t) = k_p\, m(t)$$

① 정의 : 입력되는 정보신호의 변화에 따라 위상을 변화시켜 전송하는 변조 방식

② 특성

- 각주파수 w_c인 반송파가 정보신호에 대응해서 $\pm\triangle Q$ 만큼 위상이 변하도록 하는 변조 방식
- $+\triangle\theta$에서 $-\triangle\theta$까지의 위상변화속도는 정보신호 주파수에 의해 결정되고 위상편이 량은 입력되는 정보신호 진폭에 의해 결정
- FM 변조방식은 정현파(Sin)를 반송파로 사용하고 PM 변조방식은 여현파(Cosin) 반송파로 사용하여 변조하므로 FM과 PM은 90° 위상차를 갖는다.
  그러므로 신호의 크기를 고정하고 변조신호 주파수를 변화시킬 때에만 두 신호는 구분될 수 있다.

③ 응용 : 근거리 통신

④ 장점

- 수신기 내의 진폭제한 회로에 의해 잡음 성분 제거
- 넓은 점유 주파수 대역폭

⑤ 단점 : 통신회로 구성이 복잡

다음에 아날로그신호의 변조파형을 나타내었다.

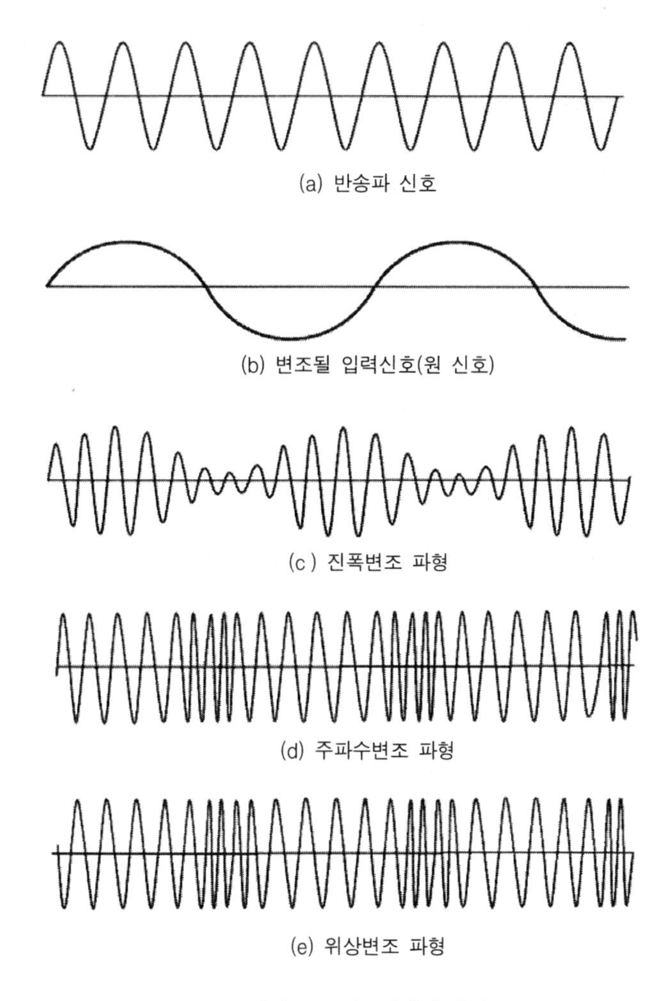

아날로그 변조파형의 개념도

제4절 디지털 신호의 복조

아날로그 정보(데이터)를 디지털 신호로 변환된 신호, 즉 디지털화(Digitization)된 데이터 신호는 여러 가지 방법으로 신호처리를 하게 된다.

일반적인 경우 아날로그 정보(데이터)를 디지털 데이터로 변환하거나 이를 다시 아날로그 신호로의 복원도 가능하다. 신호의 복호화(Decoding)란 부호화의 역 과정으로 아날로그 데이터를 디지털화한 후 원래의 아날로그 데이터로 복원하는 과정(“복조(Demodulation)”)을 의미한다. 다음에 아날로그 데이터의 디지털 데이터 및 아날로그 신호로의 변화 과정을 그림으로 나타내었다.

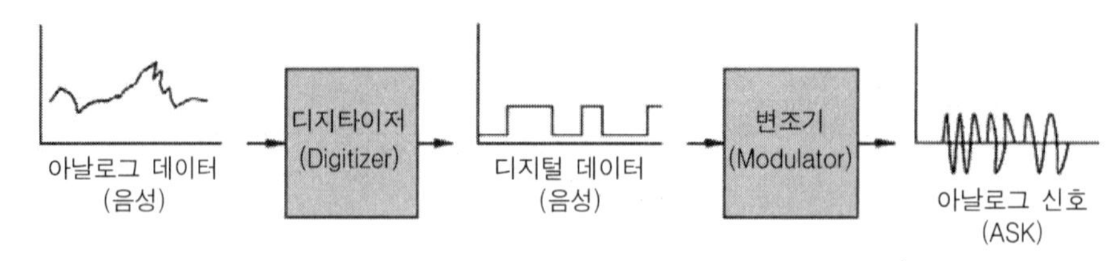

아날로그 정보(데이터)의 디지털화 복조개념도

즉, 아날로그 변조기에 의해 데이터가 변조되어 디지털 데이터처럼 처리되며, 이 디지털 데이터를 원래의 아날로그 데이터로 복구시켜 다시 원래의 신호로 복원시킬 수 있게 됨을 알 수 있으며, 이때 디지털 데이터 신호를 아날로그신호로 변환하는 장치를 "코덱(Codec, Coder -Decoder)"이라 한다.

아날로그 데이터의 디지털화하는 방법으로 가장 많이 사용되는 방식이 펄스부호변조(PCM, Pulse Code Modulation) 방식이며, PCM 방식의 성능향상을 위한 대안으로 델타(DM, Delta Modulation) 변조방식이 있다.

다음에 아날로그 데이터를 디지털신호로 변환하여 디지털 매체(Medium)를 통해 전송하는 경우 다음과 같은 몇 가지 장점이 있다.

- 잡음에 강함
- 신호품질 향상과 잡음제거 용이
- 여러 개의 디지털 신호는 다중화(Multiplexing)에 의해 단일채널로 전송 가능
- 아날로그 신호를 디지털 신호로 다시 변환함으로서 아날로그 신호와 디지털 신호 모두 디지털통신망으로 전송이 가능

4.1 펄스부호 변조(PCM)

펄스부호 변조(Pulse Code Modulation)는 아날로그 데이터를 디지털 데이터인 펄스부호로 변환하여 전송하고 수신 측에서 이를 다시 아날로그 데이터로 복원하여 통신하는 방식이 펄스부호 변조방식이다. 즉, 입력 단에 ADC와 최종 출력단에 DAC를 갖는 "디지털 다중화

전송" 방식으로 정보전송을 목적으로 하기보다는 정보를 가공, 처리하는 것을 목적으로 하는 신호처리 방식이다. 이때 아날로그 데이터를 디지털 신호로 변환하는 과정은 크게 PAM(Pulse Amplitude Modulation) 표본화, PCM 양자화, 부호화 등의 3단계로 구성된다.

- 표본화(Sampling)
- 양자화(Quantization)
- 부호화(Coding)

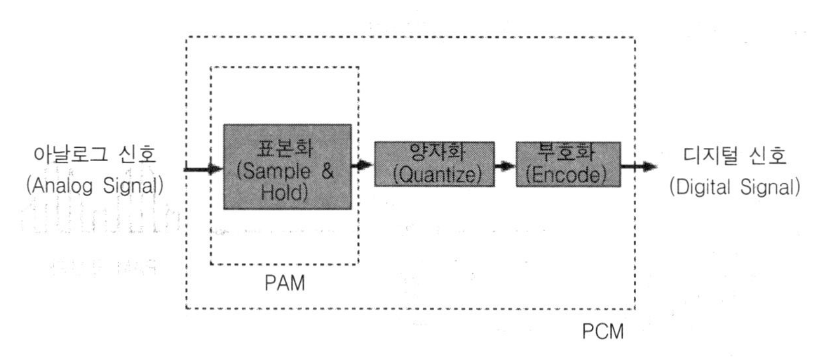

PCM 변조과정 개념도

다음은 필스부호 변조에서 송신측 음성신호를 변조한 다음 수신측에서 다시 음성신호를 복원하는 과정을 그림으로 나타낸 것이다.

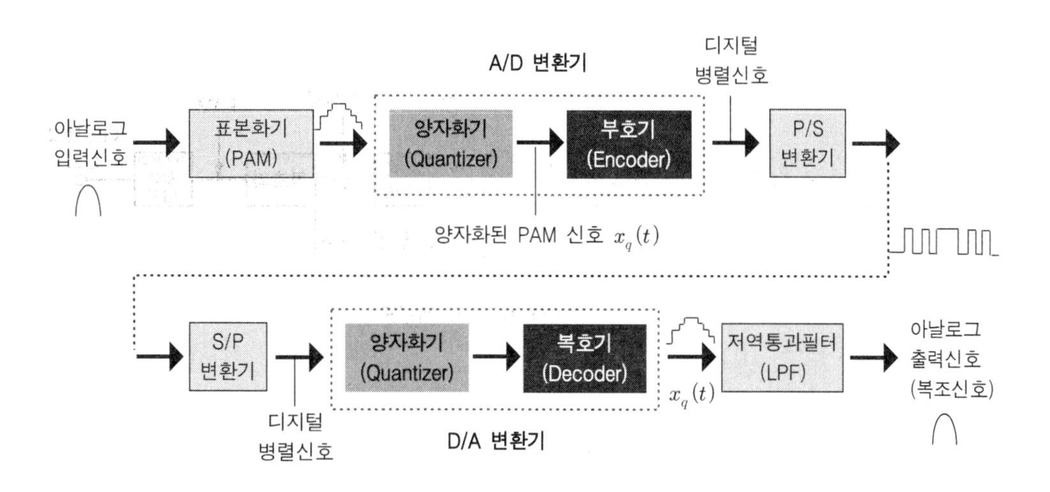

※ P/S변환기, Parallel to Serial Conversion

PCM 변·복조기의 구성 개념도

즉, 아날로그 신호는 PAM 표본화기에 입력되어 아날로그신호를 주기적으로 표본화한 다음 각 표본화가 충분히 이루어진 후 아날로그 디지털 변환기가 병렬형태로 2진수를 변환하게 된다. 이때 P/S 변환기는 병렬 2진 정보를 직렬 비트열로 변환시켜 통신채널을 통하여 전송함으로서 변조(Modulation)가 완료된다.

여기서 PAM 표본화기의 동작원리는 다음 그림에서 정보신호가 표준화펄스를 통과하여 직렬형태로 표본화된 펄스진폭(PAM)을 생성하여 A/D 변환기로 표본화 펄스를 이동시키게 되는 원리이다.

다음에 PAM 표본화기의 동작 원리를 나타내었다.

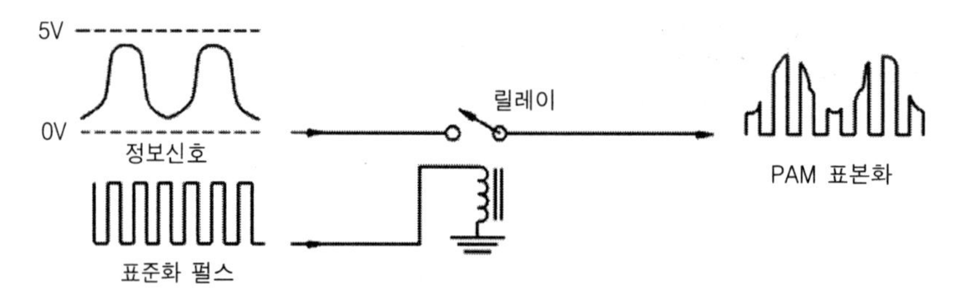

PAM 표본화기의 개념도

이러한 변조신호는 전송이후 복조기에서 변조기 구성의 역순으로 원래의 데이터를 복원하게 되며 다음에 PCM 변조과정을 나타내었다.

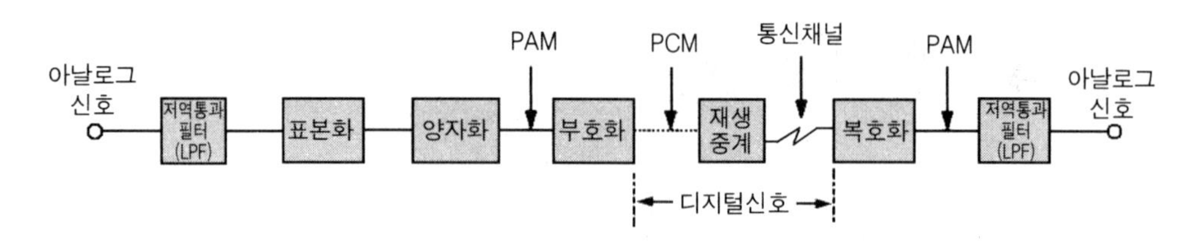

PCM 변·복조 개념도

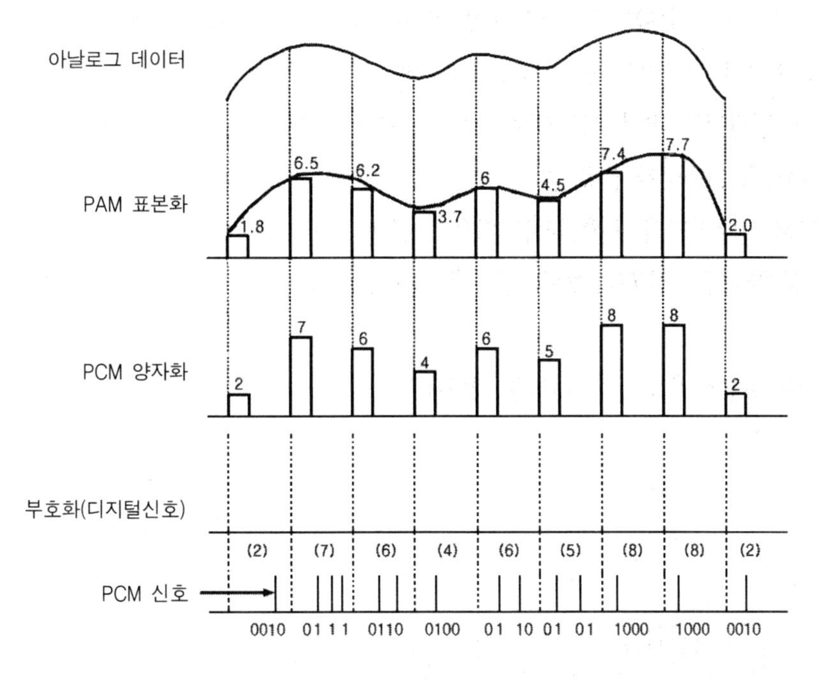

PCM 변조과정

① 정의 : 아날로그 데이터를 PAM 표본화, PCM 양자화, 부호화를 통하여 디지털 신호로 만든 다음 전송하고 수신측에서 다시 복호화하여 원래의 아날로그 데이터로 복원하는 변조방식

② 특성

- 누화와 잡음에 강함
- 레벨변동에 강한 전송특성
- 여러번 중계기를 거쳐 전송하여도 잡음 누적이 없음
- 회선 및 전송경로의 변경이 용이
- 저가격
- 넓은 점유 주파수 대역폭

③ 장점

- 간섭과 잡음에 강함
- 전송 시 잡음 누적이 없음
- FDM 방식을 적용할 수 없는 기존의 음성 케이블을 이용하여 TDM 수행이 가능
- 전송 중 코딩된 신호의 효과적 재생 가능

④ 단점

- 넓은 점유 주파수 대역폭

  표본시간 마다 여러 개의 펄스를 전송해야 하므로 펄스폭을 작게 하여야 하며 결과적으로 전송 대역폭이 증가한다. 즉, 음성신호의 경우 일반적으로 초당 8,000번의 표본을 8 비트로 양자화하며, 이 경우 64[Kbps]가 필요하나 이러한 속도는 SSB 방식의 4[KHz] 대역 채널로도 충분히 재생이 가능하다.

> **※ 음성의 양자화 속도**
> 한 채널 전송 시 표본주파수 × 양자화시 사용 비트수(8 [KHz] × 8 = 64 [Kbps]가 필요)

- 위상의 흔들림(Jitter)이 발생하고 전송 시 누적
- 채널 대역폭이 전송 대역폭보다 작은 경우 왜곡 발생
- PCM 고유의 잡음인 양자화 잡음이 발생
- 동기(Synchronization) 유지 요구

1) 표본화(Sampling)

표본화란 A/D 변환을 위해 원 신호를 1초간에 몇 번 샘플링하는가를 나타내는 수치로 연속신호(유동적인 신호), 즉 아날로그신호를 이산신호(수치화된 신호)로 감소시키기 위해 시간축 상에서 일정 간격(Ts)으로 크기 값을 추출하는 것을 의미한다. 표본화는 나이키스트 표본화 이론을 확장한 샤논의 표본화정리를 기본으로 하고 있다.

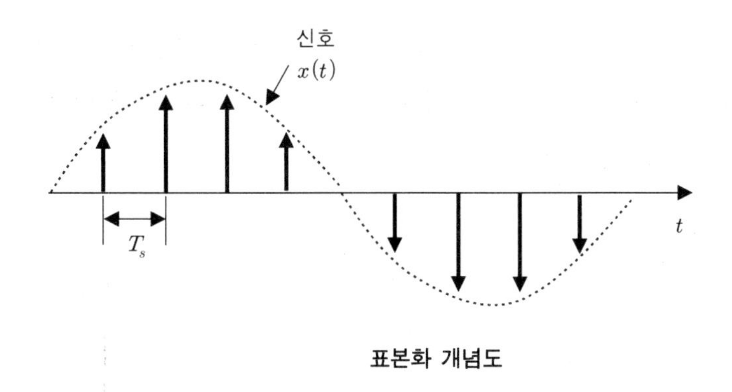

표본화 개념도

(1) 나이키스트(Nyquist)의 샘플링이론이란?

미국의 전기통신 공학자인 나이키스트가 제창한 이론으로 디지털전송에서 부호 간 간섭을 없애는 방법으로 "표본화 주파수는 연속적인 입력신호 파형의 최고 주파수의 2배의 속도로 균일한 간격으로 표본화를 진행하면 원 신호를 완전히 복원할 수 있다"는 원리이다.

$$f_s = 2f_m$$

f_s : 표본화 주파수

f_m : 입력신호 주파수

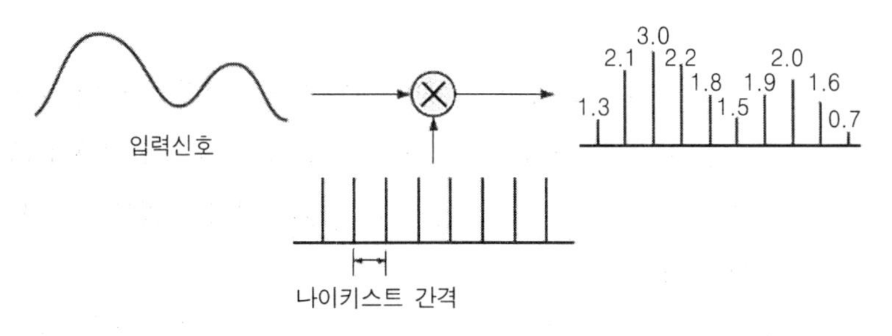

나이키스트 표본화 이론

(2) 샤논(Shannon)의 표본화(Sampling)정리란?

샤논의 정리는 나이키스트 정리를 확장하여 "한정된 대역의 주파수를 갖는 어떤 신호(연속적인 입력신호) 파형의 최고 주파수의 2배 이상의 속도로 균일한 간격으로 표본화를 진행하면 원 신호를 완전히 복원할 수 있다"는 원리이다.

즉, 표본화 주파수가 나이키스트 표본화 주파수의 2배 이상일 때 파형의 중첩이 발생되지 않고 재생할 수 있다는 이론으로 만약 최대 주파수보다 큰 주파수가 입력되는 경우 파형이 겹치는 현상이 발생한다는 원리이다.

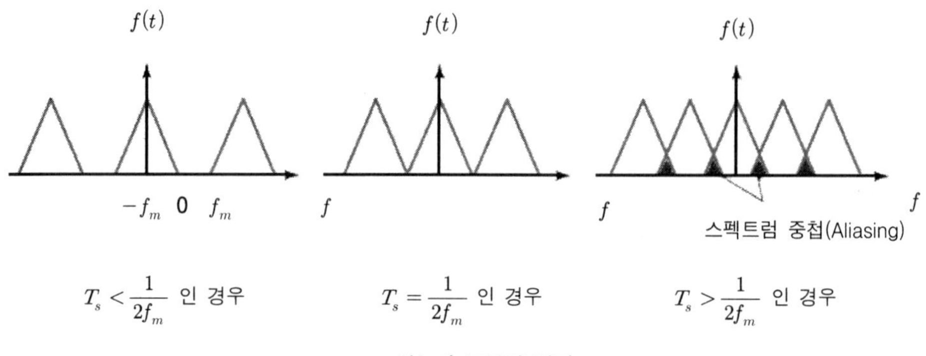

샤논의 표본화 정리

$$f_s \geq 2f_m$$

$$T_s = \frac{1}{2f_m}$$

T_s : 표본화 주기

통신시스템에서 음성신호(300~3.4[KHz])인 경우 표본화 주파수가 6.8[KHz]이면 충분하지만, 이러한 스펙트럼의 중첩현상을 방지하기 위하여 표본화 주파수를 8[KHz]로 하고 3.4[KHz] 대역제한 여파기를 사용하여 고조파 신호 성분이 표본화되지 않도록 하면 스펙트럼의 중첩현상을 방지할 수 있게 된다.

① 정의 : 아날로그 데이터를 시간영역에서 이산신호로 만들기 위해 이 신호의 최고 주파수(f_m)의 2배 이상의 속도($> 2f_m$)로 균일한 시간간격으로 표본화하여 PAM신호를 얻는 과정

② 표본화 주파수 특성

- 일반적으로 음성신호(4[KHz])의 2배인 8[KHz]를 사용
- 표본화 주파수(f_s) $= 2f_m = 2 \times 4\,[\mathrm{KHz}] = 8[\mathrm{KHz}]$

• 표본화주기$(T_s) = \frac{1}{fs} = \frac{1}{8,000} = 125[\mu s]$: 표본화 간격(1프레임)

• 1통화로(ch.)당 주기$= \frac{125[\mu s]}{24[ch.]} = 5.2\,[\mu s]$

• 1펄스당 점유시간(1 Time Slot)$= \frac{5.2[\mu s]}{8단위} = 0.65[\mu s]$

• 1프레임에 수용되는 펄스 수 = 8자리 × 24[ch.] + 1[동기용]=193개

• 부호펄스의 주파수 = 193 × 8,000 [Hz] = 1.544 [MHz]

2) PCM 양자화(Quantization)

표본화를 통하여 얻은 PAM 신호를 진폭 축을 따라 0과 1의 디지털 신호(계단형 파형)로 근사시켜 연속적인 진폭 값을 갖는 일정개수의 값으로 표시하는 과정을 의미한다.

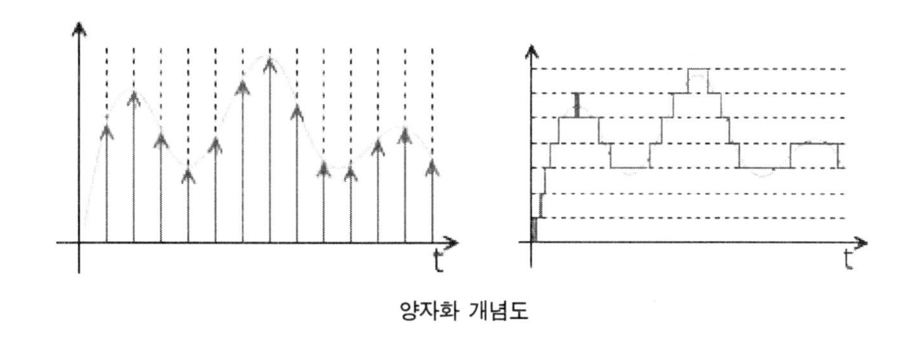

양자화 개념도

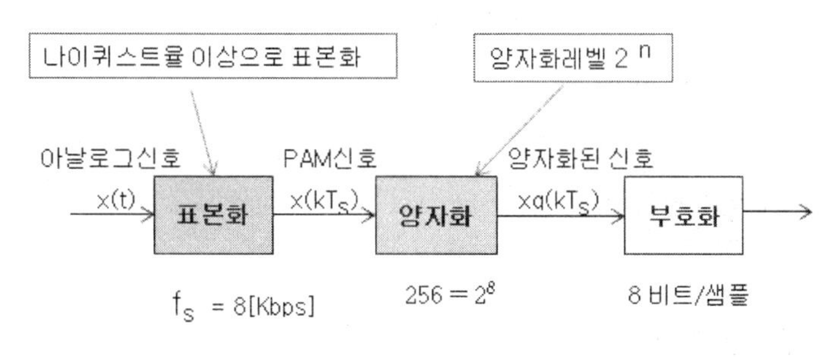

양자화 구성도

양자화는 진행하는 방법에 따라 진폭성분에 대한 양자화와 시간변화에 대한 양자화, 2가지로 구분된다. 진폭성분에 대한 양자화는 다시 선형 양자화(Linear Quantization), 비선형 양자화(Non-linear Quantization, Logarithmic Quantization)로 나눠지며 시간변화에 대한 양자화는 적응형 양자화(Adaptive Quantization)와 고정형 양자화(Fixed Quantization)로 구분된다. 선형 양자화는 양자화 계단(Step) 폭이 입력신호 레벨과 관계없이 일정한 반면 비선형 양자화는 입력신호 레벨이 작을 때는 양자화 계단간격을 작게, 클 때는 양자화 계단 간격을 크게 하는 방식이다. 적응성 양자화는 입력신호 레벨에 따라 양자화 계단의 최대, 최소 값이 시간적으로 변화하는 방식으로 주로 ADPCM 등에 사용되며 고정형 양자화는 양자화 계단이 시간적으로 변화 없이 고정적인 양자화 방법이다.

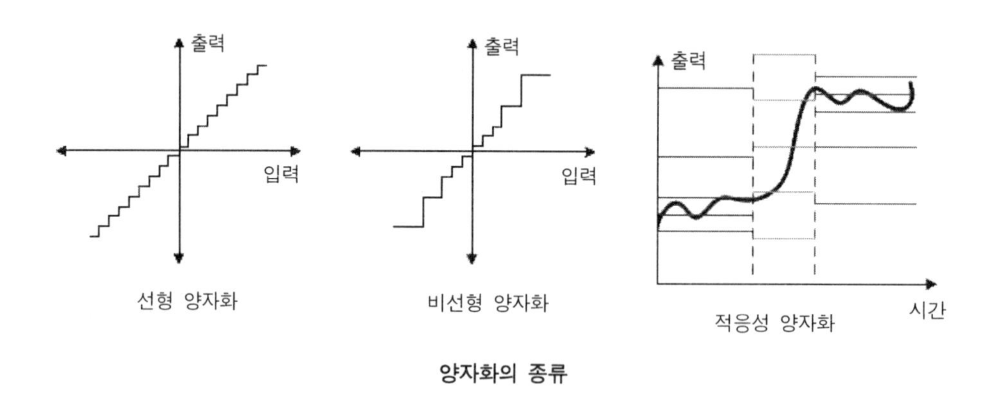

양자화의 종류

다음에 양자화의 특성을 요약하였다.

① 정의 : 표본화된 PAM 신호를 진폭영역에서 이상적인 이산신호(계단형 파형)로 근사화(양자화레벨, 2n)시키는 과정

② 특성

- 양자화 간격을 균일하게 하는 선형양자화, 불균일하게 하는 비선형 양자화로 구분
- 음성신호(전화회선)는 128(2^7) 또는 256(2^8)의 양자화 레벨을 가짐
- 입력신호 파형과 양자화 파형 사이의 오차에 의한 양자화잡음 존재

$$양자화\ 잡음 = \frac{S^2}{12}$$

여기서, S는 양자화 스텝의 크기이다.

③ 양자화 종류

• 진폭성분에 대한 양자화

- 선형 양자화(Linear Quantization)(균일 양자화)
- 비선형 양자화(Non-linear Quantization, Logarithmic Quantization)(비 균일 양자화)

• 시간변화에 대한 양자화

- 적응형 양자화(Adaptive Quantization)
- 고정형 양자화(Fixed Quantization)

(1) 양자화 상태(레벨)

아날로그신호를 표본화하여 일련의 '0'과 '1'의 열로 변화하여 디지털 통신매체를 통해 전송하는 펄스부호변조 방식은 정보신호의 표본화 값을 2진수로 변환시키게 되며, 이러한 과정을 "양자화(Quantization)"라 한다. 이때 2진수로 표현할 수 있는 레벨을 양자화 레벨이라 한다. 즉, 양자화 레벨은 정보신호의 표본화 값을 대표 값으로 양자화할 수 있는 레벨의 개수를 나타내며, 이는 표본화에 할당되는 비트 수에 의해 결정되게 된다.

표현 가능한 2진수의 진폭 수는 다음과 같이 진폭레벨을 몇 개의 비트로 표현하는가를 나타낸다.

$$진폭수 = 2^n$$

이때 n은 비트수를 나타낸다.

즉, 2비트에 대하여 2^2(또는 4)개의 양자화 레벨이 가능하게 됨을 나타낸다.

아래에 양자화 상태도를 그림으로 나타내었다.

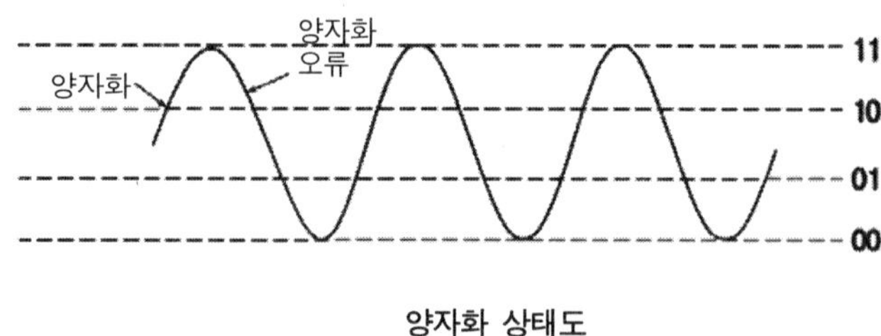

양자화 상태도

위에서 화살표(↘)가 지시하는 시간의 표본 값은 10이나 11로 양자화되게 되며, 만약 정보 신호가 2비트 2진수로 변화된다면 2진수 진폭수는 2^2(또는 4)로 표현되게 된다. 이 4 레벨은 각각 2진수 00, 01, 10, 11이 된다. 일반적으로 2비트 신호를 양자화할 경우 위 그림에서 나타낸 것처럼 화살표로 나타낸 범위에 있는 표본화점은 레벨 '2(10)'와 '3(11)' 사이에 존재하는 두 레벨 중 하나가 신호로 표현되어지게 되므로, 양자화 과정에서 오류가 발생할 수 있음을 의미하게 된다.

(2) 양자화잡음(Quantization Noise)

양자화 과정에서 입력되는 아날로그 신호의 진폭 값과 정해진 레벨로 양자화(근사 값) 사이에 오차가 발생하고 신호 복원 시 잡음이나 왜곡과 같은 효과를 주어 품질저하의 요인이 되는 것을 "양자화 잡음"이라 한다. 양자화 잡음은 양자화 스텝 크기가 작을수록 줄어들지만 입력신호 전체를 양자화하려면 필요한 스텝의 수가 증가하고 이는 부호화 비트수를 증가시키게 되고 결국 대역폭의 증가 원인이 된다.

양자화 잡음 개념

$$e(kT_s) \quad = \quad x(kT_s) \quad - \quad x_q(kT_s)$$

양자화잡음 원신호 표본값 양자화 값

이때, T_s : 표본화주기이다.

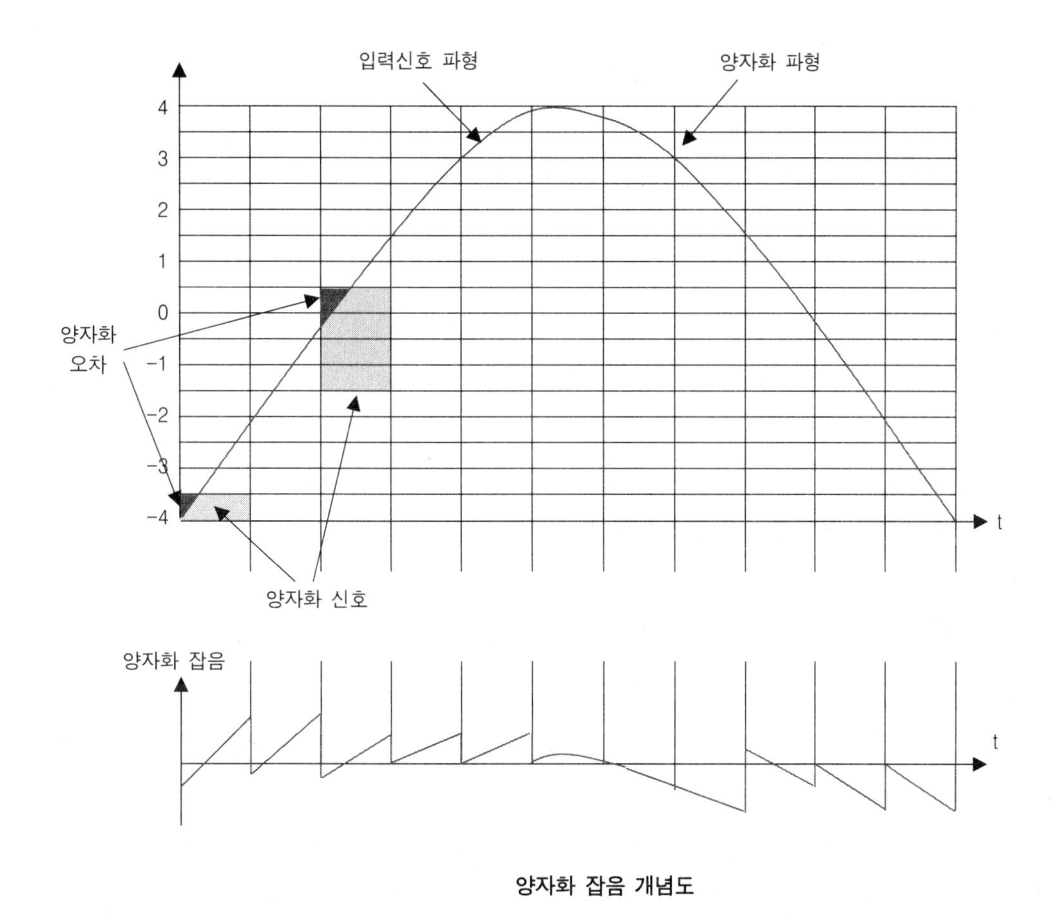

양자화 잡음 개념도

이와 같이 실제의 신호레벨과 선택된 양자화 레벨과의 차이로 발생하는 양자화 잡음에 대한 신호대 잡음 비를 나타내면 다음과 같다.

$$S/N_q = 6n + 1.8[dB]$$

이때 S(Signal) 신호, N(Noise) 잡음이다.

즉, 위 식은 입력신호의 평균 신호전력을 양자화 잡음의 평균전력으로 나눈, 출력신호대 잡음(S/N)으로부터 구해지게 된다.

$$S/N = \frac{A_m^2/2}{A_m^2\ 2^{-2n}/3} = \frac{3}{2}(2^{-2n})$$

평균신호전력 $P = \frac{A_m^2}{2}$, 입력신호진폭 A_m

양자화 잡음의 평균전력 $\sigma_q^2 = \frac{1}{3} A_m^2\, 2^{-2n}$

여기서 S/N비 값을 dB로 환산하면 다음이 된다.

$$10\log_{10}(S/N)_q = 6n + 1.8[dB]$$

즉, 양자화 잡음은 양자화 비트 수가 1개 증가할 때마다 신호대 잡음(S/N) 비는 6 [dB] 씩 증가하여 신호성분이 좋아지는 것을 의미한다.

양자화는 입력신호(Signal)를 2비트 2진수로 양자화한 경우 지정된 신호레벨을 표본화로 선택하여 양자화를 한 것이므로, 양자화된 파형은 계단파가 되어 본래의 신호와 정확히 일치하지 않게 됨을 알 수 있다. 이 파형을 완만하게 여과한다 할지라도 본래의 정보신호와는 정확히 일치하지 않게 됨을 의미한다. 이렇게 본래의 정보신호와 양자화된 파형의 차이가 "양자화 잡음"이다.

그러므로 2비트에 대한 양자화레벨 값은 2^n에서 4개의 양자화 레벨로 표현되므로 양자화 레벨을 증가하게 되면 레벨사이의 간격은 적어지고 정보신호를 더욱 정확하게 표현할 수 있게 된다. 그러나 아무리 많은 양자화 비트를 사용한다 할지라도 양자화 레벨 사이에는 언제나 공간이 존재하게 되므로 본래의 정보신호는 완전하게 표현할 수는 없게 된다.

일반적인 경우의 인간의 귀가 그 차이를 분간할 수 없을 정도로 양자화 레벨을 가지면 더 이상 양자화 비트를 추가할 필요는 없게 된다. 즉, 음성신호의 경우 각 표본값 당 7비트인 2^7(126)의 양자화 레벨이면 거의 그 차이를 분간할 수 없게 된다. 물론 고성능의 경우 16비트 즉, 2^{16}(65,536)까지 양자화가 가능하다.

(3) 양자화잡음 감소방법

양자화 과정에서 생성되는 잡음을 최소화하는 방법으로는 압신(Companding) 방법과 비선형 양자화(Non-linear Quantization) 방법이 사용된다.

① 압신방법

압축(Compression)과 신장(Expanding)의 합성어로 입력측의 약한 신호에는 큰 이득을 주고 강한 신호에는 약한 이득을 주어 전체적으로 양자화 잡음을 감소시키는 비선형 양자화 방법을 의미하며 신호대 잡음비를 입력레벨의 크기에 관계없이 일정하게 유지하는 방법이다. 이 방법은 주로 송신단에 압축기(Compressor)를 두어 작은 진폭은 크게 증폭하고 큰 진폭은 적게 증폭시켜 두 진폭의 차를 줄이고 수신단에 신장기(Expander)를 두어 압축된 신호를 원 신호로 복원하게 된다. 압신방법은 낮은 레벨의 음성신호가 전송될 때나, 무통화시 발생하는 양자화잡음을 감소시키는 데에 유용한 방법이며 압축과 신장을 하는 장치를 "압신기(Compander by Compressor + Expander)"라고 한다.

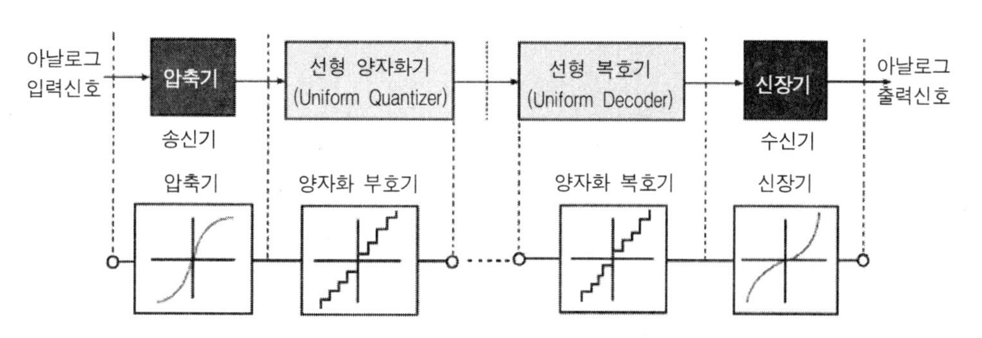

압신방법 개념도

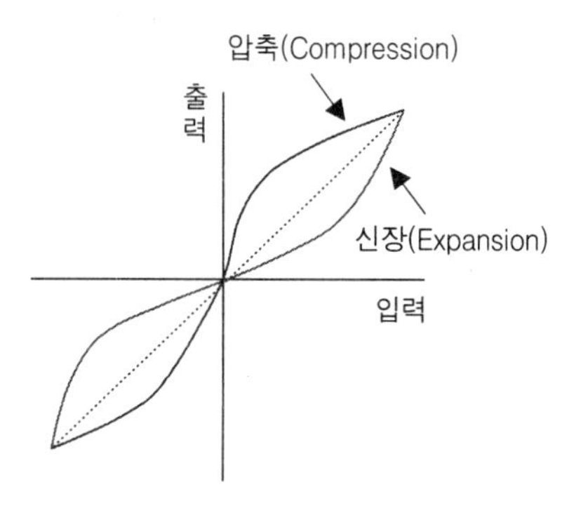

압신방법에 의한 신호의 양자화

- 정의 : 입력신호가 약한 경우 큰 이득을 주고 강한 입력신호는 약한 이득을 주어 신호밀도의 범위를 압축, 팽창하는 방법
- 특성
  - 양자화시 사용되는 비트 수는 적게 하여 정보 전송량을 줄여 전송
  - 송신국에서 큰 S/N비 저하 없이 양자화 비트수를 줄여 정보 전송량 감소가 가능

② 비선형 양자화 방법

입력신호의 진폭이 작은 경우 양자화레벨 간격을 좁(주로 음성레벨에 집중)게 하고 진폭이 큰 경우 양자화레벨 간격을 넓게 하여 신호레벨에 따른 왜곡(Distortion)을 줄이는 방법으로 신호의 전력이 작은 경우에는 잡음의 전력도 작아지고, 신호의 전력이 큰 경우에는 잡음의 전력도 커져서 전체적으로 신호대 잡음비(S/N)는 차이가 없게 된다.

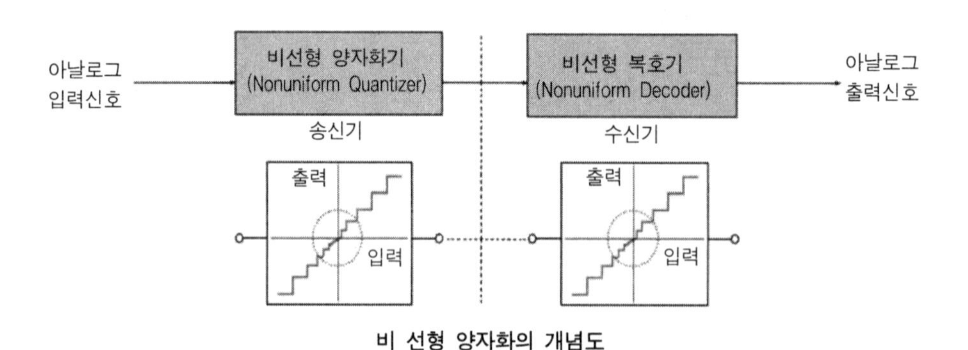

비 선형 양자화의 개념도

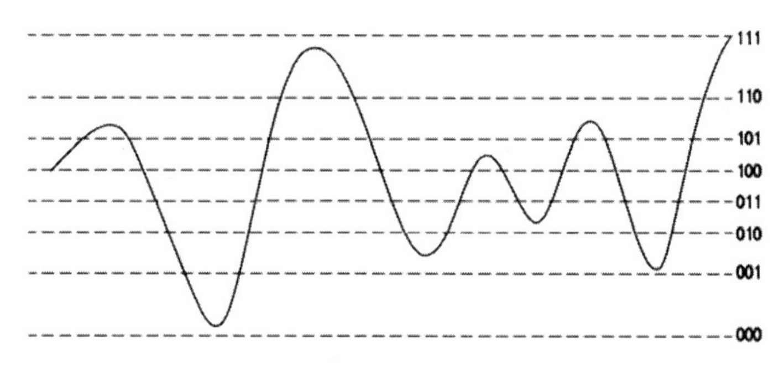

비선형 양자화 신호의 개념도

즉, 비선형 양자화는 낮은 신호진폭을 갖는 신호를 양자화 레벨을 줄여 보다 정확하게 표현하여 수신기에서의 복조 시에도 본래의 신호를 보다 정확히 복원할 수 있게 됨을 알 수 있다.

- 정의 : 입력신호의 진폭이 작은 경우 양자화레벨 간격을 좁게 하고 진폭이 큰 경우 양자화레벨 간격을 넓게 하여 신호레벨에 따른 왜곡을 감소시키는 방법
- 특성
  - 높은 S/N 비
  - 낮은 신호를 갖는 양자화레벨이 적음

3) 부호화(Coding)

양자화를 통해 얻어진 불연속적인 진폭레벨을 n개의 비트, 즉 2진 부호로 변환하는 과정을 의미하며 1개의 양자화 레벨은 8개 비트로 구성된다.

$$n = \log_2 N$$

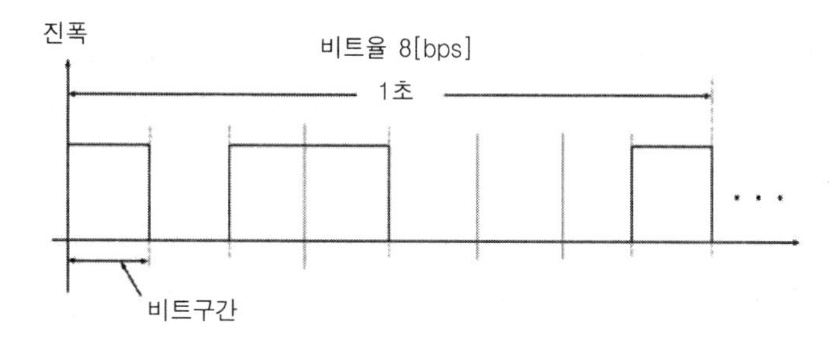

부호화 비트의 표현

- 정의 : 양자화된 펄스의 진폭 크기를 2진 부호로 변환하는 과정
- 특성
  - 8비트로 구성되는 1개의 펄스는 7(0~6)비트는 펄스 크기정보, 1(7)비트는 극성을 표시
  - 2개의 양자화레벨을 갖는다면 각 펄스는 2비트로 표현

4.2 차동 펄스부호 변조(DPCM)

차동 펄스부호 변조(Difference Pulse Code Modulation)는 인접 표본값 간의 상관관계(Correlation)를 이용하여 입력신호의 표본값을 통해 다음 표본값을 추정하고 이 추정 값과 실제 표본값의 차분(Difference)성분 만을 양자화하는 방법이다.

※ PCM 변조의 한계성

- 입력신호의 표본화 값들에 대해 독립적으로 양자화 및 부호화를 수행
- 음성신호의 경우 출력 비트율이 64[Kbps]로 비트율이 높아 큰 대역폭이 필요
- 대역 제한된 신호(즉, 음성신호, 화상신호)를 샤논의 표본화를 진행하는 경우 표본 값들 사이에 상관성(Correlation)이 존재
- 즉, 표본 값들에서 다음의 표본값에 대한 정보를 포함(Redundancy)하고 있음. 이는 몇 개의 이전신호를 이용하면 다음 신호의 예측(Prediction)이 가능

그러므로 이러한 상관관계를 이용하여 적은 비트 수로 부호화하여 대역폭을 감소하는 양자화 방법으로 제안된 것이 차동 펄스부호 변조방법이다. 차동 펄스부호 변조는 현재 양자화 샘플과 바로 이전 양자화 샘플간의 차이를 부호화하는 방법으로, 연속한 샘플간 차이는 보통 샘플 값 자체보다 적게 되므로 송신할 신호의 최대 진폭이 감소하고 양자화 스텝의 크기가 감소하여 양자화 비트 수(n)를 줄일 수 있게 된다.

DPCM의 부호화기는 크게 양자화기/부호화기(Quantizer/Coder)와 예측기(Predictor)로 구성되며 예측기는 입력신호에 따라 변화시킬 수도 있으나, 일반적으로 고정 예측기(Fixer Predictor)를 선택한다. 양자화 방법은 입력신호와 예측기 신호의 차이, 즉 예측오류($e(nT_s) = x(nT_s) - x'(nT_s)$)를 생성하여 양자화기를 통해 양자화하게 된다. 음성신호 경우 실제로 고정상태가 아니므로 양자화기에 입력되는 오차 신호가 급격히 변화하여 과부하 잡음(Slope Over Load) 현상이 나타나고 영상의 경우 화면이 뭉개져 보이는 "스미어링(Smearing) 현상"이 발생하는 경우가 있다.

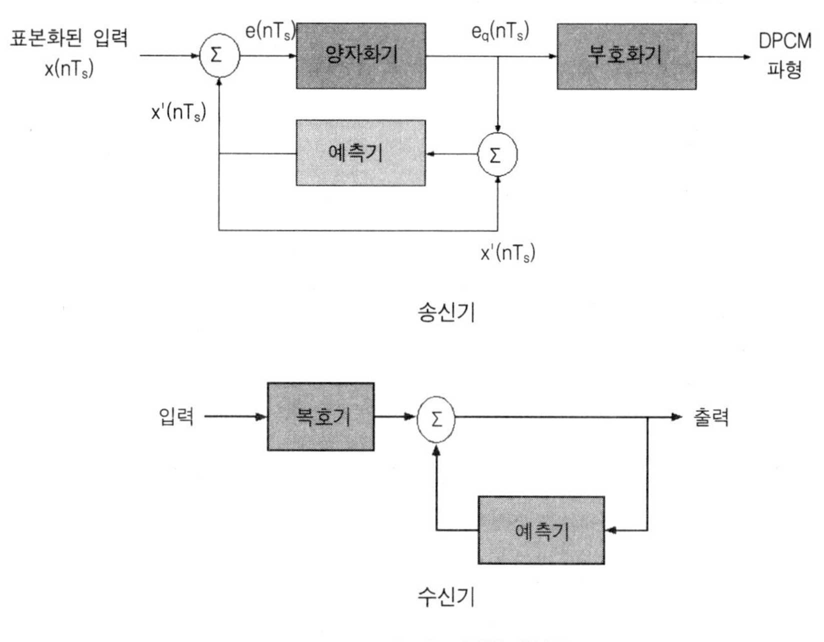

DPCM 구성 개념도

다음 그림은 DPCM으로 양자화한 펄스파형을 나타낸다. 즉, PAM 원 신호의 파형을 예측 PAM 신호에서 차분한 값을 DPCM 파형으로 나타낸 것이다. 이는 PAM 파형을 그대로 양자화 및 부호화하는 것에 비해 차분된 파형을 양자화, 부호화하는 것이 부호화 비트 수를 감소(정보량 압축)시킬 수 있음을 나타내고 감소된 비트 수만큼 일정한 대역폭에서 더 많은 정보를 전송할 수가 있게 됨을 의미한다.

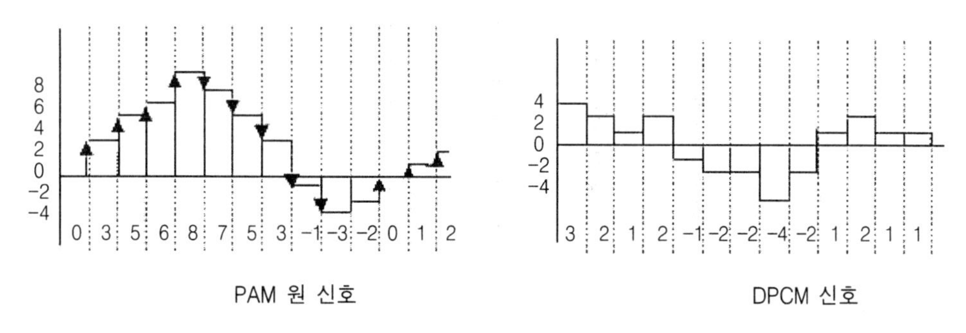

차동 펄스부호 변조 개념도

- 정의 : 인접 표본값 간의 상관관계(Correlation)를 이용하여 다음 표본값을 추정하고 이 추정 값과 실제 표본값의 차분(Difference)성분 만을 양자화하는 방법
- 특성
  - 예측기(Predictor)를 사용한 PCM 방식의 성능 개선
  - 주로, 음성 또는 영상 예측 부호화(Predicative Coding)에 활용되는 압축 기법
  - PCM 전송방식보다 대역폭을 축소하여 전송효율 증대

4.3 적응 차분펄스 부호변조(ADPCM)

적응델타변조(ADM) 방식은 양자화기의 스텝크기를 적응적으로 변화시켜 잡음을 감소시키는 방법이고, DPCM 방식은 예측기를 사용한 예측 부호화 방법을 사용한 방식이다. ADPCM (Adaptive Differential Pulse Code Modulation) 방식은 이들의 기본적인 개념을 조합하여, 즉 양자화 레벨의 크기를 변화시키는 적응 양자화와 양자화 크기를 고정시킨 상태에서 예측기의 필터(Filter) 계수를 입력되는 신호의 크기에 비례하여 증가시키는 예측부호화 개념을 동시에 사용하는 방식이다.

이 방식의 기본원리는 음성신호가 상관성이 큰 특성을 이용하여 이전의 음성신호의 표본화(Sample)를 기준으로 다음에 들어올 신호의 크기를 예측하고 실제의 입력신호에서 예측 크기 값을 빼주어 오차신호를 발생시켜 이 오차 신호를 양자화해 전송하게 되는 원리이다.

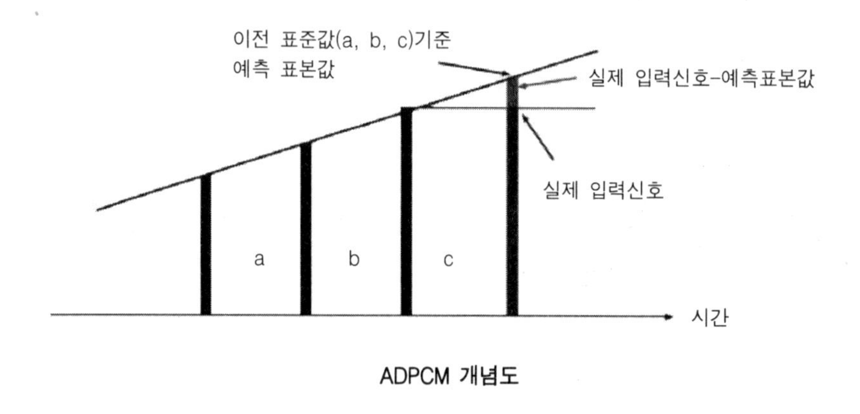

ADPCM 개념도

ADPCM 방법은 음성정보의 양자화 레벨크기를 결정할 때 음성을 부분적으로 고정적인 (Stationary) 상태로 가정하고 이 구간을 분할하여 신호의 통계적 특성을 구한 후 적응 및 예측 방식을 적용하여 양자화 하는 방법이다. 이는 주로 CD-ROM 상에 텍스트, 이미지, 코드 등과 함께 장거리 광케이블 음성 전송 등의 음성 부호화 방법으로 사용된다.

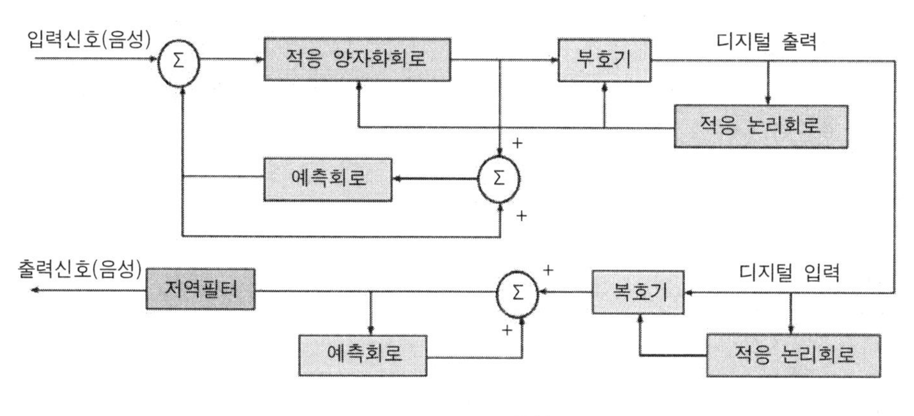

ADPCM 구성도

ADPCM 방식은 펄스부호 변조(PCM)에 의한 디지털신호의 비트 수(64 [Kbps])를 줄이는 하나의 방법으로 제시된 것이다. 즉, PCM 방식의 경우 음성의 양자화시 64 [Kbps]가 필요하며 대역폭의 측면에서 볼 때 SSB(단축대역) 방식의 4 [KHz]에 비해 비경제적이므로 이 같은 대역폭 문제를 해결하기 위해 음성 대역폭 축소를 목적으로 제시된 방법이기도 하다.

음성의 경우 음성대역폭을 2분할하여 그 각각을 적응 차분펄스 부호변조(ADPCM)에 의해 부호화하면 32 [Kbps] 방식에서는, 각 부 대역을 4비트로 양자화하여 4 [KHz]로 표본화가 가능하고 16 [Kbps] 방식에서는 저역의 부 대역을 3비트, 고역의 부 대역을 2비트로 양자화하여 각각을 3 [KHz], 2 [KHz]로 표본화가 가능하다. 즉, 기본적으로는 PCM 방법으로 기록한 것과 내용이 같으나 데이터 압축에 의한 값을 기록하므로 ADPCM 방법은 최대 4 : 1까지 압축이 가능하며 음성통신에서 매우 중용한 방법이라 하겠다.

① 정의 : 적응 양자화와 예측 부호화 개념을 동시에 사용하는 부호화 방식

② 특성

- 음성신호의 특성을 이용하여 이전신호에 의한 예측값과 실제 입력신호의 샘플링 값과의 차이를 부호화

- 양자기와 예측기를 적응시켜 양자화 잡음 최소화
- PCM 보다 구성 복잡
- 기존 64[Kbps] PCM과 직접 연결이 가능
- 음성속도가 32[Kbps](양자화 레벨 2의 4승 개)로서, 기존 PCM의 1/2로 감소
- 적응식 양자화기는 매 표본화 단위로 양자화 레벨을 변화시키는 순간 압신방식 적용
- 적응식 예측기는 매 입력 표본화 단위로 필터(Filter) 계수를 업데이트하는 순차 적응방식을 적용

제5절 델타변조

신호 표본치의 절대적 크기에 따라 부호화하는 PCM 방식과는 달리 신호 표본치가 이전 표본치에 대하여 크고 작음만을 부호화하는 델타변조방식은 부호변조방식의 일종이지만, 부호화 방식이 통상의 PCM 방식과는 차이가 있다. 이러한 델타변조의 원리와 종류 특성 등에 대하여 학습하고자 한다.

5.1 델타변조(DM)

PCM방식의 성능향상을 위해 대안으로 제시된 텔타변조(Delta Modulation) 방식은 아날로그 데이터에 대하여 각 샘플을 취하는 시간마다 단 하나의 양자화 레벨을 오르내리는 계단형의 함수(by 계단파 발생기)에 의해서 근사치를 구해 가능한 본래의 아날로그 파형과 유사하게 선택하는 방법이다.

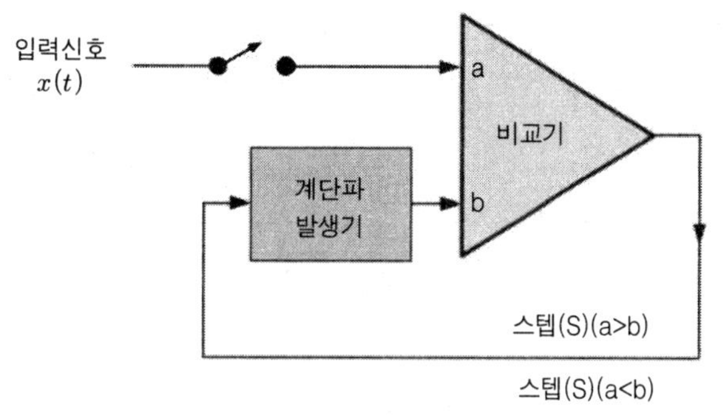

델타변조 원리

즉, 델타변조 방식은 이전값과 현재 값의 차이를 단지 1비트로 부호화하는 방식으로 직전의 신호보다 현재 신호의 진폭이 작으면 '0'으로 코딩하고, 직전의 신호보다 현재의 신호의 진폭이 크면 '1'로 코딩하는 방식으로 신호 값은 이진(Binary)값으로 직전의 값보다 1단계 증가하거나, 1단계 감소하며 단순히 1단계 차이만을 가지기 때문에 표본화 속도에 대해 값이 급격히 변하지 않는 신호의 부호화에 적합한 방식이다.

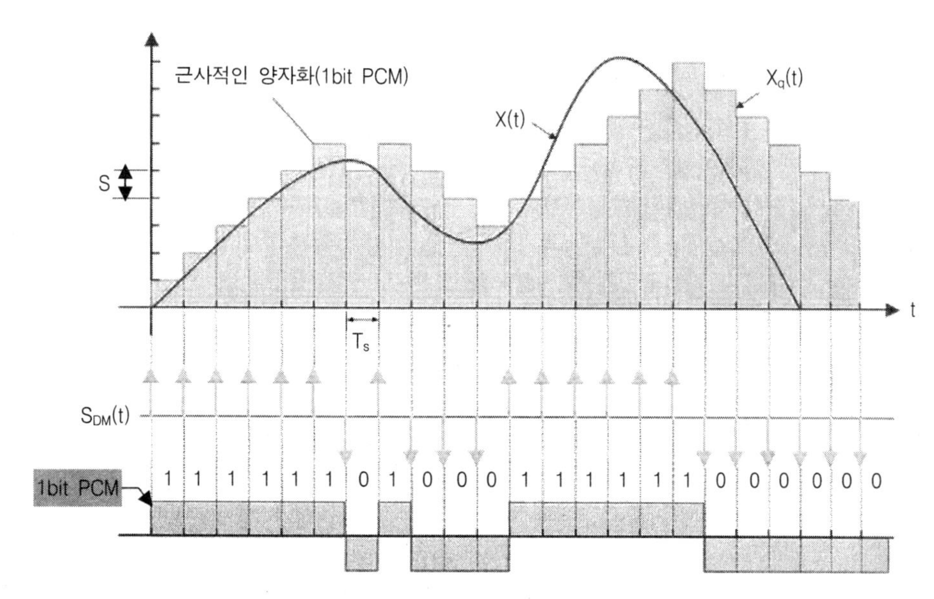

※ S 스텝크기, T_S 표본화 주기, x(t) 입력신호, $x_q(t)$ 양자화신호

델타변조 개념도

다음에 델타변조의 송·수신 구성도를 나타내었다. 즉, 입력된 아날로그 신호는 표본화되어 양자화기(비교기)에서 양자화된 레벨의 계단함수 근사치(증감폭)를 2진수로 출력하여 계단함수의 증감폭 Δ(델타) 값을 다시 양자화기(비교기)로 피드백(Feed Back)시켜 원래의 신호에 가까운 2진 출력파형을 전송하게 된다. 또한 수신에서는 전송에서의 2진 출력파형을 복호기를 통해 입력으로 받아들여 원래의 아날로그 신호를 복원하게 된다.

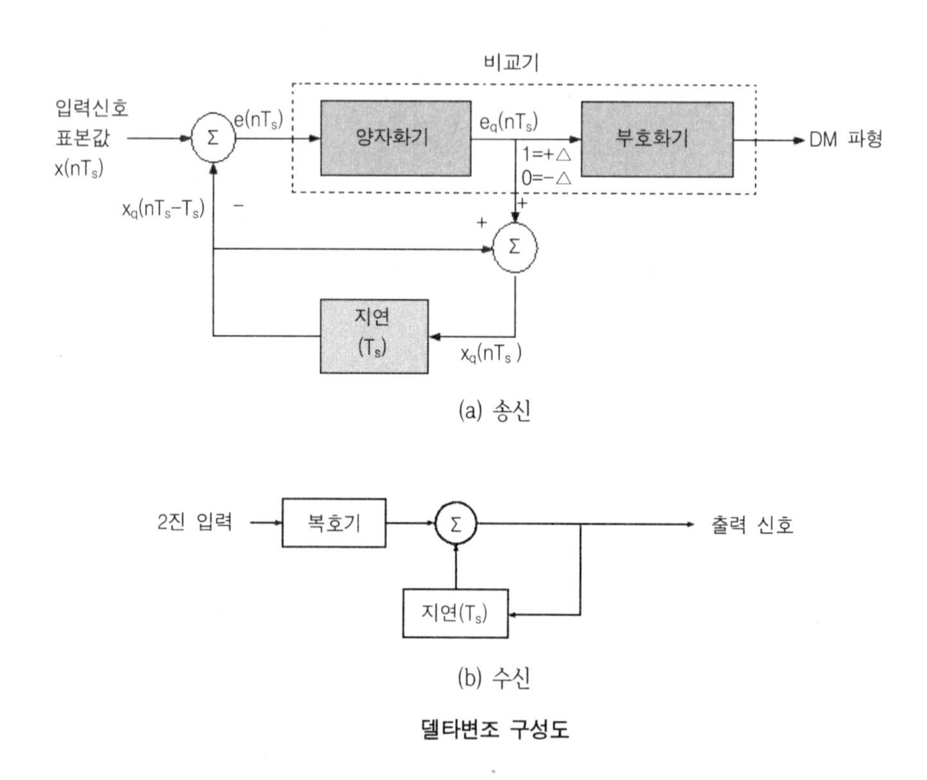

델타변조 구성도

델타변조 방식은 표본화 주파수가 Nyquist 주파수보다 어느 정도 높은 경우 현재의 표본치와 예측치 와의 차(차동 신호가 +이면 '1'로 부호화하고, -이면 '0'으로 부호화)를 1비트로 하여 전송하는 개념에서 DPCM의 특별한 경우의 변조방식으로 볼 수 있다. 델타 변조기에 대한 파형을 고려하면 아날로그 파형이 급격하게 변하는 경우 그 변화를 추적할 수 없을 때 경사 과부하 잡음(Slope Over Load Noise)이 발생하고 반대로 완만하게 변화할 경우 그래뉼라(Granular, "입상") 잡음(양자화 잡음)이 발생하기도 한다.

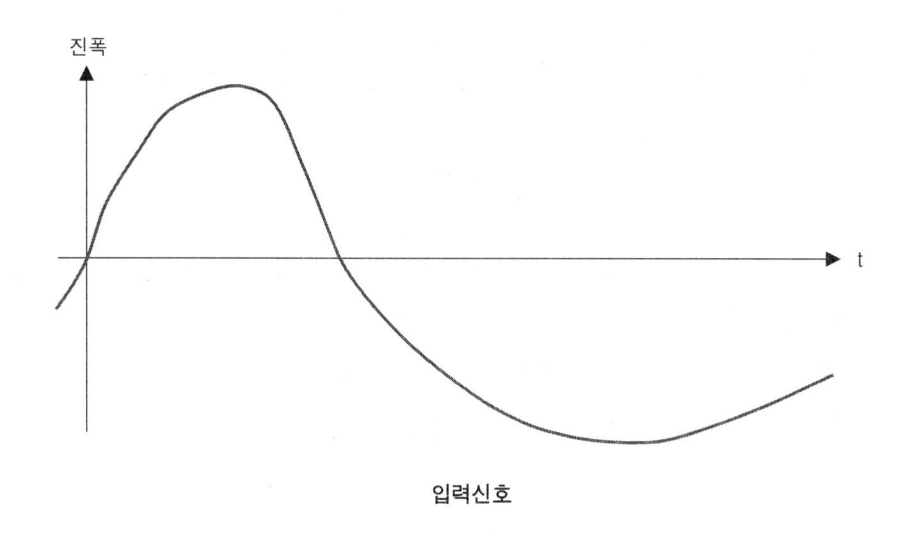

입력신호

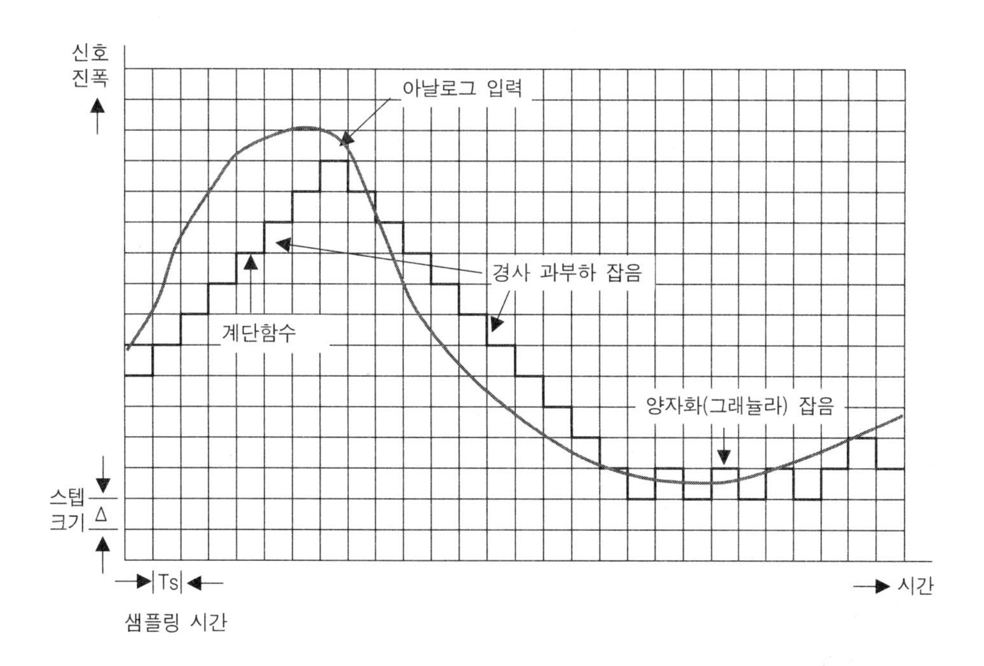

표본화된 신호

※ 그래뉼라 잡음이란?

스텝크기(Δ)가 입력신호의 기울기에 비해 너무 클 경우 "진동(Hunting" 현상이 발생하여 나타나는 잡음을 의미한다.

출력파형

이런 DM에서의 경사 과부하 잡음과 그래뉼라 잡음을 줄일 수 있는 변조 방식으로 등장한 것이 바로 ADM 변조이다.

① 정의 : 아날로그 데이터에 대하여 각 샘플을 취하는 시간마다 단 하나의 양자화레벨을 오르내리는 계단형 함수에 의해 근사치를 구해 변조하는 방식

② 특성

- 양자화잡음 및 과부하잡음에 대한 낮은 S/N 비
- S/N를 향상시키기 위해 표본화 주파수로 8 [KHz]가 아닌 16 [KHz], 32 [KHz]가 사용

$$\text{S/N 비} = 10\log\frac{{f_s}^3}{f_c \cdot {f_m}^2} - 14[\mathrm{dB}]$$

f_c : 저역통과 필터 (LPF)의 차단주파수

f_m : 입력신호의 최대주파수

f_s : 표본화 주파수

- 생성되는 비트스트링(Bit Stream)은 아날로그 데이터의 진폭 자체가 아니고 진폭 변화치에 대한 근사값
- 오차를 최소화 하여 변조방법이 간단
- 음성품질 저하
- 구성이 간단하여 신뢰성 우수

5.2 적응 델타변조(ADM)

PCM 방식의 성능향상을 위한 대안으로 제세된 변조방법이 델타변조 방법이었으나, DM 방식에서 경사 과부하 잡음과 그래뉼라 잡음이 발생하여 이러한 단점을 보완하고자 사용하는 방식이 적응 델타변조(Adaptive DM) 방식이다.

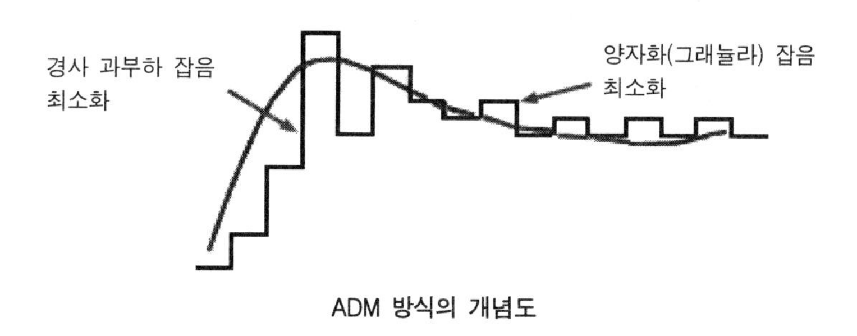

ADM 방식의 개념도

※ DM 방식의 문제점

① 입력신호 변화율이 너무 크면 계단파가 따라가지 못하여 경사 과부하 현상 발생. 대안으로 표본화 주파수를 증가하거나 계단의 스텝크기(Δ)를 증가하여 해결
- 표본화 주파수를 높이면 데이터의 양이 증가하여 전송대역폭의 증가 발생
- 계단의 스텝크기 증가 시 신호 변화가 없는 경우 양자화 오차 증가

② 신호변화가 매우 작은 경우에도 양자화 오차가 계속 발생(call "Threshold Effect")하여 그래뉼라(Granular, '과립') 잡음이 발생
즉, 표본화 스텝의 크기가 클수록 잡음이 증가 하므로 스텝크기를 최소화

③ 표본화스텝의 크기 조절
크기가 너무 작으면 오차는 감소하나 경사 과부하 현상이 발생하고, 너무 크게 하면 그래뉼라 잡음이 발생

이러한 문제점을 해결하기 위하여는 스텝의 크기를 작게 하면서 표본화율을 매우 크게 하는 방법인데, 이는 데이터 양이 많아져 결국 전송대역폭이 증가하게 되므로 대안으로 제시된 방법이 ADM 방식이다.

ADM 방식은 입력신호의 기울기가 크면 스텝크기를 크게 하여 경사 과부하 잡음의 영향을 감소시키고 신호가 서서히 변화하거나 입력신호 레벨이 감소하면 스텝크기를 감소시켜 양자화 잡음(그래뉼라 또는 입상잡음)을 감소시키는 방법이다. 즉, 수신된 비트 열에서 일정 시간 내 '0'과 '1'의 개수를 파악하여 숫자가 비슷하면 신호가 느리게 변하는 것이므로 표본화 스텝크기를 감소시키는 방법이다. 또한 일정 시간 내 '0'과 '1'의 개수를 파악하여 숫자가 차이가 많이 나면 신호가 빨리 변하는 것이므로 표본화 스텝크기를 증가시키는 방법이다.

즉, 양자화기의 스텝 크기를 적응적으로 변화시켜 잡음을 감소시키는 방법이다.

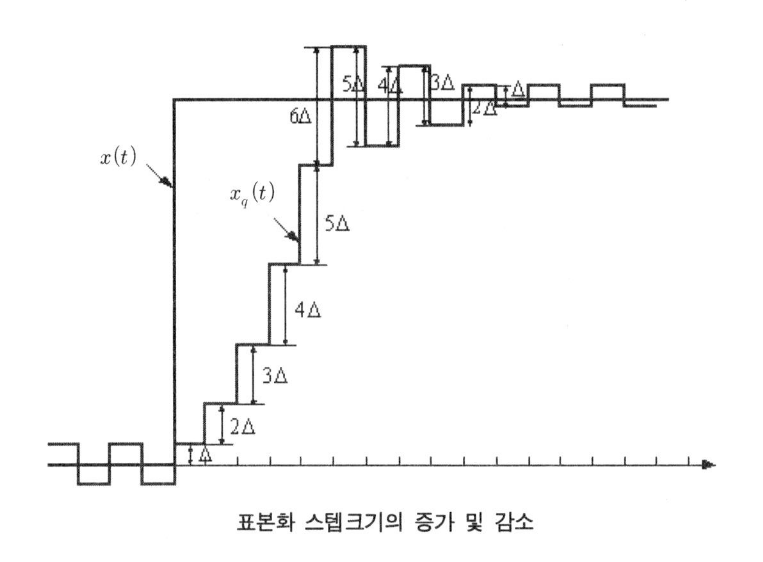

표본화 스텝크기의 증가 및 감소

다음에 ADM 방식의 구성도를 나타내었다.

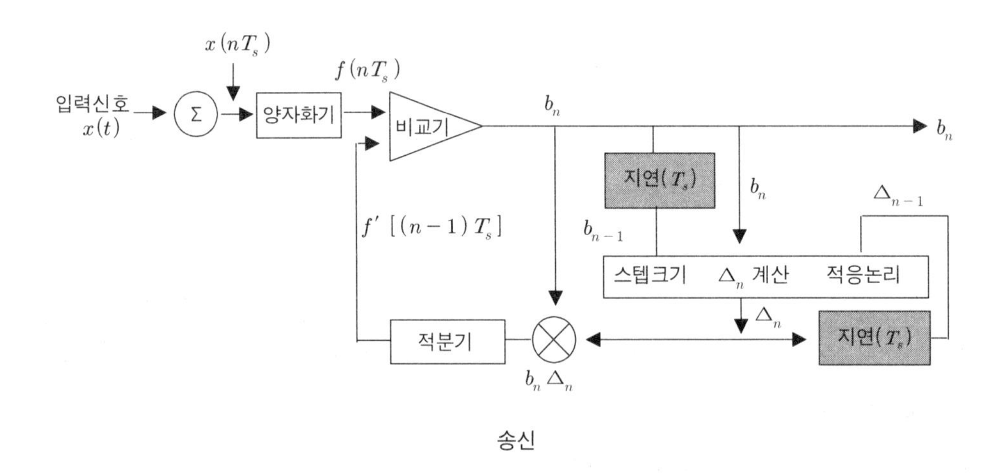

송신

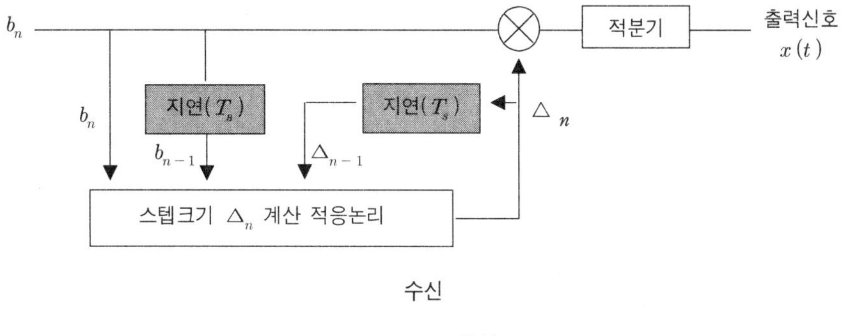

수신

ADM 구성도

• 정의

입력신호의 기울기가 크면 스텝크기를 크게 하여 경사 과부하 잡음의 영향을 감소시키고 신호가 서서히 변화하거나 입력신호 레벨이 감소하면 스텝크기를 감소시켜 양자화 잡음(그래뉼라 또는 입상잡음)을 감소시키는 방식

• 특성

- 2레벨 양잘화기 출력(비교기)를 이용한 경사(Slop) 판단
- 입력신호의 크기에 따라 표본화 스텝크기를 조절
- 경사 과부하 잡음 및 양자화 잡음의 최소화
- 수신된 비트 열을 판단하여 표본화 스텝의 크기를 결정

CHAPTER

4 데이터전송 제어

1. 데이터전송 제어 프로토콜의 특성
2. 데이터전송 회선제어
3. 데이터전송 흐름제어
4. 데이터전송 오류제어

데이터전송 제어

제1절 데이터전송 제어 프로토콜의 특성

1.1 데이터전송 제어의 역할

정보통신 시스템은 컴퓨터와 컴퓨터, 컴퓨터와 단말장치 또는 단말장치 상호간에 신속하고 정확한 데이터를 주고 받기 위하여 각 스테이션 제어계층을 추가하게 되는데, 이때 추가된 제어계층을 데이터 "링크제어(Link Control)" 또는 "데이터링크 프로토콜(Data Link Protocol)"이라 한다.

이러한 단말장치(DTE) 간의 데이터 전송제어를 위한 데이터링크 프로토콜은 각 통신 장비들 사이에 약속된 운용규칙, 즉 스테이션 간의 연결을 위한 운용규칙이라 할 수 있다. 이러한 스테이션 간의 연결이 이루어진 상태를 "데이터링크(Data Link)"라 한다.

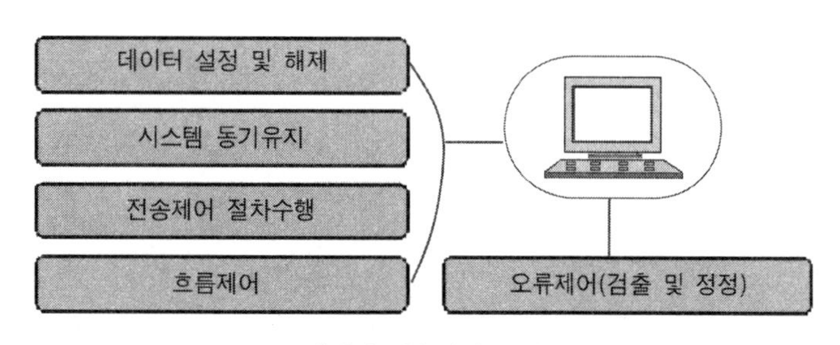

데이터 전송제어 역할

- 데이터링크 : 각 스테이션 간의 물리적 연결이 이루어진 상태
- 데이터링크 제어(프로토콜) : 각 스테이션에 추가된 제어계층

컴퓨터통신 방법이 발전되면서 통신 프로토콜의 기능도 많아지고 다양한 종류의 프로토콜이 개발되고 있으나, 가장 기본적인 프로토콜은 데이터링크 프로토콜이다. 그 이유는 컴퓨터를 포함한 두 개체가 데이터를 교환하려면 먼저 통신회선의 연결이 이루어져야 하기 때문이다.

데이터링크 레벨의 프로토콜에 대한 기본기능은 다음과 같은 역할 수행이 요구된다.

- 데이터링크의 설정과 해제

  통신의 시작에 앞서 송·수신하는 상대방과 논리적인 접속 경로를 설정하고, 통신 종료시는 접속 경로의 종결을 제어하는 역할을 수행하여야 한다.

- 동기유지

  미리 정해진 프로토콜에 따라 송신측과 수신측에서 동기를 유지하여야 한다.

- 제어절차의 수행

  송신할 데이터의 전송에 필요한 제어정보의 형식과 전송을 하기 위한 절차를 규정하여야 한다.

- 흐름제어

  송신할 데이터가 수신측에 중복되어 수신되거나 또는 송신 도중에 없어지지 않도록 데이터의 중복 및 분실 방지제어가 수행되어야 한다.

- 오류제어(검출과 정정)

  데이터의 전송로 상에 잡음 등 여러 가지 원인에 의하여 발생할지 모르는 데이터의 오류검출과 정정 작업을 수행하여야 한다.

- 주소지정

  다중 지점간 통신방식에서 두 스테이션 간의 전송대상 식별 작업을 수행하여야 한다.

- 링크관리

  데이터 송·수신의 시작, 유지, 해제를 위한 스테이션 간의 협력, 조정 과정을 수행하여야 한다.

다음에 데이터링크 레벨 프로토콜의 기본 기능을 요약하였다.

기본기능	역 할
데이터링크의 설정·해제 (Data Link Establishment Termination)	송·수신 경로설정과 접속경로 종결
동기화(Synchronization)	송·수신측 간의 프레임 단위로 전송
흐름제어(Flow Control)	송·수신간의 전송량이나 전송속도를 제어
오류제어(Error Control)	전송된 데이터에서 발생된 오류를 검출·제어
주소지정(Addressing)	두 스테이션 간의 전송대장 식별 작업수행
링크관리(Link Management)	데이터 교환관리의 절차 수행

이러한 데이터링크 레벨 프로토콜의 특성은 링크제어, 회선제어, 흐름제어, 오류제어, 제어 프로토콜로 나누어지며 이들 특성에 대하여 알아보자.

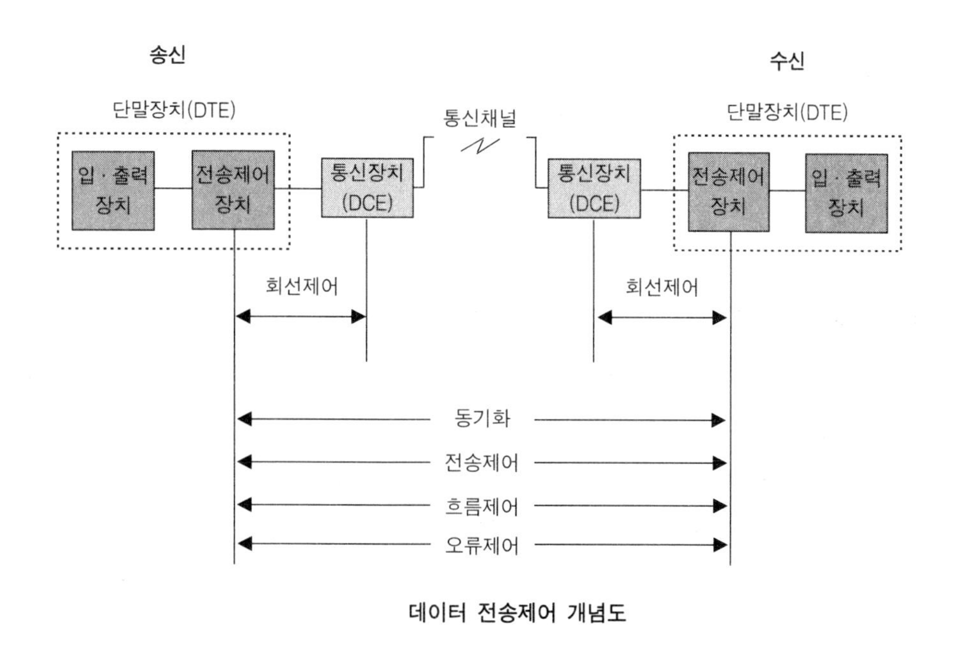

데이터 전송제어 개념도

※ DTE의 구성 : 입·출력장치부, 전송제어장치부(입출력제어부, 회선제어부, 회선접속부)

1.2 데이터전송 제어의 회선구성

데이터 전송제어를 위한 데이터링크 프로토콜은 전송도중 오류발생 시 각 스테이션이 데이터를 원활히 송·수신하기 위한 것이다. 이러한 프로토콜을 사용한 두 스테이션 간의 연결, 즉 데이터 링크(Data Link)는 토폴로지(Topology)와 중첩성(Duplexity) 및 회선규범(Line Discipline), 회선제어 절차에 따라 구분되게 된다.

일반적으로 비트 위주의 데이터링크레벨의 회선구성은 다음과 같은 방식이 있다.

① 토폴로지(Topology)

- 스테이션 간의 전송
  - 포인트 투 포인트
  - 멀티포인트

② 중첩성(Duplexity)

- 단방향 멀티포인트
- 반 이중전송
- 전 이중전송

③ 회선규범(Line Discipline)

- 주 스테이션 - 부 스테이션[예, 호스트-터미널(Host-Terminal)]과 똑같은 수준에 대응되는 스테이션(예, 컴퓨터-컴퓨터)간의 상호작용
- 값이 클 경우(예, 인공위성)와 작은 경우(예, 단거리 직접접속)의 링크

이러한 프로토콜은 다음과 같은 여러 가지 조건을 만족해야 한다.

- 코드 독립성(Code Independence) : 사용자는 전용 데이터용으로 어떤 코드나 비트 패턴을 사용할 수 있어야 한다.
- 적응성(Adaptability) : 여러 가지 형태의 링크와 계속적으로 대두되는 요구 사항들을 지원해 줄 수 있는 형식이 있어야 한다.
- 고효율(High Efficiency) : 오버헤드 비트를 최소화하고, 에러 제어, 흐름 제어를 효율적으로 수행하는 형식이 있어야 한다.
- 고신뢰성(High Reliability) : 강력한 에러 검출과 회복 프로시저(Procedure)를 가져야 한다.

1) 토폴로지(Topology) 회선구성

일반적으로 데이터링크란 한 링크에 접속된 스테이션 간의 물리적인 배열을 의미하게 된다. 이때 두 스테이션간의 연결은 "포인트 투 포인트(Point-to-Point)" 링크라 하며, 두 개 이상의 스테이션 간의 링크는 "멀티포인트(Multipoint)" 링크라 한다.

다음에 포인트 투 포인트링크와 멀티포인트 링크에 대한 개념도를 나타내었다.

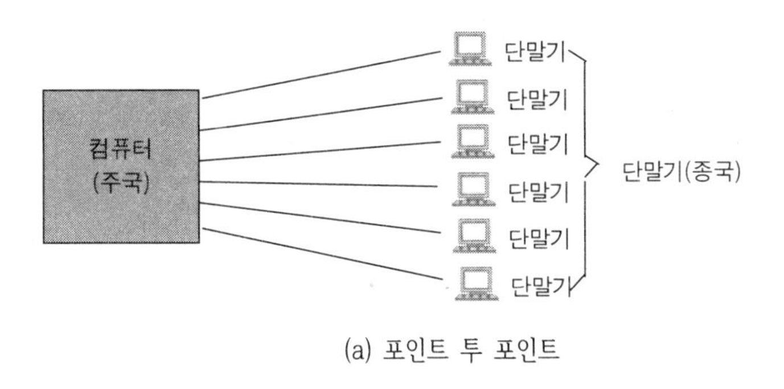

(a) 포인트 투 포인트

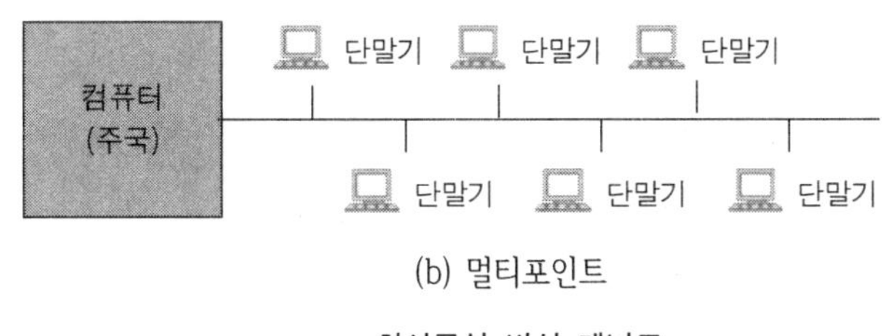

(b) 멀티포인트

회선구성 방식 개념도

그림에서 각 단말기(Terminal)는 주 컴퓨터(Primary Computer)와 지점간의 링크를 가지며, 이때 주 컴퓨터는 각 터미널에 대하여 각각의 독립된 입·출력 장치와 통신 회선을 가져야 한다. 또한 멀티포인트 방식의 경우 주 컴퓨터에 단 하나의 입·출력 장치만을 가지게 되므로 비용절감 효과가 기대되나, 주 컴퓨터와 각 터미널 사이에 통신선로 이상 시 통신 두절 사태가 발생하는 단점이 있다.

다음에 회선 구성 방식의 특성에 대하여 요약하였다.

구성방식	특 성
포인트 투 포인트	• 스테이션 간에 물리적인 연결의 경우와 LAN 또는 모뎀을 사용한 경우로 구분 • 통신속도는 두 스테이션간의 링크 전송속도에 의존 • 저속의 경우 문자지향 정지대기 ARQ 프로토콜이 사용 • 고속의 경우 HDLC인 연속적 ARQ 프로토콜이 사용
멀티포인트	• 주 컴퓨터에 여러 터미널을 연결하는 방식으로 구축 • 동시에 2쌍 이상의 전송 불가 • BSC와 NRM 프로토콜 사용

※ ARQ(Automatic Repeat Request) : 자동반복 요청
BSC(Binary Synchronous Communication) : 문자형 대표적 프로토콜
NRM(Normal Response Mode) : 송신측의 허가 시에만 송신하는 표준응답 모드
HDLC(High Level Data Link Control) : 비트형 대표적 프로토콜

2) 중첩성(Duplexity)

신호 흐름의 방향과 타이밍에 관련되 중첩성은 컴퓨터와 단말기 간의 링크에 대한 개념이다. 즉, 단방향 통신의 경우 단순히 전송만 가능한 방식이며 반이중(Half-Duplex) 통신방식은 전송과 수신이 모두 가능하나 동시에 송·수신이 불가능한 방식으로, 일명 "양방향통신(Two Way Simultaneous)"이라고도 한다. 또한 전이중(Full Duplex) 통신방식은 동시에 송·수신이 가능한 통신방식으로 가장 효율적인 통신방식이다.

다음에 이들 통신방식의 사용 예를 요약하였다.

- 단방향 통신 : 상업용 방송, TV, 호출기(Pager), 컴퓨터↔프린터 사이의 직렬 인터페이스
- 반 이중통신 : 경찰 공공기관에서 사용하는 무전기의 무선시스템(무전기), 팩스, 텔렉스, 휴대용 무선통신기기 등
- 전 이중통신 : 컴퓨터간 통신, 전화

3) 회선규범(Line Discipline)

회선규범은 데이터전송에 필요한 제어 및 절차인 "데이터링크 프로토콜"을 데이터 전송제어의 회선제어 절차에 따라 실행하는 규범으로 토폴로지 회선구성 방식에 따라 설명된다. 즉, 회선규범은 데이터링크 레벨의 회선제어 방식(포인트 투 포인터, 멀티포인터)에 따라 데이터를 송·수신하기 위해 통신의 의사에 따른 상대방의 확인, 전송조건 및 오류에 대한 처리 등 다양한 전송링크 상에서 발생하는 문제들을 제어할 수 있는 기능들의 제어절차이다. 본 장에서는 이 전송제어 방식에서 대표적인 회선제어, 흐름제어 및 오류제어 방식들을 알아보고자 한다.

제2절 데이터전송 회선제어

데이터링크란 데이터링크 제어과정이 진행될 때의 스테이션 간 전송매체를 말한다. 송·수신간의 효율적인 데이터 통신을 위해 데이터링크 회선제어(Circuit Control)가 필요하며, 데이터링크 회선제어에서 요구되는 사항은 다음처럼 나타낼 수 있다.

- 프레임 동기화(Frame Synchronization)
  데이터는 프레임이라는 블록단위로 전송되며 각 프레임의 시작과 끝이 명백히 구분되어야 한다.
- 여러 회선구성과 사용(Variety of Line Configuration)
  토폴로지, 중첩성, 회선 규범에 따라 구분된다.
- 흐름제어(Flow Control)
  송신 스테이션은 수신 스테이션의 최저 속도보다 더 빠르게 프레임을 보내서는 안 된다.
- 오류제어(Error Control)
  전송 시스템에 의해서 발생될 수 있는 비트 에러는 반드시 수정되어야 한다.
- 주소지정(Addressing)
  멀티포인트 회선에서 전송 대상인 두 스테이션은 서로 식별되어져야 한다.

• 동일한 링크에서 데이터와 제어(Control and Data on Same Link)

제어 신호를 위해서 별도의 통신선로를 가지는 것은 바람직하지 않고, 수신기는 전송되는 데이터와 제어 정보를 구분할 수 있어야 한다.

• 링크관리(Link Management)

계속적인 데이터 교환의 개시, 유지, 종료를 위해서 스테이션 간의 조정과 협력이 요구되며 이런 데이터 교환의 관리를 위해 필요한 과정이다.

이러한 데이터링크 회선제어는 링크레벨에서의 통신방법(송 · 수신)에서 필요한 나름대로의 규율을 의미하며 다음과 같다.

2.1 포인트 투 포인트 회선제어

회선제어절차는 기본적으로 다음과 같은 전송제어절차 단계를 거치며 진행된다. 포인트 투 포인트 방식의 회선제어는 중앙의 컴퓨터와 단말기가 독립적으로 연결되어 언제든지 데이터 전송이 가능한 방식으로 주로 전용회선(교환회선)에서 이루어지는 제어방식이다.

1) 회선제어 특성

포인트 투 포인트 회선제어는 한 스테이션에서 다른 스테이션으로 데이터를 전송하고자 할 때 먼저 수신준비가 되며 상대편 스테이션으로 질의(그림에서 ENQ로 표시)를 하게 된다. 그러면 상대편 스테이션은 준비가 되었음을 양(+)의 긍정응답 신호(Acknowledge)를 내보내게 되며 비로소 첫 스테이션은 그림에서 프레임으로 표시된 데이터를 전송하게 된다. 이때 비통기식 통신에서는 문자들의 비통기시 흐름으로 전송되며 첫 스테이션은 데이터 전송 후 잠시 그 결과를 기다리게 된다. 그 후 상대편 스테이션은 데이터를 성공적으로 받았음을 알리는 긍정응답 신호(ACK)를 회송하게 되고 연이어 첫 스테이션은 시스템의 상태를 초기화 시키기 위해 전송 메시지의 종료신호인 “EOT(End of Transmission Message)” 신호를 보내게 된다.

다음에 포인트 투 포인트 링크 회선제어의 개념도를 나타내었다.

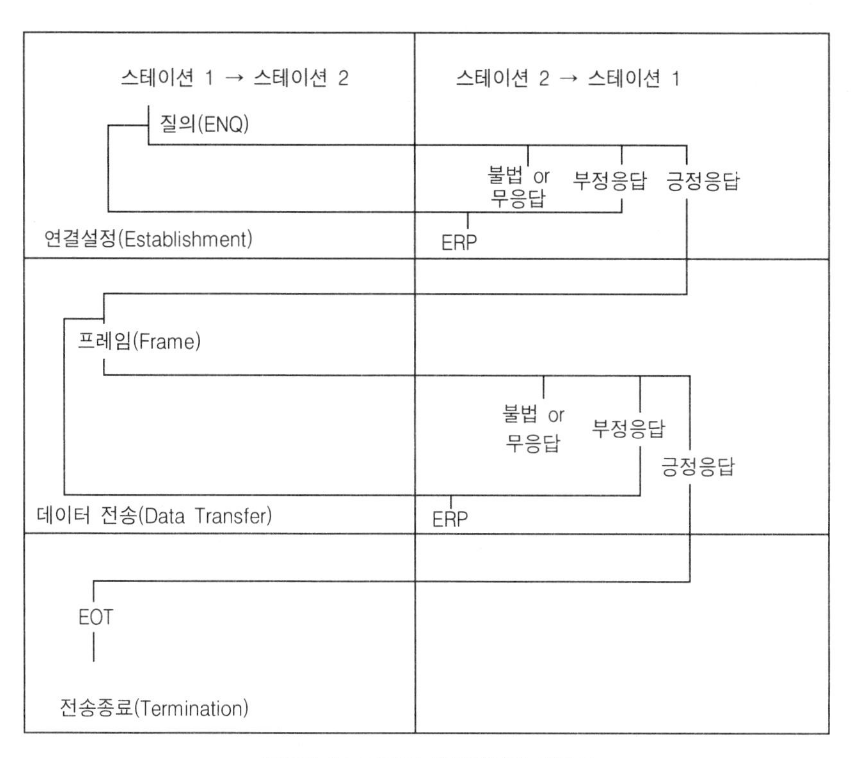

포인트 투 포인트 회선제어의 개념도

※ 질의(ENQuiry), 전송종료(EOT, End of Transmission), 긍정응답(ACK, ACKnowledge), 부정응답(NAK, Negative AcKnowledge), 오류회복 절차(ERP, Error Recovery Procedure)

그림에서, 한 스테이션이 상대편 스테이션에게 전송준비가 완료된 상태에서 그 확인 신호를 요구할 때 상대편 스테이션에서 부정응답 신호인 음(-)의 "NAK(Negative Acknowledge)" 신호를 전송하여 스테이션의 준비가 안 된 상태이거나 오류가 포함된 데이터를 수신했음을 알리게 된다. 또한 한 스테이션이 응답하지 못하거나 잘못된 메시지에 반응할 수 있으며, 음(-)의 NAK 신호 전송 이후 재 동작을 시도하거나 오류회복 절차(ERP, Error Recovery Procedure)를 시작하여 회선제어 절차를 거쳐 데이터를 전송하고 시스템을 초기화시켜 논리적 접속을 끊는 종료신호로서 끝나게 된다.

2) 회선제어 과정

회선제어절차는 기본적으로 다음과 같은 전송제어절차 단계를 거치며 진행된다. 통신회선 접속은 네트워크를 통한 물리적 접속(호출)을 수행하고 데이터링크 설정은 단말장치(DTE)의 통신회선(DCE)에 대한 송신준비 요구와 응답을 통하여 데이터를 전송하고 데이터전송이 완료되면 데이터링크의 종료를 하는 과정으로 이루어진다.

전송제어 과정

제어절차 \ 특성		내 용
연결설정	통신회선 접속	네트워크를 통한 물리적 접속, 호출
	데이터링크 설정	제어정보의 교환 • 수신측의 호출 • 정확한 수신측 여부 확인 • 수신측의 데이터 전송 준비상태 확인 • 송·수신 상태 확인 • 수신측 입출력 기기 지정
데이터 전송	데이터 전송	데이터 전송과 확인 등으로 문자동기 유지
전송종료	데이터링크의 종료	스테이션간의 논리적 접속을 종료
	통신회선 단절	네트워크에서 호출 단절

여기에서는 대표적인 3가지 단계의 회선제어에 대하여 알아보고자 한다.

- 연결설정(Link Establishment)
  스테이션의 송·수신측을 판단하고 수신측의 수신 상태를 판단한다.
- 데이터 전송(Data Transfer)
  실제 전송하고자하는 데이터를 블록단위로 전송한다.
- 전송종료(Transmission Termination)
  송·수신측의 링크를 해제한다.

(1) 연결설정(Link Establishment)

한 스테이션이 다른 스테이션으로 데이터 전송시 수신축의 데이터 수신 상태를 알아보는 과정으로서 질의와 확인으로 구성된다.

- 질의(Enguiry) : 한 스테이션이 다른 스테이션의 수신준비 상태를 문의
- 승인(ACK 또는 NAK) : 한 스테이션의 질의에 대해 긍정응답 신호(ACK)나 수신불가

메시지인 부정응답 신호(NAK)를 전송
- 긍정응답 신호(ACK, Acknowlegement)
- 부정응답 신호(NAK, Not ACKnowledgement)

(2) 데이터 전송(Data Transter)

한 스테이션이 다른 스테이션으로부터 긍정승인(ACK) 신호 수신시 실제 전송하고자 하는 데이터를 전송하는 과정이다.

(3) 전송 종료(Transmission Termination)

데이터 전송 종료시 한 스테이션에서 다른 스테이션으로 데이터 전송을 종료(EOT)하는 과정으로, 스테이션간의 논리적 접속을 끊고 초기상태로 복귀하는 과정이다.

※ 전송 종료(EOT, End of Transmission)

2.2 멀티포인트(Multipoint Link) 회선제어

멀티포인트링크 회선제어는 주스테이션의 유·무에 따라 다르며 주스테이션의 있을 경우 폴형과 선택방식을 사용하고 없을 경우에는 경쟁방식을 사용하게 된다. 이때 주 스테이션과 부 스테이션간에 데이터를 교환하게 되며, 부 스테이션간의 데이터 교환은 이루어지지 않게 된다.

1) 회선제어 특성

멀티포인트 회선제어는 다중화기와 다중화 기법이 필요한 통신방법으로 여러 대의 단말기들을 하나의 통신회선에 연결하여 제어하는 방식이며, 기본적으로 다음과 같은 전송제어절차 단계를 거치며 진행된다.

다음의 멀티포인트 회선제어 방식은 주 스테이션과 부 스테이션 간의 데이터 교환시 사용되는 회선제어 과정이다. 즉, 주 스테이션이 폴(Poll) 메시지를 보내어 각 스테이션이 전송할 데이터가 있는지 여부를 묻게 되면 부 스테이션이 전송할 데이터가 있는 경우 긍정응답 신호인 "ACK" 신호를 주 스테이션으로 보내어 수신준비가 완료되었음을 통보하며, 주 스테이션은 부 스테이션에게 보낼 데이터를 준비하고 선택신호가 짧은 메시지를 수회에 걸쳐 전송하여 데이터 전송이 이루어지게 됨을 나타내고 있다. 멀티포인트 회선제어방식은 주 스테이션에 의해 폴링과 선택제어 방식에 따라 회선제어가 이루어지는 방법으로, 신속한 선택제어(Fast Select)는 주 스테이션에서 여러 번의 데이터 전송이 필요한 경우 메시지와 전송 데이터를 함께 전송하는 방식으로, 짧은 데이터 메시지를 여러 번 전송하고, 메시지 전송시간이 응답 시간보다 길지 않는 경우에 많이 사용된다.

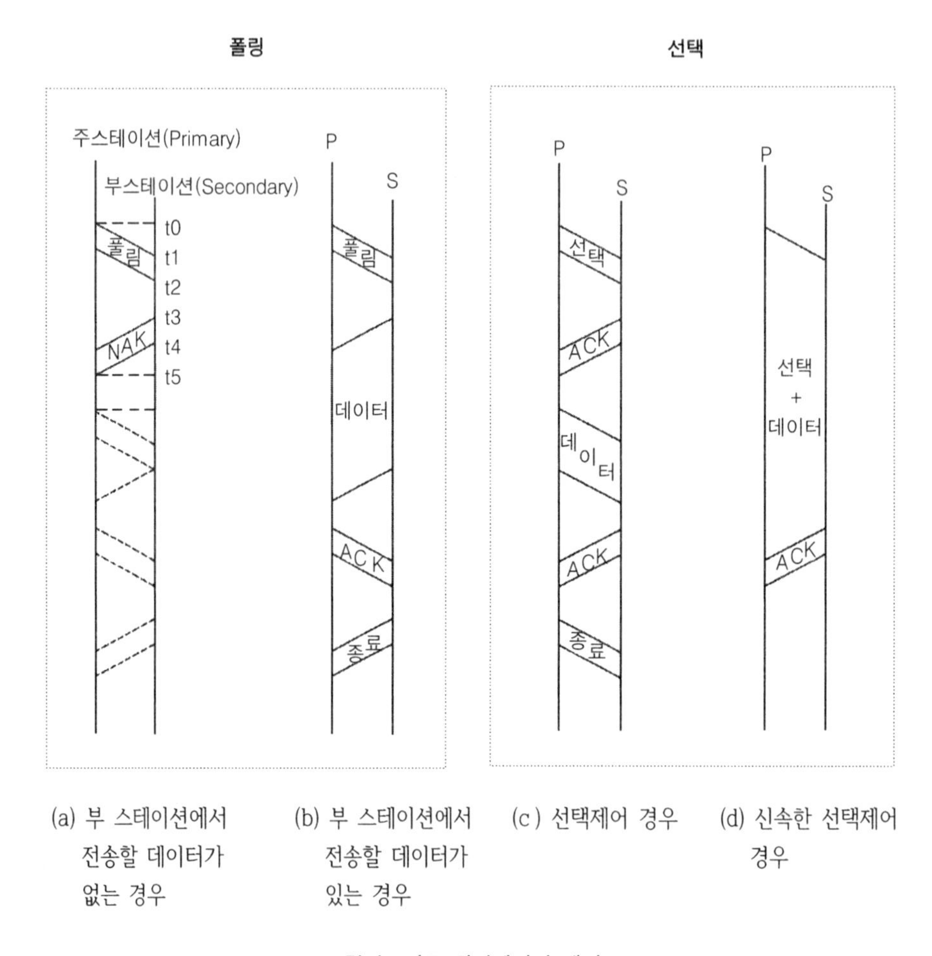

(a) 부 스테이션에서 전송할 데이터가 없는 경우 (b) 부 스테이션에서 전송할 데이터가 있는 경우 (c) 선택제어 경우 (d) 신속한 선택제어 경우

멀티포인트 회선제어의 개념도

멀티포인트 회선제어의 전체시간 T_N은 다음과 같이 나타낸다.

$$T_N = t_{prop} + t_{poll} + t_{proc} + t_{nak} + t_{prop}$$

T_N : 보낼 것이 없는 터미널을 폴링하는데 걸리는 전체 시간

t_{prop} : 전파시간(=$t_1 - t_0 = t_5 - t_4$)

t_{poll} : 한 개의 폴을 보내는데 걸리는 시간(=$t_2 - t_1$)

t_{proc} : 긍정응답 신호(ACK)를 보내기 전에 폴을 처리하는 시간(=$t_3 - t_2$)

t_{nak} : 부정응답 신호(NAK를 보내는데 걸리는 시간(=$t_4 - t_3$)

그림 (b)는 부 스테이션에서 전송할 데이터가 있는 경우로서 이때 시간은 다음과 같다.

$$T_p = 3t_{\text{prop}} + t_{\text{poll}} + t_{\text{ack}} + t_{\text{data}} + 2t_{\text{proc}}$$

$$= T_N + t_{\text{prop}} + t_{\text{data}} + t_{\text{proc}}$$

단, 간략화를 위하여 메시지에 응답하는 데 걸리는 처리시간은 일정하다고 가정한다.

2) 회선제어 과정

다음에 멀티포인트 회선제어 과정을 나타내었다. 멀티포인트 회선제어는 주로 주 스테이션에 의해 폴과 선택방식으로 제어가 이루어지며, 공통 통신회선 사용시 스테이션 간의 데이터 전송요구가 빠른 것부터 처리하는 경쟁 방법이 사용되고 있다.

- 폴링(Polling) : 주 스테이션이 부 스테이션에게 데이터를 요구하는 방법이다.
- 선택(Select) : 주 스테이션이 부 스테이션에게 전송준비 완료 후 부 스테이션에게 데이터를 전송할 것임을 통보하는 방법이다.
- 경쟁(Contention) : 공통통신회선 사용시 스테이션 간의 데이터 전송요구가 빠른 것부터 처리하는 방법이다.

(1) 폴링(Polling)

주스테이션이 부 스테이션에게 전송할 데이터가 있는지 여부를 물어보는 방식으로 부스테이션은 전송 데이터가 있으면 전송(그림(b))하고 전송종료(EOT) 프레임을 주 스테이션에게 전송하고 종료하게 되며, 전송 데이터가 없으면 부정응답 신호 "NAK"을 전송하여 폴링에 대한 불가신호를 전송(그림(a))하게 된다.

(2) 선택(Select)

주 스테이션에서 부 스테이션으로 보낼 데이터가 있는 경우 부스테이션의 수신준비상태를 확인하는 경우로서 주스테이션이 데이를 준비 후 부스테이션에게 선택(Select)을 전송하면 부스테이션이 수신준비가 되면 긍정응답 신호 "ACK"를 전송(그림(c))하여 제어하게 된다. 이때

신속한 선택제어의 경우(그림(d)) 주 스테이션은 부 스테이션이 정보수신 상태로 가정하여 전송데이터 내에 선택(Select)를 포함하여 제어하는 방법이다.

(3) 경쟁(Contention)

여러 스테이션들이 공통의 통신회선을 사용하는 경우 회선접속을 위해 서로 경쟁하는 방식으로 통신요구가 제일 빠른 스테이션부터 처리하는 방법(경쟁)이다. 이 방식은 로컬네트워크와 인공위성 통신 네트워크에서 많이 사용되며 ALOHA 시스템이 대표적인 예이다.

※ ALOHA(Additive Links Online Hawaii Area)

제3절 데이터전송 흐름제어

송·수신간의 처리속도 차이나 수신측 버퍼크기의 제한에 의해 발생 가능한 정보의 손실을 방지하기 위한 제어기술이 "흐름제어(Flow Control)" 방식이다. 흐름제어는 송신측이 긍정응답 신호(ACK)를 받기 전에 보낼 수 있는 데이터의 양을 제한하기 위한 일련의 절차이다. 이러한 흐름제어 및 오류제어(데이터 재 전송을 요구하는 ARQ를 기반으로 함)를 위해 사용되는 프로토콜은 다음과 같이 분류한다.

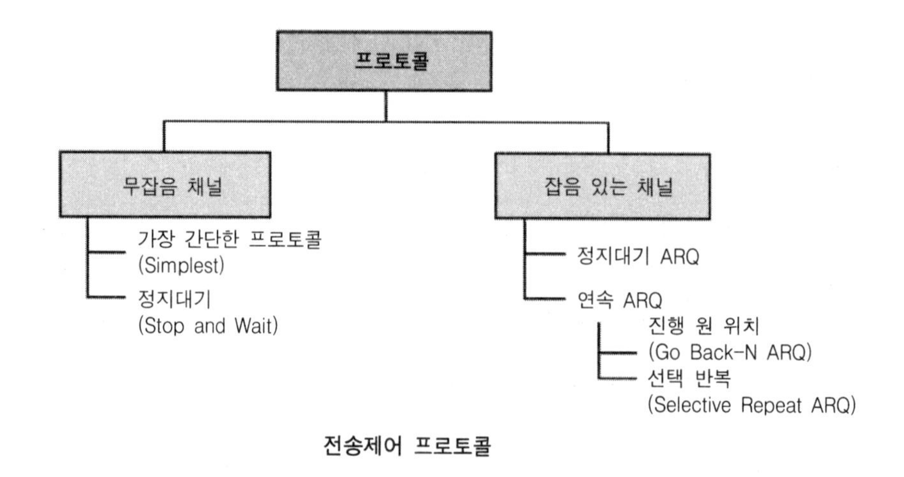

전송제어 프로토콜

※ 자동반복 요청(ARQ, Automatic Repeat Request)

흐름제어는 송신측(주스테이션)과 수신측(부스테이션) 간에 처리속도 차이에 의해 발생되는 문제를 해결하기 위한 기능으로, 데이터 통신에서 송신측의 데이터 전송시 수신측의 용량이상으로 데이터가 넘치지 않도록 제어하는 방법이며 수신측은 데이터 버퍼 길이를 최대로 할당하게 된다. 수신측의 경우 수신 데이터의 처리 이후에는 버퍼를 비워(그림(a)의 수신부 도착시간 4이후 부분) 또 다른 데이터를 수신할 수 있도록 하여야 한다. 이때에 만약 송신측에 대한 이러한 제어가 없으면 이전의 데이터를 처리하는 동안에 수신기의 버퍼가 오버플로우가 되게 된다. 다음에 송신측(주 스테이션)의 제어에 대한 개념도를 그림으로 나타내었다.

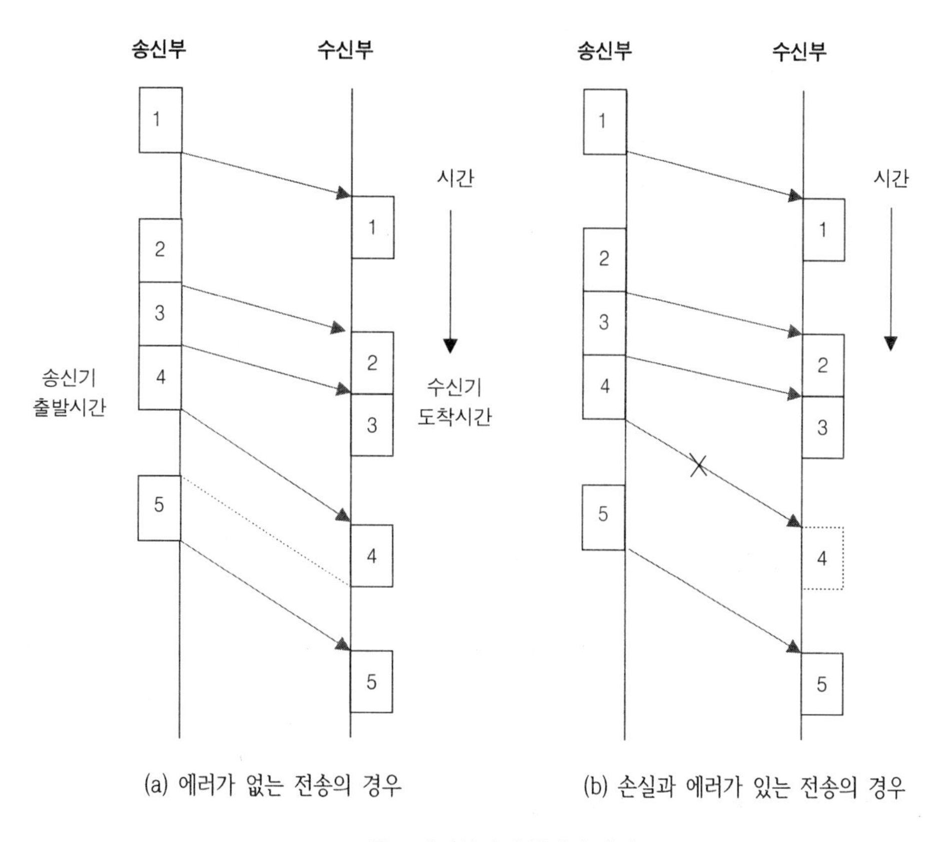

(a) 에러가 없는 전송의 경우
(b) 손실과 에러가 있는 전송의 경우

주 스테이션의 흐름제어 개념도

그림에서 종축은 시간순서를 나타내어 시간의존성에 대한 정확한 송·수신 관계를 나타내었다. 이때 화살표는 두 스테이션간의 데이터링크를 통과하는 단일프레임을 의미하게 된다. 데이터 전송흐름제어에 대한 내용은 다음과 같다.

- 모든 데이터는 데이터부분과 프레임(제어정보를 포함하고 있음)으로 구성된다.
- 프레임은 보내는 순서대로 도착된다.
- 수신 측에서는 수신 완료 후 계속적인 데이터를 받겠다는 의사 표시를 하여야 한다.

※ 단, 모든 전송은 어떠한 프레임에서도 오류없이 수신되는 것으로 가정한다.

일반적인 경우 데이터의 전송효율을 높이기 위해 한 개의 연속적인 블록이나 프레임으로 메시지를 전송하게 되는데 그 이유로는 다음과 같은 것이 있다.

- 전송이 길면 길수록 에러가 날 확률이 높기 때문에 전체 블록의 재전송이 필요하며 블록이 작으면 블록 당 에러는 더 작은 확률로 일어나게 되고, 재전송되어야 하는 데이터는 줄어들게 된다.
- 멀티포인트 회선의 경우 대개 한 스테이션이 오랫동안 회선을 독점해서 다른 스테이션이 오랫동안 대기하게 하는 것은 전송방식의 효율적인 측면에서 요구되지 않는다.
- 수신 측의 버퍼의 크기는 제한되어야 하며 이는 전송효율과 관계가 있기 때문이다.

데이터전송 흐름제어 방법에는 정지대기 흐름제어 방법과 슬라이딩 윈도우 방식이 있다.

- 정지대기 흐름제어(Stop and Wait ARQ)
- 슬라이딩 윈도우(Sliding Window)

3.1 정지대기(Stop and Wait) 흐름제어

송신측(주 스테이션)이 수신측(부스테이션)에 하나의 블록을 전송한 후 수신측으로부터의 응답을 기다리는 방식이다. 즉, 송신측에서 보낸 프레임에 대해 긍정응답 신호(ACK)를 받은 후에 다음 프레임을 전송하는 제어 방식이며, 긍정응답 신호(ACK)가 전송되어야만 다음 프레임을 전송하며 부정응답 신호(NAK)를 수신하면 블록을 재 전송하게 된다. 그러므로 수신측의 부 스테이션은 긍정응답 신호(ACK)를 통하여 송신측의 프레임 전송을 제한할 수 있게 된다.

정지대기 흐름제어 방식은 한 개의 연속적 블록이나 프레임단위로 메시지 전송시 효율적이나 수신측 버퍼크기가 제한되므로 긴 메시지 경우 여러 개로 잘라서 전송해야 한다.

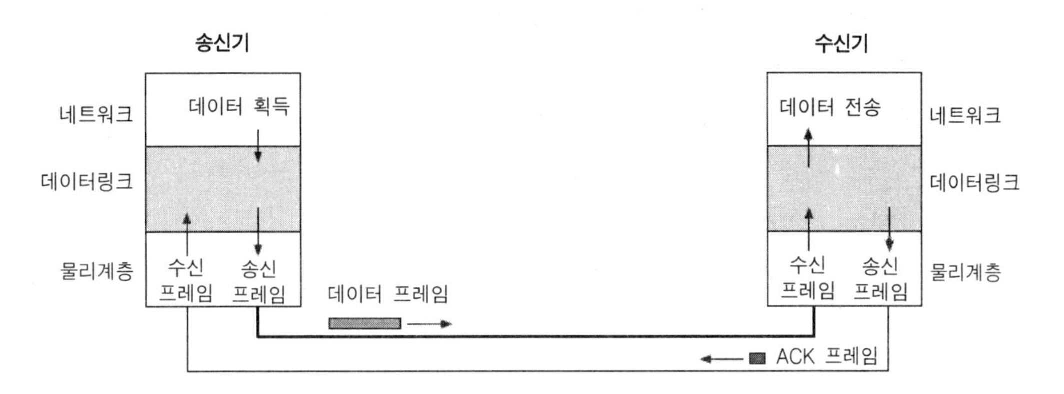

정지대기 흐름제어 개념도

데이터 전송과정 설명은 다음과 같다.

- 송신측이 수신측에게 프레임 '0'를 전송
- 수신측이 송신측에게 긍정응답 신호(ACK)를 전송
- 이들 과정을 반복

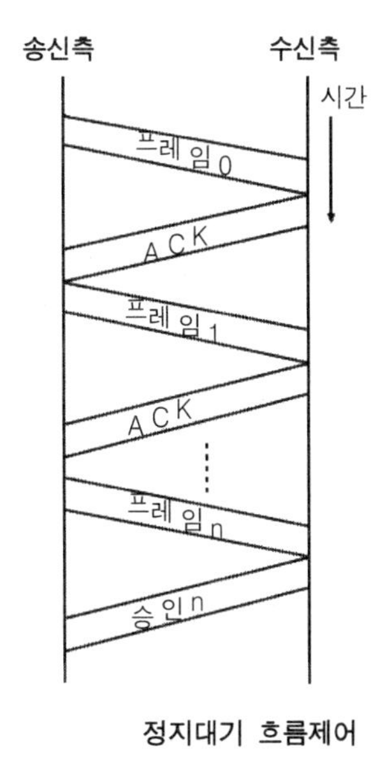

정지대기 흐름제어

정지대기 흐름제어 방식의 특성은 다음과 같다.

- 장점 : 구현방법이 간단하고 송신측 내에 최대 프레임 크기 버퍼를 1개만 설정해도 가능

• 단점 : 송신측이 기다리는 시간이 길어져 전송효율 저하
• 특성
  - 송신측에서 각 프레임을 하나씩 보내고 수신측으로부터 확인응답(ACK or NAK)을 받는 방식
  - 한번에 한 개의 프레임만 전송
  - 수신측으로부터 부정응답 신호(NAK) 수신시 프레임 재 전송

3.2 슬라이딩 윈도우 흐름제어

슬라이딩 윈도우 흐름제어(Sliding Window)는 송신측(주 스테이션)에서 전송한 프레임에 대해 수신측(부스테이션)에서의 확인 메시지를 이용하여 송신측의 크기와 속도를 조절하는 방식이다. 즉 "윈도우(Window)"라는 개념을 사용하여 윈도우 크기 개수만큼의 프레임을 연속하여 전송할 수 있으며, 초기화 시 윈도우를 최대 윈도우 크기로 설정하여 송신측에서 프레임을 전송할 때마다 윈도우 크기를 하나씩 줄이고 긍정응답 신호(ACK)가 접수될 때마다 윈도우를 하나씩 늘려 윈도우가 있는 한 계속 프레임을 전송하는 흐름제어라는 의미에서 "슬라이딩 윈도우 흐름제어"라 한다.

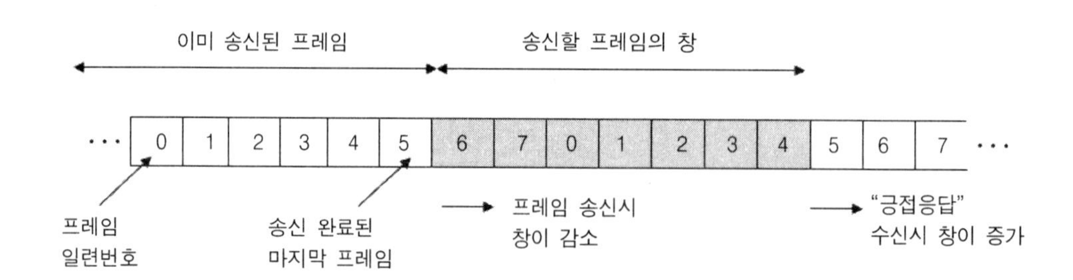

슬라이딩 윈도우 흐름제어(송신측) 개념도

> ※ 윈도우(Window)란?
> 송신측에서 수신측의 응답(ACK & NAK) 없이 전송할 수 있는 최대 프레임의 크기를 의미하며 전송 가능한 최대 프레임수를 "최대 윈도우 크기"라고 한다

슬라이딩 흐름제어는 송신측에서 전송할 수 있는 프레임의 개수와 수신측에서 수신할 수 있는 프레임의 개수를 같은 창으로 표시하는 송신용 창과 수신용 창을 가져야 하고, 최대 프레임수를 크기로 정해줌으로써 수신측으로부터 확인 메시지를 받지 않더라도 창에 표시된 크기만큼을 계속 전송할 수 있는 방식이다. 이때 창의 크기는 프레임의 순서번호에 할당된 비트수에 의존하며 비트수가 n이면 2^n-1의 프레임수로 정해지게 된다. 다음에 3개의 비트수가 할당된 경우, 즉 전송 가능 창의 크기가 7인 슬라이딩 창의 예를 나타내었다. 즉, 한번에 여러 개의 프레임을 전송함으로서 한번에 단 하나의 프레임을 전송할 수 있는 기존 방식에 비해 상당히 전송효율이 높다.

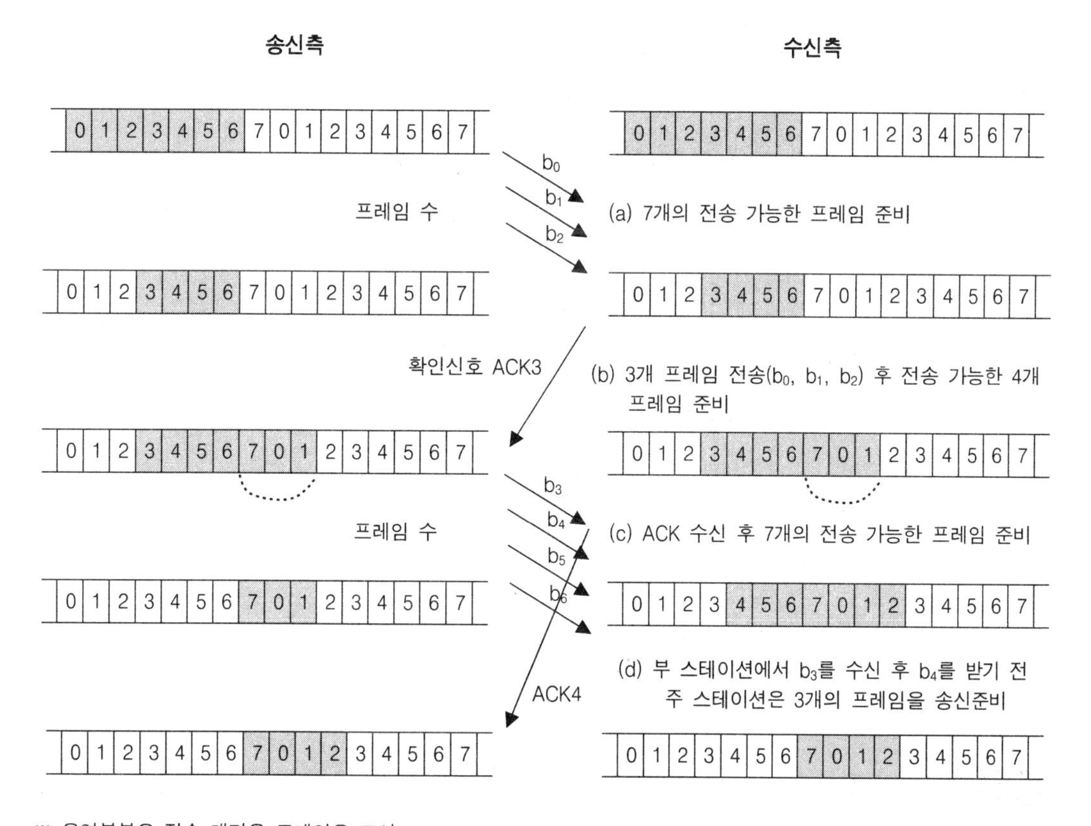

※ 음영부분은 전송 대기용 프레임을 표시

슬라이딩 윈도우 흐름제어 개념도

그림에서 사각 음영은 전송 대기용 프레임을 표시하며 송신측에서 음영부분이 전송될 때마다 전송 대기용 프래임(음영부분)은 줄어들며, 새로운 긍정응답 신호(ACK)를 받을 때마다 전송대기용 프레임(음영부분)은 2^n-1(3비트 경우 2^3-1=7비트)만큼의 숫자로 증가하게 된다. 즉, 송신측의 b_0, b_1, b_2가 전송되면 프레임은 7개가 부 스테이션에 전송(그림(a)) 가능하게 되고 3개의 프레임 전송 후 4개의 전송 가능한 프레임을 준비(그림(b))하며, 송신측은 수신측에서 "ACK 3"를 받게 되면 다시 3비트 할당에 의해 7개의 프레임이 만들어지고 다시 b_3, b_4, b_5, b_6 프레임이 전송되면 송신측은 다시 b_0, b_1, b_2, 프레임인 7, 0, 1 프레임에 대한 전송준비를 하고 수신측은 b_3를 받고 b_4 수신 전에 송신측에 "ACK4"를 전송하여 송신측이 다시 전체 4개의 프레임(3, 4, 5, 6)을 전송 후 나머지 3개의 프레임(7, 0, 1)을 전송 가능하게 함으로서 수신측은 송신측의 전송 가능 프레임수를 제한할 수 있게 된다.

슬라이딩 윈도우 흐름제어의 특성은 다음과 같다.

- 장점 : 여러 개의 프레임을 동시에 전송하므로 전송효율 우수
- 단점 : 수신측으로부터의 피드백이 전혀 없어 송신측 메시지 송신여부 확인 불가
- 특성
  - 수신측으로부터 응답 메시지가 없더라도 미리 약속한 윈도우의 크기만큼의 데이터 프레임을 전송
  - 송·수신 윈도우 사이즈 동일
  - 수신측에서는 확인 메시지를 이용하여 송신측 윈도우의 크기를 조절, 전송속도 제한
  - 송·수신측의 버퍼를 이용한 전송방식
  - 수신측의 응답방식은 포괄적 수신확인 허용

제4절 데이터전송 오류제어

데이터 전송시 각종 감쇄(전송매체 전송과정에서 발생), 잡음(백색, 누화, 충격 잡음), 지연왜곡(유선매체 발생) 등에 의해 생성된 오류를 검출하고 오류를 정정하는 것을 "오류제어(Error Control)"라 하며 다음과 같이 분류된다.

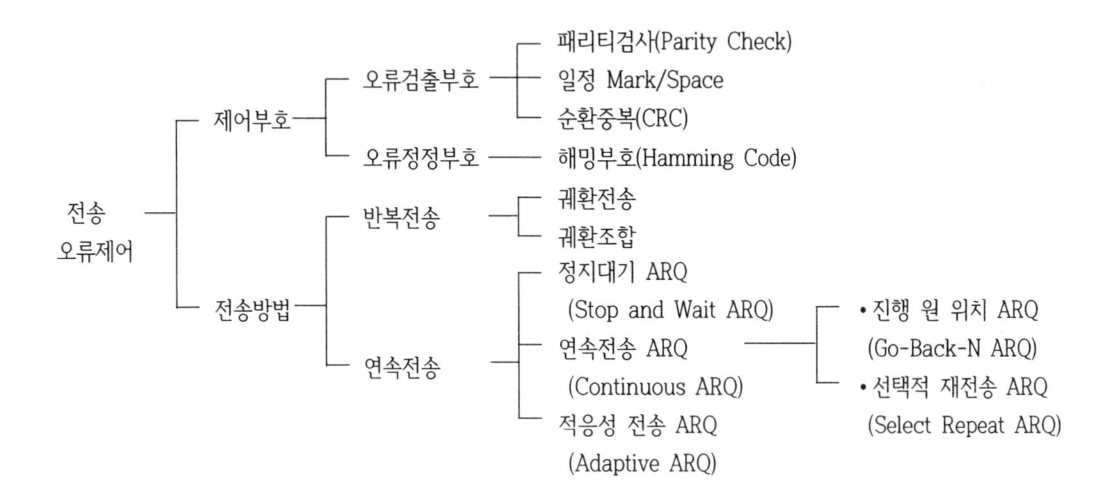

이때 Go Back-N ARQ와 선택적 반복 ARQ는 슬라이딩 윈도 기술인 연속 ARQ의 변형 방식이다.

4.1 전송오류의 검출

데이터 전송시 여러 원인에 의해 발생되는 오류가 수신측에서 검출되지 못하면, 수신 데이터는 정확성이 없어지게 된다. 이때 발생되는 오류 중 프레임에 의한 오류로는 다음과 같은 것이 있다.

- 프레임의 상실 오류
  다른 쪽에 도착되지 않는 프레임과 잡음에 의한 오류 발생으로 이때 수신기록에서는 데이터의 송신 여부를 확인할 수 없다.
- 프레임의 손상오류
  송신측에서 데이터 송신 후 수신측에 도착된 프레임이 전송중 손상된 경우로, 몇 개의 비트에 오류가 발생하는 오류이다.

4.2 전송오류의 제어

오류제어란 검출된 오류를 보정하는 절차를 의미하며, 오류검출은 주로 순환중복검사(CRC) 방법을 사용하여 검출하고 오류제어는 자동반복요청(ARQ)에 의하여 이루어지게 된다. 다음에 오류발생시의 오류제어방법에 대하여 나타내었다.

- 오류검출에 순환중복검사(CRC, Cyclic Redundancy Check) 방법을 사용하여 오류를 검출한다.
- 데이터 전송시 긍정응답 신호(ACK)로 전송한다.
- 타임아웃 후의 재전송
  긍정응답 신호(ACK)로 전송이 안 된 경우 프레임을 미리 정해진 시간에 재전송하게 한다.
- 에러 검출 프레임에 대한 부정응답 신호(NAK) 재전송
  수신측에서 오류가 검출된 프레임의 경우 부정응답 신호(NAK)를 송신축에 재전송한다. 즉, 이러한 방법을 자동반복요청(ARQ, Automatic Repeat Request)이라 한다.

다음에 자동반복요청(ARQ)에 대한 방법을 알아보면 다음과 같다.

- 정지대기 ARQ(Stop and Wait ARQ)
- 진행 원 위치 ARQ(Go-back-N Continuous ARQ)
- 반복 ARQ(Selective Repeat Continuous ARQ)
- 적응성 ARQ(Adaptive ARQ)

이들 형태는 송신측의 제어에 근거하게 되며 각각에 대한 설명은 다음과 같다.

1) 자동반복요청(ARQ)

자동반복요청은 송·수신 과정에서 데이터오류를 확인하였을 때, 재전송을 요청하는 것이다. 전송데이터의 오류제어 방법으로 사용되는 대표적 방법으로서 수신측에서 오류발생 정보가 송신측에 전송되면 오류발생 블록은 재전송하는 방식으로 다음의 3가지 방법이 사용된다.

- 정지대기(Stop and Wait) ARQ 방식
- 연속적(Continuous) ARQ 방식
  - 진행 원 위치(Go-Back-N) ARQ
  - 선택적 반복(Selective Repeat) ARQ
- 적응성(Adaptive) ARQ 방식

(1) 정지대기 ARQ

오류제어 방식 중 가장 단순한 방법인 정지대기 ARQ는 송신측에서 한 개의 프레임을 전송 후 수신측으로부터 오류발생을 점검하여 응답신호(ACK or NAK)가 올 때까지 기다리는 방식이다. 즉, 수신측에서 오류검출을 통하여 송신측에 긍정응답 신호(ACK)를 전송하면 송신측은 다음의 데이터 블록을 전송하거나 오류발생 블록을 재전송하며, 부정응답 신호(NAK)를 전송하면 더이상의 프레임을 보내지 않게 된다.

또한 이 방법은 내부의 회로에 타이머(Timer)가 부착되어 있어 일정한 약속시간 후에도 전송프레임 잡음에 의해 응답신호(ACK or NAK)가 수신되지 않을 경우에 긍정응답 신호(ACK)를 발송치 않는 단점을 보완할 수 있다.

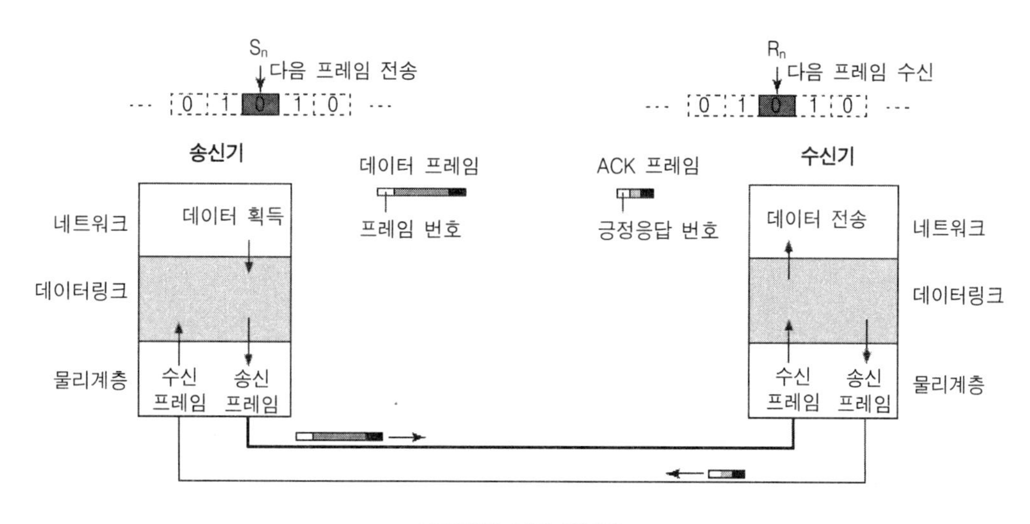

정지대기 ARQ 개념도

즉, 송신측에서 데이터 전송 후 일정시간이 경과한 후에도 "ACK" 신호가 도착되지 않으면 오류로 판단하여 바로 전송 프레임을 재전송하여 "ACK" 신호의 발송여부를 확인하게 된다.

이러한 정지대기 방법의 특성은 다음과 같다.

- 장점 : 회로의 단순성
- 단점 : 블록 전송시마다 수신측의 응답을 기다려야 하는 통신효율의 비효율적 프로토콜

• 특성

- 흐름제어 방식 중 가장 간단한 형태
- 한번에 한 개의 프레임만 전송
- 한 개의 연속적인 블록이나 프레임으로 메시지 전송시 효율적
- 전송되는 프레임의 수가 한 개이므로 송신측이 기다리는 시간이 길어져 전송효율 저하
- 송·수신측 간의 거리가 멀수록 각 프레임 사이에서 응답을 기다리는 낭비시간으로 효율저하

다음에 정지대기 ARQ의 오류제어를 그림으로 나타내었다.

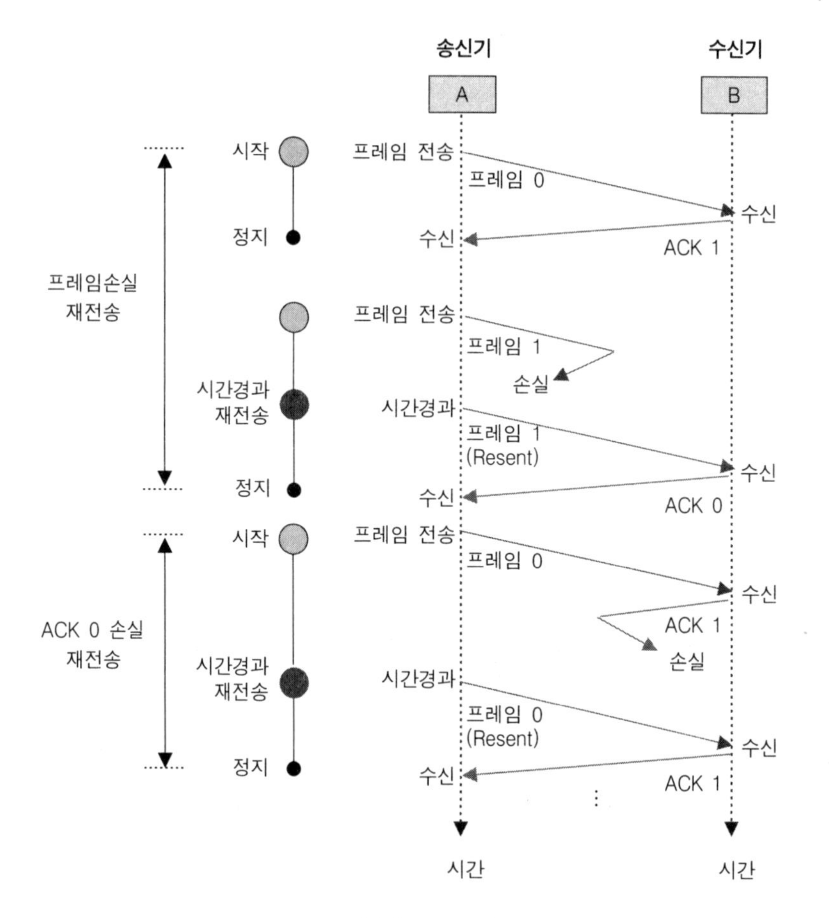

정지대기 ARQ의 오류제어

그림에서의 동작과정은 다음과 같이 요약된다.

① 송신측에서 한 개 프레임을 전송하면 수신측에서 프레임을 오류없이 수신하고 "ACK1"로 응답한다.

② "ACK"가 전송중에 손상되어 송신측이 받지 못하면, 송신측은 같은 프레임을 재전송하며 따라서 수신측은 같은 프레임을 두 번씩 수신하게 된다.

③ 즉, 동일 프레임 수신의 문제점을 피하기 위해 프레임에 교대로 '0'과 '1' 번호를 붙여(ACK 0, ACK 1) 나타낸다.

④ 송신된 프레임은 수신측의 응답신호(ACK0, ACK1)의 전송으로 수신기가 '0(1)'번호의 프레임을 받을 준비가 되었음을 표시하게 된다.

(2) 연속적 ARQ

연속적 ARQ는 정지대기 ARQ의 오버헤드를 줄이기 위해 "ACK"에 무관하게 계속 프레임을 전송하여 전송효율을 증대시키기 위한 방식이다. 즉, 연속적으로 블록을 전송하여 수신측에서는 부정응답에 대한 결과만 송신하는 방식이다. 여기에는 다음의 2가지 방법이 사용된다.

- 진행 원 위치(Go-Back-N) ARQ
- 선택적 반복(Selective Repeat) ARQ

① 진행 원 위치(Go-Back-N) ARQ

이 방법은 연속적인 ARQ의 변형방법으로 전송할 프레임을 한번에 여러 개를 전송하며 수신측에서 부정응답 신호(NAK)을 보내오면 오류가 있는 프레임 이후부터 재 전송하는 방식으로, 전송시 오류가 발생하지 않으면 연속적인 송신이 가능한 방식이다.

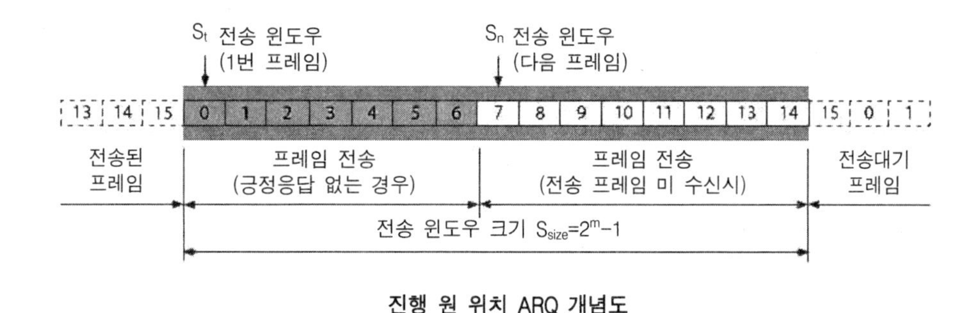

진행 원 위치 ARQ 개념도

즉, 송신측에서 순서번호가 부여된 프레임을 수신측에 전송하며 수신측에서 오류가 없는 경우 긍정응답 신호(ACK)를 송신측에 보내고 수신측에서 오류 발생시 부정응답 신호(NAK)를 송신측에 보내면 송신측은 오류발생 데이터 프레임 이후에 전송한 모든 프레임을 재 전송하게 된다.

다음에 연속적인 진행 원 위치 ARQ의 오류제어를 그림으로 나타내었다.

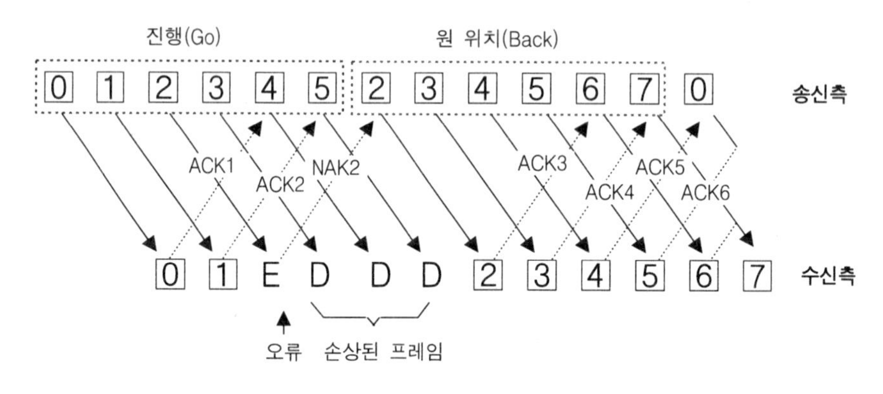

연속적인 진행 원 위치 ARQ의 오류제어

오류제어도에서 송신측이 프레임 0, 1, 2, 3, 4, 5를 전송하는 경우 수신측은 프레임이 정상적으로 수신되었다면 '0'을 수신한 후 "ACK1"을 송신측에 발송하고 '1'을 수신 후 다시 "ACK2"를 발송하게 된다.

그러나 '2'를 수신하였을 때 오류가 발생하면 부정응답 신호(NAK2)를 전송하여 송신측에 오류발생을 알리게 된다. 그러면 송신측은 다시 "NAK2"에 해당되는 프레임부터 다시 6개의 프레임을 준비하여 수신측으로 전송하며, 송신측이 모두 긍정응답 신호(ACK)를 받으면 8개의 프레임 모두 정상 수신된 것으로 인식하게 된다. 다음에 진행 원 위치 ARQ의 특성을 요약하였다.

- 장점 : 수신응답 대기의 오버헤드 감소
- 단점 : 프레임 손상이 빈번한 링크에서는 많은 수의 프레임이 재 전송되어야 하는 비효율성
- 특성
  - 프레임 수신은 순차적
  - 프레임에 순서번호 삽입

- 포괄적 수신확인
- 오류 발생 프레임부터 모두 재 전송

② 선택적 반복 ARQ

전송할 프레임을 한 번에 여러 개를 전송하며 수신측에서 부정응답 신호(NAK)를 보내면 오류가 있는 프레임만을 재전송 요청하는 방식으로, 재 전송되는 프레임의 양을 최소화하여 주므로 일반적으로 효율적인 방식이다. 이 방법은 진행 원 위치 ARQ 방법보다 더욱 효율적인 방법으로 부정응답 신호(NAK)를 수신하였거나 타임 아웃된 경우의 전송방법에 주로 사용된다.

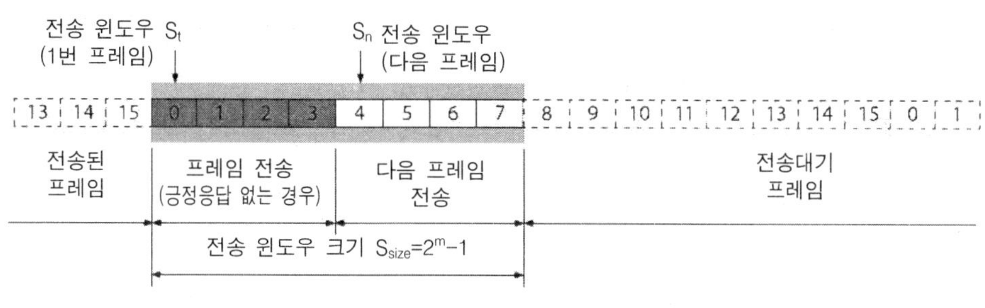

선택적 반복 ARQ 개념도

선택적 반복 ARQ 방식은 원 위치 ARQ 방법에 비하여 재전송 양을 최소화하므로 더욱 효율적인 방법이나, 오류발생시 수신측 데이터를 원래대로 복구하기 위해 추가 버퍼장치가 필요하다. 다음에 오류제어를 그림으로 나타내었다.

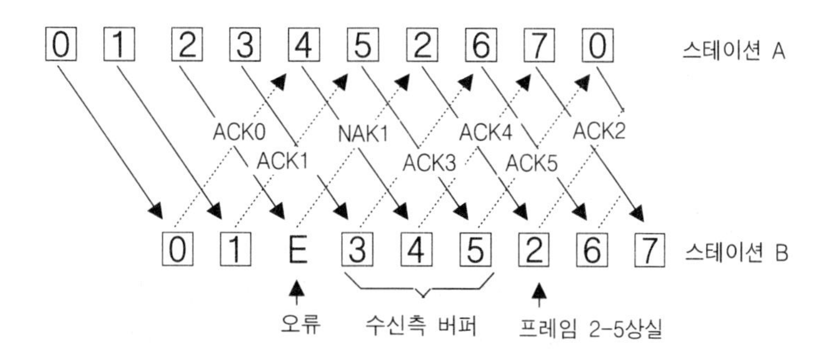

선택적 반복 ARQ의 오류제어

즉, 이 방법에서 "ACK" 신호는 전의 모든 프레임을 일시적으로 긍정응답 신호(ACK)를 전송하므로 프레임 순서가 바뀌어도 부정응답 신호(NAK)를 발송하게 된다. 이때 프레임 2가 성공적으로 재 전송 되었다면 수신측은 "ACK6"을 송신측에 발송하여 프레임 2와 저장되었던 3, 4, 5의 수령을 확인(ACK)하게 된다.

다음에 선택적인 반복 ARQ 방법에서 순서번호가 8개(3비트 필드인 경우)인 경우의 동작 과정을 설명하였다.

- 송신측은 프레임 0~6을 수신측에 전송한다.
- 수신측은 모든 7개 프레임을 수신하고 "ACK"를 전송한다.
- 긴 잡음 버스트(Noise Burst) 때문에 7개 "ACK" 신호 모두가 손실된다.
- 송신측 타이머가 종료되고, 프레임 '0'(7개 프레임 전송 후 그 다음 프레임이 '0')를 재전송한다.
- 수신측은 프레임 7개(7, 0, 1, 2, 3, 4, 5)를 받기 위해 윈도우를 전진시켰기 때문에 프레임 '0'를 새로운 것으로 생각하고 수신한다.

선택적 반복 ARQ 방식은 수신측에서는 오류가 난 프레임이 재전송될 때까지 그 다음의 프레임을 저장할 기억장소와 적당한 위치에 해당 프레임을 다시 삽입할 수 있는 논리회로를 가지고 있어야 하며 특성은 다음과 같다.

- 장점 : 재 전송량이 작아 전송효율 우수
- 단점 : 송·수신측에 복잡한 논리회로 구성이 요구되는 방법
- 특성
  - 송신측과 수신측은 동일한 크기의 슬라이딩 윈도우(Sliding Window) 보유
  - 수신측은 프레임의 순서에 무관하게 수신
  - 각각의 프레임에 대한 수신확인 수행

(3) 적응성(Adaptive) ARQ

전송효율을 최대로 하기 위하여 데이터 블록의 길이를 동적으로 변경시켜 전송효율은 최대로 하기 위한 방식으로 수신측이 송신측으로부터 수신한 데이터 블록을 감지하고 오류 발생률을 판단하여 송신측에 오류 발생률을 통보하면, 송신측은 통신회선의 오류 발생률이 낮을 경우에는 긴 프레임을 전송하며, 오류 발생률이 높을 경우에는 짧은 프레임을 전송하는 방식이다.

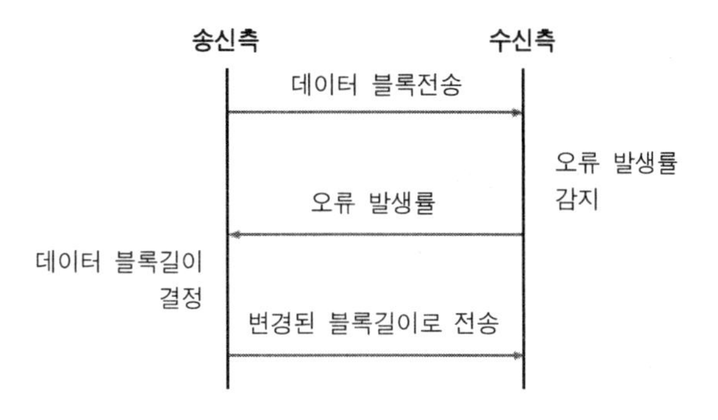

적응성 ARQ의 개념도

즉, 오류 발생율이 높을 때는 프레임의 길이를 짧게 하고 오류 발생률 낮을 때는 길게 조절하여 ARQ의 효율은 높으나, 프레임 변경에 따른 프레임의 유휴시간(Idle Time)이 발생하고 회로가 복자해지는 단점이 있다. 적응성 ARQ 방식의 특성은 다음과 같다.

- 장점 : 전송효율 우수
- 단점 : 제어회로 복잡하고 블록길이 변경에 따른 채널 대기시간 발생
- 특성
  - 수신측의 오류발생률 전달로 송신측의 적절한 블록전송이 가능한 방식
  - 동적(Dynamic)으로 블록길이 변경이 가능

CHAPTER

5 통신 프로토콜

1. 통신 프로토콜

2. 데이터링크 제어

3. OSI 전송제어

4. TCP/IP 프로토콜

통신 프로토콜

제1절 통신 프로토콜

사람과 사람이 서로 이야기를 하는 경우 이용하는 언어, 이야기대상, 대화수단, 장소 등에 대해서 미리 또는 이야기하는 도중에 규범이나 약속을 서로 정해두어야 의사소통이나 정보교환이 가능하다. 최근 정보통신 기술의 발달과 멀티미디어 서비스의 증대로 인간과 컴퓨터 또는 단말장치 간의 상호 정보를 주고 받기 위해서는 정보의 표현, 정보의 내용, 통신수단 등에 대해서 더 복잡하고 까다로운 절차나 약속을 정해두어야 한다. 이와 같이 개체(Entity)들 간에 정보교환을 위한 정보형태, 부호화 방식, 전송발식과 흐름제어 및 오류제어 등 일련의 규정이나 절차의 약속을 "프로토콜(Protocol)"이라고 한다.

1.1 통신 프로토콜의 개요

통신 프로토콜이란 서로 다른 통신환경에 연결되어 서로 상이한 시스템 간에 호환이 가능하도록 해 주는 일련의 규정이나 절차를 의미하며 이러한 통신 프로토콜의 규정이나 절차는 언제, 어디서나, 어떤 시스템 간에도 통신이 가능한 시스템으로 구성되어야 하며 동일한 방식의 프로토콜이 사용되어야 한다.

> ※ **통신 프로토콜(Communication Protocol)이란?**
> 서로 떨어져 있는 시스템(개체) 간에 전송매체를 통한 정보교환을 위한 절차, 규범, 규정, 규약을 의미

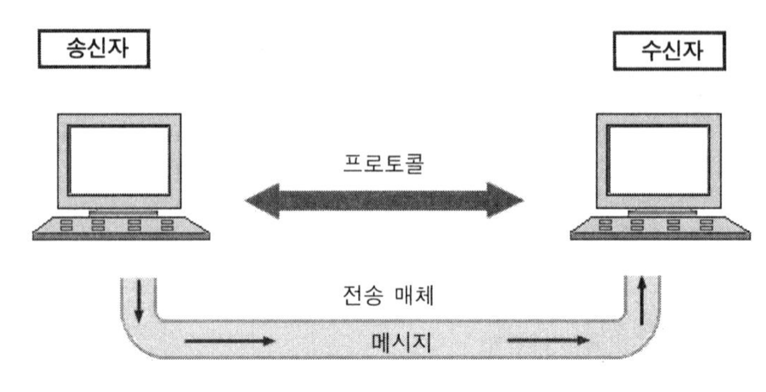

통신 프로토콜의 개념도

여기서 개체(Entity)란 사용자 응용프로그램, 파일전송 패키지(File Transfer Package), 데이터 관리 시스템, 전자우편 설비(Electronic Mail Facility), 데이터 단말장치 등을 의미한다. 또한 시스템(System)은 컴퓨터, 터미널, 원격감지기(Remote Sensor) 등이 이에 속하며, 결국 개체란 정보를 보내거나 받을 수 있고 하나 이상의 개체를 보유하는 물체를 의미하게 된다. 이러한 프로토콜은 1976년 CITT(국제전신전화 자문위원회)와 ISO(국제 표준위원회) 등에서 그 표준화가 규정되고 있으며, 현재에는 인터넷 기술의 발전으로 TCP/IP 프로토콜이 많이 사용되고 있다.

통신 프로토콜의 주로 내용되는 기본요소는 다음과 같다.

〈프로토콜의 기본 구성요소〉

① 구문(Syntax)

데이터형식, 부호화 신호레벨의 크기 등을 규정으로 문법을 이용하여 기술

② 의미(Semantics)

회선, 전송흐름, 전송오류 등의 제안정보를 규정한 것으로 프로그램의 의미를 나타냄

③ 순서(Timings)

통신속도 조절과 순서제어 등을 규정

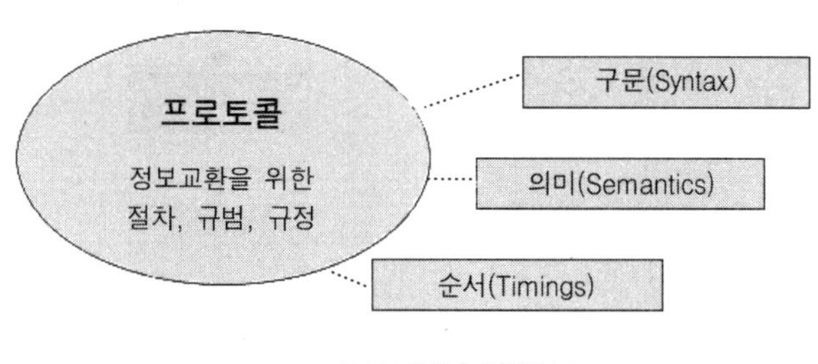

프로토콜의 기본요소

1.2 프로토콜의 표준화

두 개체 사이에서의 데이터 교환규정을 의미하는 통신 프로토콜은 송·수신측 간에 데이터 교환을 위해 필요한 모든 내용을 담고 있으므로 송·수신측 컴퓨터나 단말장치는 항상 동일한 프로토콜을 가지고 이 프로토콜에 규정된 약속에 따라 서로 데이터를 주고 받아야 한다. 따라서 컴퓨터 네트워크의 구축이나 컴퓨터 네트워크의 상호 접속을 용이하게 하고, 효율을 보다 양호하게 실현하여야 한다. 이를 위해서는 프로토콜을 체계화하고 표준화할 필요성이 있다.

표준화라 함은 프로토콜의 제정기관이나 각 통신 사업자별로 만들어진 통신 프로토콜의 기능을 일치시켜 데이터 교환을 원활하게 하여 통일성을 기하는 작업이다.

따라서 프로토콜은 다양한 프로세스의 데이터 전송뿐만 아니라 여러 시스템이 가지고 있는 파일, 데이터베이스 등 각종 정보 자원에 대한 접속, 문의, 요청, 등을 포함한 통신기능이나, 새로운 통신기술의 도입을 용이하게 하기 위하여 적절한 기능단위로 분할하여 각 시스템에 대응하는 계층마다 독립적인 프로토콜을 설정하여야 한다.

즉, 교환될 프레임은 특정한 형식에 맞아야 하며 제어부분에서는 모드(Mode)를 결정하거나 연결(Communication)을 구성하는 일을 하고, 흐름(Flow)제어를 위한 설비가 갖추어져야 한다.

이와 같은 프로토콜의 계층 구성은 네트워크의 구조에 따라 기본적인 데이터의 전송에 관한 하위계층과 통신의 효율적인 이용방법이나 부가처리 등의 통신처리에 대한 상위계층으로 구분된다.

이들 통신 프로토콜에 대한 표준안 기구들의 상관관계는 다음과 같다.

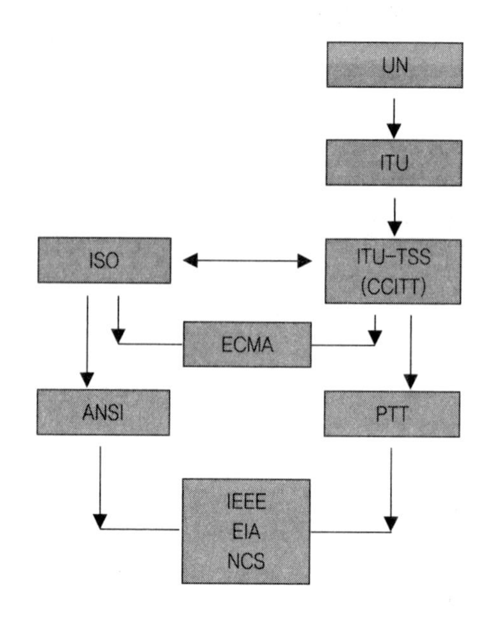

※ **유엔(UN, United Nation)**

ITU	: 국제전기통신연합(International Telecommunication Union)
ISO	: 국제표준화기구(International Organization for Standardization)
CCITT	: 국제전신전화 자문위원회(International Telegraph & Telephone Consulate Committee)
ITU-TSS	: 국제전기통신연합-통신표준부(ITU-Telecommunication Standardization Sector)
ECMA	: 유럽컴퓨터생산업자협회(European Computer Manufactural Association)
ANSI	: 미국표준기구(American National Standards Institute)
PTT	: 공공전신전화(Public Telegraph and Telephone) - 각국에서 정부로부터 전기통신 사업수행의 기관
IEEE	: 전기전자공학회(Institute of Electrical and Electronics Engineers)
EIA	: 미국전자공업회(Electronics Industrial Association)
NCS	: 국제통신시스템(National Communication System)
IEEE	: 미국전기전자공학회(Institute of Electrical and Electronics Engineers)

통신 프로토콜 표준안 기구

1.3 통신 프로토콜의 기능

통신 프로토콜은 사용 목적과 종류에 따라 다양한 기능의 종합으로 이루어지며, 모든 프로토콜에 모든 기능이 다 있는 것은 아니며 경우에 따라서는 몇 가지 같은 형태의 기능이 다른 계층의 프로토콜을 나타내기도 한다. 통신 프로토콜의 기능은 다음과 같이 나누어진다.

- 단편화와 재합성(Fragmentation and Reassembly)
- 캡슐화(Encapsulation)
- 연결제어(Connection Control)
- 흐름제어(Flow Control)
- 오류제어(Error Control)
- 동기화(Synchronization)
- 순서결정(Sequencing)
- 주소지정(Addressing)
- 멀티플렉싱(Multiplexing)
- 전송서비스(Transmission Service)

1. 단편화와 재합성

단편화와 재합성은 정보 전송시 오류를 줄이거나 전송효율을 증가시키기 위하여 사용하는 방법으로 일반적인 패킷전송에서 사용된다. 단편화란 전송 데이터를 일정한 크기의 작은 블록으로 나누어 전송하는 것을 의미하고, 재합성은 수신층에서 분리된 데이터를 응용계층에 적합한 데이터로 재구성하여 원 데이터를 복원하는 것을 의미한다.

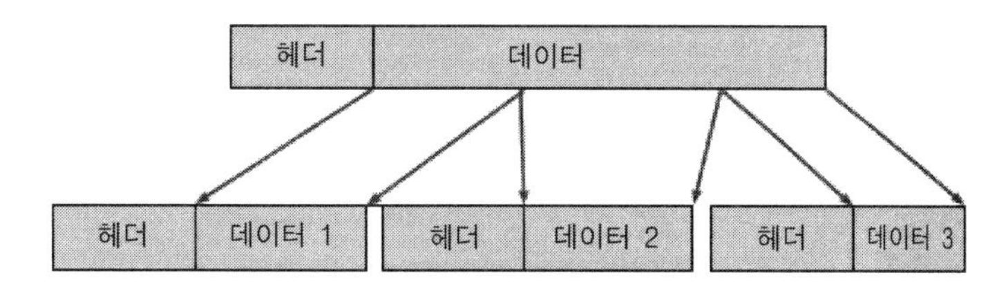

단편화의 개념도

일반적으로 두 개체 사이에는 데이터 스트림(Stream)을 교환하는 프로토콜이 있는데 보통 똑 같은 크기의 데이터 블록을 모아서 전송하게 된다. 응용레벨에서는 데이터 전송의 논리적 단위를 메시지(Message)라 하며, 이때 데이터 전송시 연속적인 비트 스트림(Bit Stream)을 같은 크기의 데이터블록 단위로 세분화하여야 하는데 이러한 작업을 "단편화(Fragmentation)"라 한다.

긴 메시지 블록은 전송에 유리하도록 데이터를 같은 크기의 작은 데이터블록으로 세분화하여 전송하며, 수신측에서는 세분화된 데이터블록을 원래의 메시지로 재합성(Reassembly)시키게 된다. 따라서 오류제어가 편리하고, 전송설비 공유시 지연시간이 적은 장점이 있으나, 처리시간이 길어짐과 실제 데이터 이외의 부수적인 데이터가 상대적으로 많아지는 단점이 있다. 이때 두 개의 개체 간에 교환되는 세분화된 데이터 블록을 "프로토콜 데이터단위(PDU, Protocol Data Unit)"라고 한다.

- 단편화와 재합성이란?
  - 단편화 : 전송시 연속적인 스트림을 갖는 같은 크기의 논리 단위로 세분화하는 작업
  - 재합성 : 수신시 세분화된 데이터 블록 PDU를 원래의 메시지로 조합하는 것
- 장점
  - 오류 제어 용이
  - 적은 지연시간
- 단점
  - 긴처리 시간
  - 부수적인 데이터 증가

다음에 단편화와 재합성 과정을 그림으로 나타내었다.

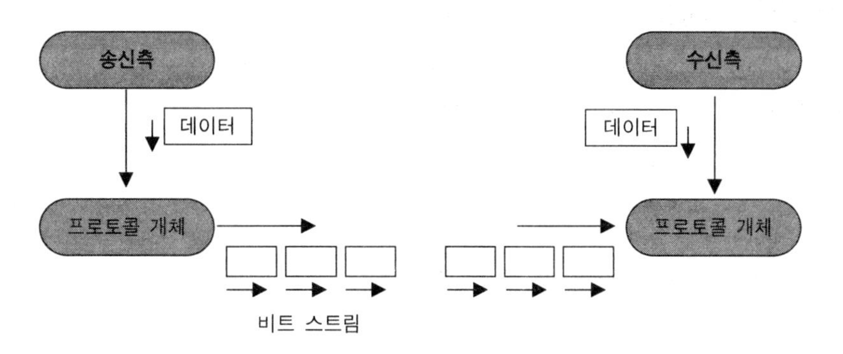

단편화와 재합성 과정

그림에서 송신측에서는 프로토콜 개체에 의존하여 메시지는 세 가지의 프로토콜 데이터단위(PDU)로 단편화하여 수신측에게 전송하는 과정을 나타내었다.

이러한 단편화 과정은 다음과 같은 특성이 있다.

- 통신망에 따라 전송할 수 있는 데이터의 크기가 제한된다.
  예를 들어, ARPANET에서는 8063 바이트로 제한되게 된다.
- PDU 크기가 작아야 에러제어가 편리하며, 적은 비트의 블록을 반복적으로 보내는 것이 좋다.
- 전송설비를 공유할 때 적은 지연시간으로 공정하게 액세스를 할 수 있으며, 블록 크기가 아주 크면 한 스테이션이 멀티포인트 매체를 독점할 수 있다.
- PDU 크기가 작을 때 수신 개체가 작은 버퍼를 배정할 수 있다.
- 때때로 시스템 검사를 하거나 재출발(Restart)/회복(Recover)을 할 경우, 데이터 전송이 일종의 종료(Closure) 역할을 하게 된다.

2. 캡슐화

캡슐화는 전송 데이터에 제어정보(송·수신자의 주소, 오류검출 코드(Flag), 프로토콜 제어 등)를 추가하는 것을 의미한다. 즉, 송신기에서 발생된 정보의 정확한 전송을 위하여 전송할 데이터의 앞부분과 뒷부분에 헤더(Header)와 트레일러(Trailer)를 첨가하여 각 데이터단위(PDU)가 데이터와 제어정보를 갖게 하는 것이다.

데이터에 플래그(Flag), 주소(Address), 제어정보, 오류검출 부호 등 여러 가지 정보를 부착하는 것을 "캡슐화"라 하며, 각 개체에 의해 캡슐화가 만들어지게 되며 대표적 예가 HDLC 프레임이다.

> **※ 캡슐화란?**
> 데이터에 플래그주소 제어정보 오류검출 부호 등의 정보를 부착시키는 것을 의미

캡슐화에 사용되는 프로토콜 데이터단위(PDU)는 데이터와 제어정보를 가지고 있는데, 이때 제어정보는 다음과 같은 3가지 범주로 구분된다.

- 주소(Address) : 발송지(근원지) 목적지의 주소가 명시된다.
- 에러검출코드(Error Detecting Code) : 에러를 검출하기 위하여 프레임을 검사하는 순서가 있다.
- 프로토콜제어(Protocol Control) : 프로토콜 기능을 구현하기 위한 별도의 정보가 있다.

다음에 데이터에 제어정보를 붙이는 캡슐화를 그림으로 나타내었다.

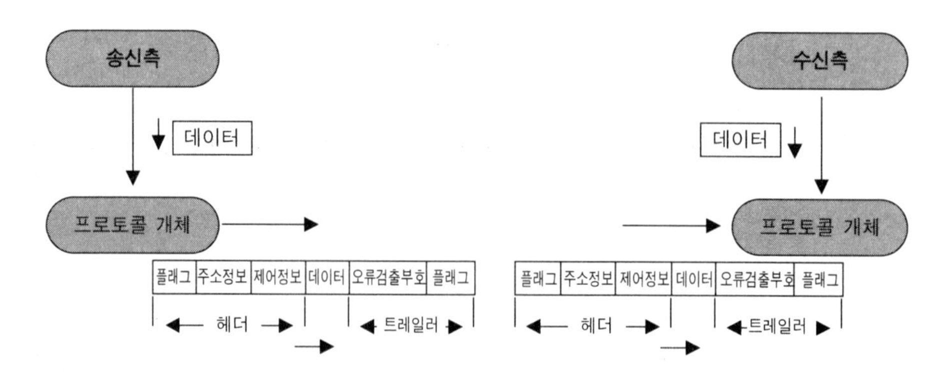

캡슐화의 과정

그림에서 송신측에서 수신측으로 데이터 전송시 전송하고자 하는 데이터는 프로토콜개체에 의해 제어정보를 붙여 전송하게 됨을 알 수 있다.

다음에 인터넷 통신에서의 캡슐화 과정도를 나타내었다. 즉, 네트워크 전송 프로토콜(UDP 또는 TCP)이 IP 패킷으로 캡슐화되고, 다시 연결계층 프로토콜(예 : Ethernet)로 캡슐화된 후 연결계층 패킷은 대상 컴퓨터로 전송되게 된다.

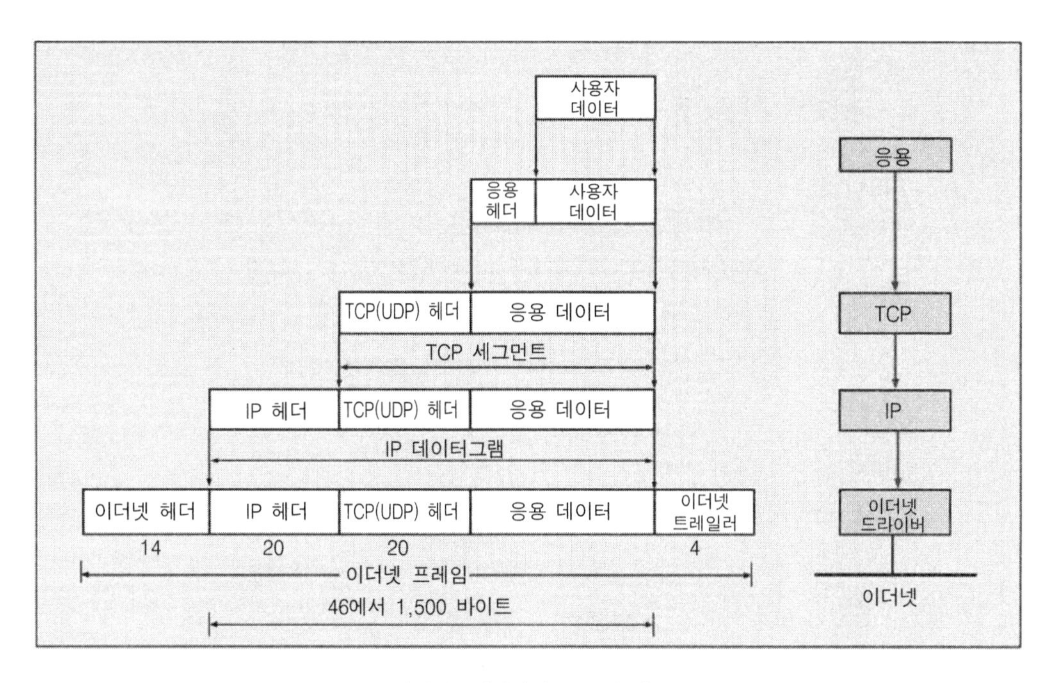

인터넷통신에서의 캡슐화 과정

3. 연결제어

데이터 전송 시에 연결설정을 위한 구문, 의미, 시간을 제어하는 기능으로 연결방법에는 2가지 방식이 있으며 데이터전송을 위한 노드간의 연결지향 데이터전송은 연결확립, 데이터 전송, 연결해제의 3가지 과정을 거치게 된다.

※ 연결제어란?
송신측과 수신측 간에 연결 또는 비연결 방법에 의하여 데이터를 전송제어 하는 방법

① 연결제어 방법

- 연결지향 데이터 전송(Connection Oriented Data Transfer)
  송신측과 수신측이 논리적인 경로를 미리 설정 하는 방법(예, TCP)
- 비 연결형 데이터 전송(Connectionless Data Transfer)
  송·수신측이 사전에 결정된 경로 없이 각각의 데이터 패킷이 독립적으로 전송되는 방식(예, UDP, IP)

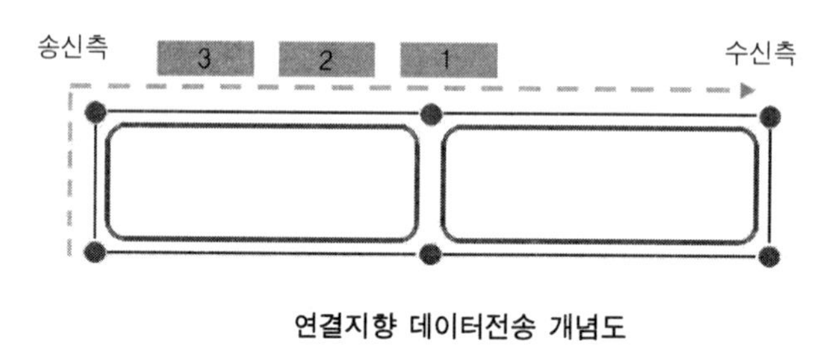

연결지향 데이터전송 개념도

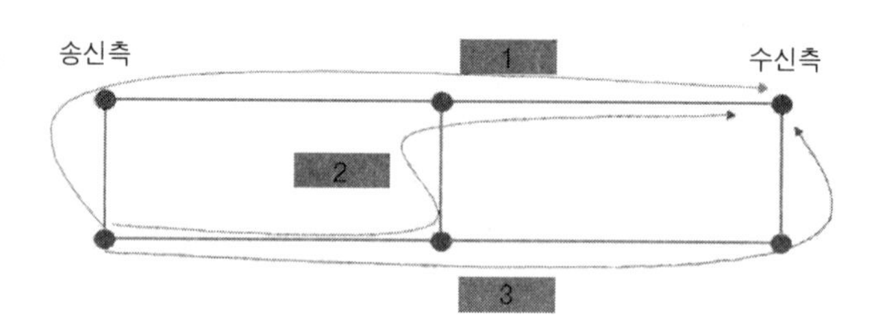

비 연결형 데이터 전송 개념도

② 연결지향 데이터 전송의 3단계

- 연결 설정(Connection Establishment)
- 데이터 전송(Data Ttransmission)
- 연결해제(Connection Termination) : 연결 인터럽트, 회복단계

연결제어에서 두 개체간에 논리적인 연결 없이 데이터를 전송하는 비연결형 데이터 전송의 대표적인 예는 데이터그램(Datagram)이 있다. 일반적인 데이터 전송의 경우 가상회선(Virtual Circuit)과 같은 연결지향 데이터 전송은 잘 이루어지지 않으며, 이는 송·수신측에서 긴 데이터의 교환이 예상되는 경우나 상세한 프로토콜의 송·수신이 수행되어야 할 때 사용되고 있다.

다음에 연결지향 및 비 연결형 데이터 전송에 대한 과정을 그림으로 나타내었다.

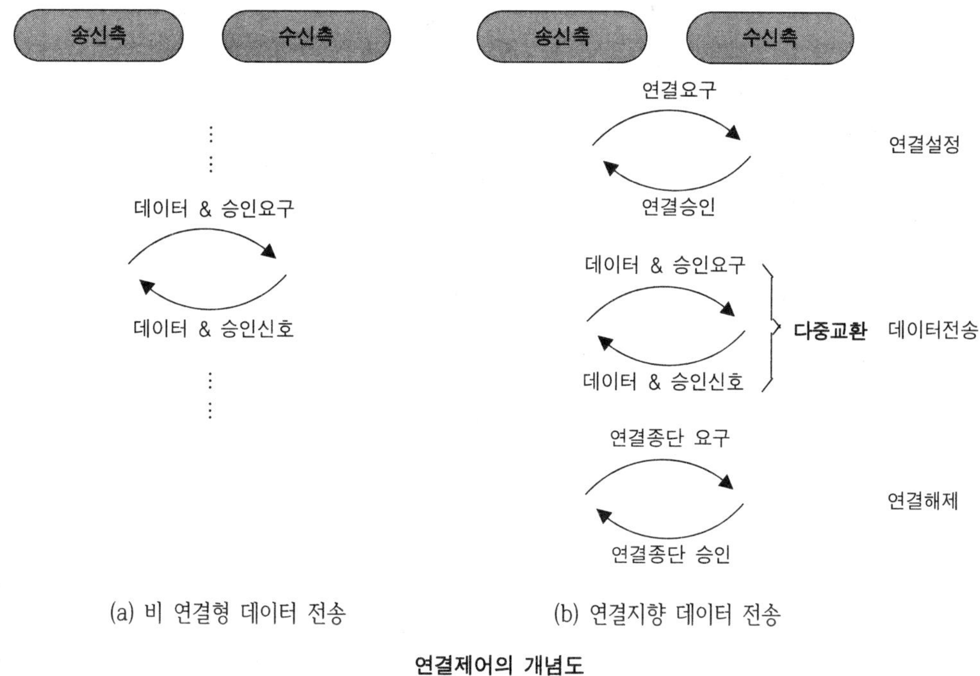

연결제어의 개념도

그림에서 연결지향 데이터 전송의 경우 2단계로 실행이 되며, 보통 한 스테이션이 연결요청(Request) 신호를 상대 스테이션에 보내면 이때 상대방에서 승인 또는 거절에 의해 전송여부가 결정되게 된다. 보다 복잡한 시스템에서는 이 단계에서 구문, 의미, 프로토콜의 속도 등에 관한 약속이 선행되어야 하고 두 개체가 같은 프로토콜을 사용하고 프로토콜에 선택적인 특징이 있어 이 조건에 대해 두 개체가 모두 동의하여야 한다. 예를 들면, 프로토콜은 PDU 크기를 8000 바이트로 최대로 설정한 경우 한 스테이션이 이에 동의해야 연결이 이루어지게 되는 방식이다.

4. 흐름제어

흐름제어는 수신측의 용량이 초과되지 않도록 송신측 데이터 전송량이나 전송속도 등을 조절하는 기능을 의미한다. 가장 간단한 흐름제어는 정지/대기(Stop and Wait) 방식으로 매 PDU를 수신측의 긍정응답 신호(ACK)를 받기 전에는 전송할 수 없게 하는 방식이다.

가장 간단한 흐름제어인 정지/대기 절차는 매번 전송한 곳에 대한 승인신호가 있어야 다음 전송을 하게 된다. 보다 효율적인 프로토콜에서는 승인신호를 받기 전에 보낼 수 있어야 데이터의 양을 정해 주는데 이 방법에는 슬라이딩 윈도우(Sliding Window) 기법이 있다.

> **※ 흐름제어란?**
> 수신측의 용량초과 방지와 통신망의 용량초과 방지 등을 위해 송신측 데이터 전송량이나 전송속도를 조절하는 기능

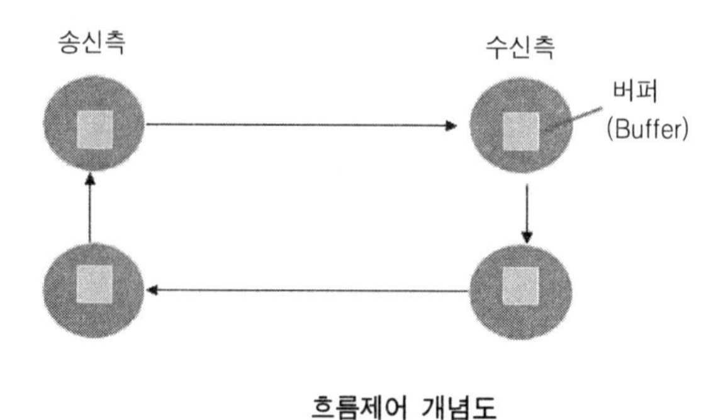

흐름제어 개념도

5. 오류제어

오류제어는 전송도중에 발생 가능한 에러들을 검출하고 정정하는 기능으로 대부분의 오류제어는 프레임 순서를 검사하여 오류를 찾고 PDU를 재전송하게 된다.

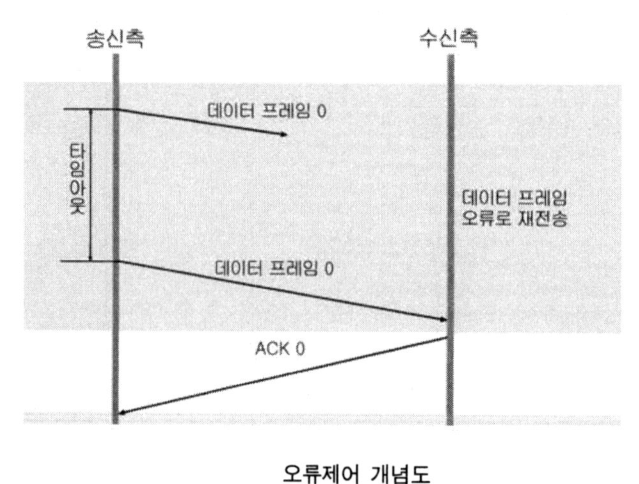

오류제어 개념도

이때 오류제어 방법은 프레임의 순서를 검사하여 오류를 찾고 PDU를 재전송하는 방법이며, 전송된 개체가 보낸 PDU에 대한 긍정응답 신호(ACK)를 특정시간 동안 받지 못하면 타이머가 다시 전송하도록 활성화시키게 된다.

흐름제어와 마찬가지로 오류제어에도 프로토콜의 여러 계층에서 수행되어야 하며, 네트워크 액세스 프로토콜은 송·수신측 간에 데이터교환이 잘 되었는지를 확인하는 에러제어를 해주어야 하며 네트워크 내에서 데이터가 파손될 경우에는 프로세스간 프로토콜이 데이터를 회복시키게 된다.

※ 오류제어란?
데이터나 제어정보의 파손에 대비하여 프레임순서를 검사하여 에러를 검출하고 PDU를 재전송하는 방법

프레임의 순서를 검사하여 오류를 찾는 오류 검출방법과 재전송은 다음과 같이 이루어진다.

- 오류검출 방법
  - 패리티 체크(Parity Check)
  - 체크 섬(Check Sum)
  - 순환중복검사(Cycle Redundancy Check)
- 재 전송
  - 정기대기 흐름제어(Stop and Wait)
  - 진행 원 위치 ARQ
  - 선택적 반복 ARQ

6. 동기화

동기화는 송·수신 간에 같은 상태를 유지하도록 하는 것으로 연결된 송·수신측 간의 타이밍을 맞추어 두 개체가 같은 상태를 유지하는 기능을 의미한다. 여기서 상태란 초기화 상태, 검사 전 상태, 종료 상태 등을 말한다.

즉, 하나의 개체가 다른 개체의 상태를 알려면 그 개체로부터 받은 PDU로 판단해야 하는데 이 PDU가 동시에 들어오지 않고 시간이 다소 걸리며, 또한 PDU는 전송시 파손될 수도

있다. 그 개체 사이에 데이터베이스(DB)가 동기화될 때까지 DB를 변경하는 작업을 계속하게 된다.

다음에 두 개체 사이의 동기화 문제에 대한 일반적인 동기화 과정도를 나타내었다.

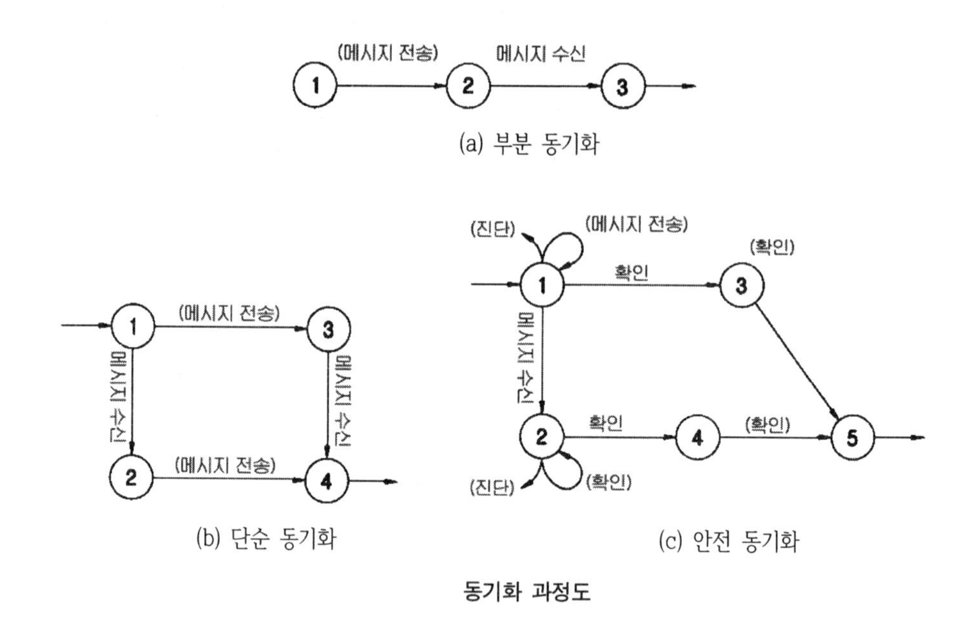

동기화 과정도

그림 (a)에서 상태 1의 작업 종료시 1에서는 메시지를 2에 전송하게 되고 2에서는 메시지를 다시 3에 전송한 후에 스테이션 1은 자유로워진다. 하지만 상태 2가 끝나야 하는 경우도 있을 수 있으므로, 이를 보완하기 위하여 상태도를 조금 수정하여 그림 (b)와 같은 형태로 만들 수 있다. 이때에는 각 스테이션이 메시지를 보내고 받을 때 끝난다.

그림 (b)는 메시지의 손상이 없을 때만 가능하다. 즉, 상태 1이 상태 3에 도달하여 상태 2의 "DONE" 메시지를 기다릴 때, 상태 2가 여전히 상태 1에 도달하지도 못하여 작업을 완료하기 위하여 상태 1의 협조를 기다리는 경우가 있다.

그림 (c)는 이러한 오류를 고려하여 안전 동기화를 제시하였다. 상태 1이 전송하고 상태 2로부터 수신메시지를 받으면 상태 3으로 확인 메시지를 보내어 상태 2의 작업을 확인한 것을 알린다. 이때 상태 1이 작업을 종료하고 상태 2에 오기 전에는 상태 1이 끝나지 못한다. 그러나 한 개체가 상태 2에 걸려있는 경우에도 최소한 다른 한 개체가 상태 1에 도달하였으며, 상태 5에 있을 수도 있게 된다. 이때 하나의 개체가 상태 1이나 2에 걸려 있는 경우 진단프로시저(Diagnostic Procedure)를 발생시켜 데드락(Deadlock)을 해결할 수 있다.

7. 순서결정

순서결정이란 프로토콜 데이터 단위가 전송되는 순서를 명시하는 기능으로 패킷단위 전송 시 패킷에 순서를 지정하는 기능이다. 즉, 전송하는 데이터들의 순서를 유지함으로써 데이터들의 송·수신 순서가 어긋나지 않도록 하여 흐름제어 및 오류정정을 용이하게 하는 기능을 의미한다. 수신측에서는 정확한 정보의 발생 순서대로 정보를 재 조립하는데 이용하게 된다.

순서결정은 PDU에 보내지는 순서를 명시하는 기능으로서 연결위주의 데이터 전송 방식에만 통용되고 있다.

※ 순서결정이란?
전송된 데이터들이 보내진 순서대로 수신되어 있는지를 검사하여 명시하는 기능

순서결정에서 데이터 단위의 전송순서를 명시하는 제어기능은 다음과 같이 수행되게 된다.

- 순서에 맞는 전달(Ordered Delivery)
- 흐름제어
- 에러제어

순서에 맞는 전달의 경우 파일의 전송시 도착된 레코드의 순서는 처음에 보낼 때와 같아야 하며 각 PDU마다 고유한 순서 번호가 있으므로 전송을 받는 개체에서 순서번호는 번호의 반복을 피하기 위하여 최대 순서번호를 PDU의 최대 번호보다 훨씬 크게 조정해야 하며, 보통 PDU 최대 번호의 2배가 되는 수를 최대 순서번호로 사용한다.

8. 주소지정

주소지정은 송·수신국의 주소를 명기함으로써 정확한 목적지에 데이터가 전달되도록 하는 기능으로 네트워크 내에서 데이터의 구분은 이름, 주소, 경로, 등으로 이루어지며, 주소는 장소를 나타내고 이름은 목적물이 가리키는 곳이며, 경로는 목적지에 도착할 수 있는 방법을 의미하게 된다.

※ 주소지정이란?
송신측이 수신측으로 데이터 전송시 상대측의 이름을 지정하여 서로간의 인식이 가능하게 하는 방식

두 스테이션간의 통신은 각 스테이션의 자기의 고유번호를 갖는 패킷을 찾으며 교환망에서 데이터 루트를 정확히 이루려면 목적지 스테이션을 확인해야 가능하게 된다. 이들 스테이션들은 통신을 위해 주소와 루트라는 이름을 찾아야 하며 다음과 같은 주소기법 특성이 있다.

- 글로벌이름과 로컬이름의 구분이 요구된다.
  - 통신은 여러 업체에서 제작한 여러 시스템을 거쳐야 하며, 각 시스템마다 고유한 이름이 있어 전체적으로 일정한 이름 체계를 세우기가 힘들다.
  - 여러 가지 이름체계로 각 시스템의 개체들을 확인하기 어려우므로 로컬이름과 글로벌이름을 사용하게 된다.
- 주소는 글로벌이름의 형태로 나타난다.
- 하나의 개체에 대하여 고유한 글로벌이름이 없을 수도 있다.
  - 개체가 유동적이면 그것의 주소도 따라서 변한다. 만일 한 개가 여러 네트워크에 부착되어 있으면 그 개체에 대한 각각의 주소가 존재하게 된다.

이러한 어려움 때문에 주소지정의 유일한 해결책은 결정하기가 어려우며 그래서 다음과 같은 사항을 고려하여 이름을 지정하게 되며 이들 과정을 그림으로 나타내었다.

- 이름구조(Name Structure)
- 이름지식(Name Knowledge)
- 연결이름(Connection Name)
- 포트이름(Port Name)
- 집단이름(Group Name)

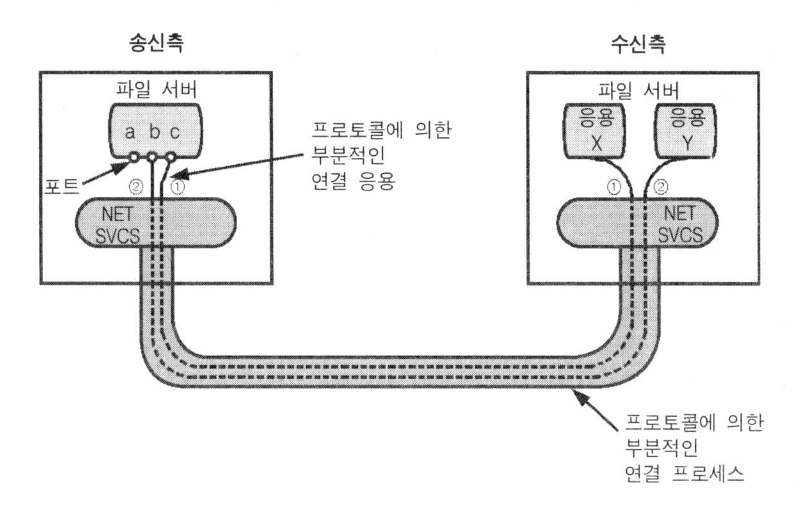

주소지정방법 개념도

로컬이름이나 글로벌이름의 구조는 수직 또는 수평구조로 형성할 수(일반적으로 수직) 있으며 이름은 시스템개체와 같은 구조를 가지고, 다중 네트워크의 경우 네트워크, 시스템, 개체와 같이 표시된다. 이때 시스템과 네트워크 부분은 특정형식의 글로벌 식별자(Identifier)를 보유하며, 개체는 일정 길이 이내의 이름이어야 한다. 그런데 글로벌개체 식별자에서 로컬개체 식별자로 매핑(Mapping)해야 하는 시스템에서는 이름이 글로벌한 중요성을 갖는다. 반면 모든 시스템이 특정 부문 길이로 유지될 수 있다면 로컬개체 식별자와 글로벌개체 식별자가 같을 수도 있다. 예를 들면, 수신측에 있는 응용 X는 B. X로 표시할 수 있다.

통신의 전 구간에 대해서 각 개체가 고유한 이름을 가질 때, 이 개체를 수평 이름구조(Flat Name Structure)라고 한다. 이때 매핑이나 디렉토리(Directory) 기능은 개체에 전역(全域)적으로 이름을 할당시키는 데 사용될 수 있다.

수직구조(Hierarchical Structure)를 사용하면 다음과 같은 장점이 있다.

- 하나의 개체이름은 그 시스템 안에서만 고유하게 결정하게 되므로, 전체 이름에 새로운 이름을 첨가하기 쉽다.
  - 반면 수평이름에서는 새로운 이름을 첨가할 때 모든 글로벌이름을 다 찾아보아야 한다.
- 수직적 이름은 개체로 포함하는 시스템을 확인할 수 있으므로, 라우팅(Routing)에 도움을 준다.

- 따라서 수직구조가 수평구조보다 좋은 장점을 가지고 있다.
- 이름구조와는 아무관계 없이 이름지식에 관한 요구조건이 있다.
- 하나의 개체가 데이터를 보내거나 연결을 결성하려면 상대방의 이름을 알아야 한다.
- 송신측의 개체 1이 수신측의 개체 2로 연결을 결성하려면 송신측 안에 모든 필요한 개체에 관한 글로벌이름을 보관하여 이를 찾아보거나 개체 1이 수신측의 트랜잭션 프로세싱(TP, Transaction Processing)과 같은 일반적인 서비스를 액세스하여 해결하게 된다.

9. 다중화

멀티플렉싱, 즉 다중화란 한정된 통신링크를 다수의 사용자가 공유할 수 있도록 하는 전송방식으로 송신측에서 다수의 채널을 다중화하여 하나의 링크를 통해 정보를 수신측에 전달하고, 수신측에서는 이를 역다중화(Demultiplexing)하여 다수의 채널로 나누는 것을 의미한다.

즉, 다중화는 하나의 통신로를 다수의 가입자들이 동시에 사용 가능하게 하는 기능으로 하나의 전송로로 복수 개의 데이터 신호를 혼합하여 전송하거나 복수 개의 전송로로 한 개의 데이터 신호를 나누어서 전송하는 방법을 의미한다.

전자의 경우는 다수의 저속회선 사용자들을 하나의 고속전용선에 접속시켜 통신망을 이용 가능하게 함으로서 통신망의 연결 효율을 극대화할 수 있고 통신비용을 절감할 수 있는 방식이다. 그리고 후자는 한 개체의 데이터를 여러 개의 전송선로를 통해 전송하므로 고속으로 데이터를 전송할 수 있게 된다.

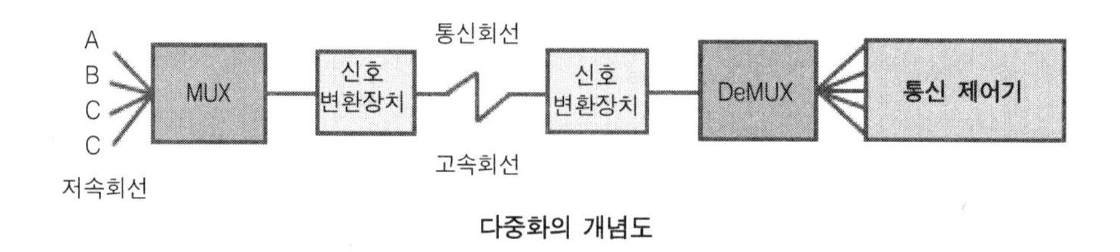

다중화의 개념도

다중화의 방법에서 하나의 전송로로 복수 개의 데이터 신호를 혼합시켜서 전송하는 방법은 다수의 저속회선 사용자들을 하나의 고속 통신망에 접속시켜 통신을 이용하게 하므로 통신망의 연결효율을 극대화할 수 있다. 또한 복수 개의 전송로로 한 개의 데이터 신호를 여러 개로 전송선로를 통해 전송하므로 고속으로 데이터를 전송할 수 있게 된다.

다음에 다중화의 기술방식에 따른 방법 및 특성을 나타내었다.

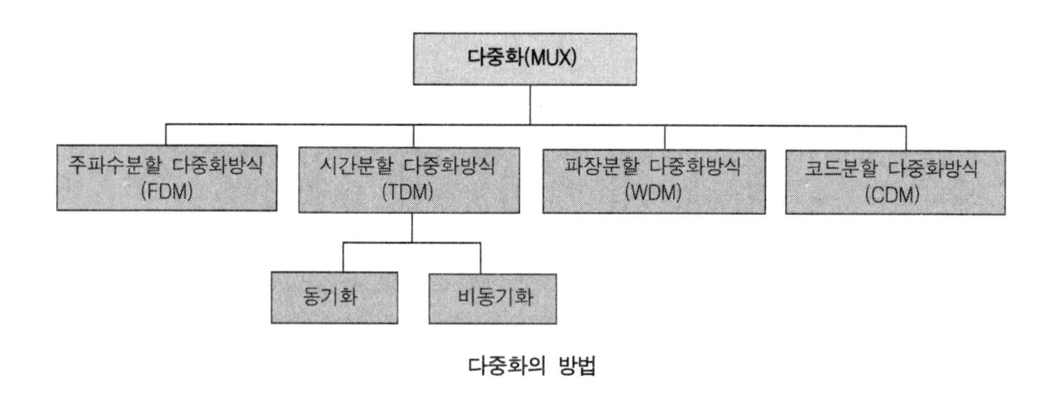

다중화의 방법

〈다중화 방법〉

① 주파수분할 다중화방식(FDM)

- 여러 개의 아날로그 신호를 하나의 아날로그 회선으로 전송하기 위한 다중화 방식

② 시분할 다중화방식(TDM)

- 전송회선의 데이터 전송시간을 타임슬럿이라는 일정한 시간폭으로 나누고 이들을 일정 크기의 프레임으로 묶어서 채널별로 특정 시간대에 해당 슬럿을 배정하는 방식
- 종류
  - 동기식(STDM)
  - 비동기식(ATDM)

③ 파장분할 다중화방식(WDM)

- 각 입력 채널신호들을 각기 다른 파장으로 할당하여 할당된 채널 대역으로 분할하여 동시에 전송하는 방식

④ 코드분할 다중화방식(CDM)

- 여러 사용자가 같은 시간에 같은 주파수를 이용하여 동시에 다중으로 전송하되, 상호 직교성이 있는 코드를 사용하여 정보를 분할하여 다중화하는 방식
- 광통신을 이용한 통신방식에 이용

> ※ **다중화(멀티플렉싱)란?**
> 하나의 전송로를 이용하여 복수 개의 데이터 신호를 혼합하여 전송하거나 복수 개의 전송로로 한 개의 데이터 신호를 여러 개로 나누어 전송하는 방식

이러한 다중화의 프로토콜 연결방법은 다음과 같이 3가지로 설명된다.

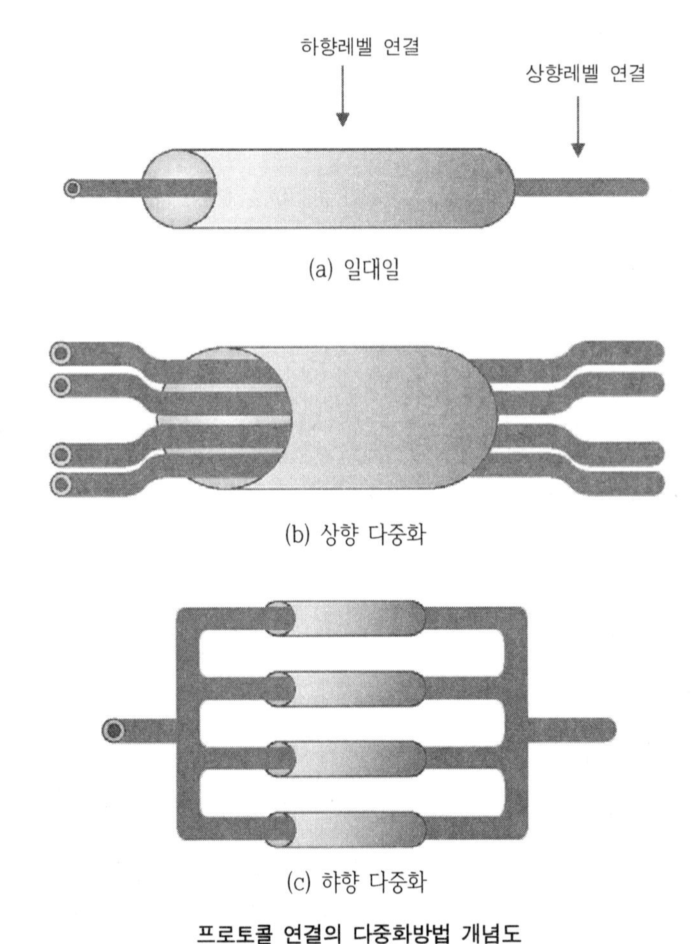

(a) 일대일

(b) 상향 다중화

(c) 하향 다중화

프로토콜 연결의 다중화방법 개념도

멀티플렉싱은 복수개의 데이터전송 방법 외에 또 다른 형태로도 사용할 수 있다.

- 일 대일 매핑

  하나의 레벨로부터 다른 레벨로 연결을 매핑(Mapping)하는데 사용될 수 있다.

- 상향다중화

  높은 레벨의 다중연결이 다중화되거나 하나의 낮은 레벨의 연결이 하나밖에 없을 때 필요한 방법이다.

- 하향다중화

  하나의 높은 레벨 연결이 낮은 레벨의 다중 연결 위에 만들어지는 것으로, 높은 레벨 연결의 트래픽이 여러 개의 낮은 레벨 연결로 분할되는데, 이것은 신뢰도(Reliability), 성능(Efficiency)을 높이기 위하여 사용한다.

10. 전송서비스

프로토콜은 개체가 전송하려는 데이터를 사용하도록 별도의 부수적인 서비스를 제공하며 그 예는 다음과 같다.

① 우선순위(Priority)

특정 메시지를 최대한 빨리 전송하기 위해 메시지 단위에서 우선순위를 부여하여 우선순위가 높은 메시지가 먼저 도착하도록 하는 서비스이다. 즉, 제어메시지와 같은 특정 메시지는 최소의 지연시간 안에 목적지 개체로 갈 필요가 있다. 이때 메시지를 단위로 하여 우선순위를 할당하거나 연결을 기본으로 하여 우선순위를 할당하는 방법이다.

② 서비스의 등급

데이터의 요구에 따라 서비스 등급을 부여하는 서비스이다. 즉, 특정종류의 데이터는 최소의 처리율이나 최대의 지연시간을 요청하는 경우가 있으며 이 요구에 따라 제공되는 서비스이다.

③ 보안성(Security)

액세스 제한과 같은 보안 메카니즘을 구현하는 서비스이다. 보안 서비스는 전송시스템과 하위레벨의 개체들을 기본으로 하여 만들어지며 만일 하위레벨로 이러한 서비스를 제공하면, 2개의 개체가 프로토콜을 사용하여 보안성을 검사하게 된다.

제2절 데이터링크 제어

두 스테이션, 즉 송신측과 수신측간의 데이터링크 제어(DLC, Data Link Control)는 데이터전송 회선제어 및 흐름제어와 오류제어 등의 기능을 수행하여 이루어지게 된다. 이러한 기능을 수행하는 대표적인 데이터링크 제어 프로토콜에 대하여 학습하고자 한다.

2.1 데이터링크 제어 프로토콜의 전송방식

데이터링크는 두 시스템(송신측, 수신측) 간을 연결하는 전송로이며 이 전송로의 데이터 전송 제어에 사용되는 프로토콜을 "데이터링크 제어 프로토콜"이라 한다. 데이터링크 계층의 주요역할은 3계층 프로토콜을 전송, 운반, 전달하는 역할을 수행하게 된다.

- 데이터링크(Data Link)
  두 시스템(송신측, 수신측) 간을 연결하는 전송로
- 데이터링크 제어 프로토콜
  데이터링크 사이의 전송제어를 수행하는 프로토콜

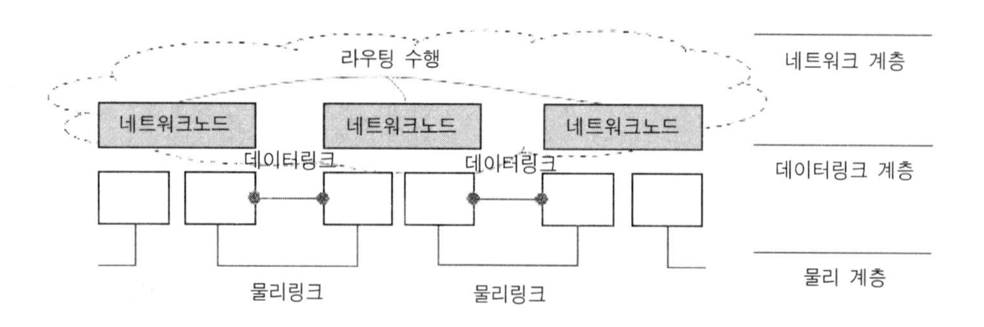

데이터링크의 개념도

통신프로토콜에서 대표적으로 사용되는 데이터링크 제어 프로토콜의 방식은 다음과 같다.

① 문자방식

- 특수 문자를 사용하여 정보의 처음과 끝에 동기를 위한 SOH, STX, ETX 등의 특수 문자를 포함시켜 전송하는 방식으로 주로 낮은 전송속도에 사용

• 대표적 예 : BSC(Binary Synchronous Control)

② 바이트방식

• 전송데이터의 헤드(Header)에 제어정보, 전송할 데이터 수 등의 동기 문자 정보를 포함시켜 전송하는 방식
• 대표적 예 : DDCM(Digital Data Communication Message)

※ 제어정보란?
전송데이터의 헤드(Header)에 처음을 표시하는 특수문자, 메시지를 구성하는 문자의 개수, 메시지 수신 상태를 나타내는 정보를 의미한다.

③ 비트방식

• 전송 데이터의 처음과 끝에 특수 플래그 문자를 위치하도록 한 다음, 비트 메시지를 구성하여 전송하는 방식으로 주로 고속전송에 사용
• 대표적 예 : HDLC(High-Level Data Link Control)
  SDLC(Synchronous Data Link Control)

전송방식	전송특성
BSC	• 문자방식의 프로토콜 • 반이중 통신방식 지원 • 포인트 투 포인트, 멀티포인트 접속방법을 지원 • 직렬과 병렬전송 지원, 전용회선형식, 교환회선형식 지원 • 정지대기(Stop and Wait) ARQ의 에러제어 방식을 사용
DDCM	• 바이트 방식의 프로토콜 • 전이중, 반이중 통신방식을 지원 • 포인트 투 포인트, 멀티포인트 접속방법을 지원 • 직렬과 병렬전송 지원, 동기 및 비동기 전송 모두 지원
HDLC	• 비트방식의 프로토콜 • 반이중, 전이중 방식 지원 • 고속 전송이 가능 • 포인트 투 포인트, 멀티포인트, 루프 등 다양한 접속 방법을 지원 • 전송 효율의 향상, 신뢰성의 향상

전송방식	전송특성
SDLC	• 비트방식의 프로토콜 • 단방향, 반이중 통신, 전이중 방식 지원 • 정지대기(Stop and Wait) ARQ의 에러제어 방식을 사용 • 포인트 투 포인트, 멀티포인트 접속방법, 전용회선 형식과 교환회선 형식을 지원

2.2 데이터링크 제어 프로토콜의 특성

통신프로토콜에서 대표적으로 사용되는 데이터링크 제어 프로토콜의 방식에 대하여 알아보고자 한다.

1. BSC

1) BSC 특성

BSC는 1968년 IBM에 의하여 발표된 이후 1973년 SDLC(Synchronous Data Link Control)가 발표될 때까지의 대표적으로 사용되어온 데이터링크 레벨 프로토콜이다. BSC는 SDLC 이후 오늘까지도 널리 이용되고 있는 문자방식 프로토콜(Character Oriented Protocol)이다.

BSC는 반이중 전송방식에서만 사용 가능하며 오류제어를 위해 정지대기 흐름제어(Stop and Wait ARQ) 방식을 사용하며, 전송부호는 EBCDIC 256자, ASCII 128자 등이 이용되고 데이터링크 제어문자로는 ENQ, ACK, STX, NAK, ETB, ETX, EOT, SYN 등이 사용되며 전송오류를 점검하기 위하여 VRC/LRC(Vertical Redundancy Check/Longitudinal Redundancy Check)와 CRC-12/CRC16 등이 사용된다.

BSC 프로토콜의 특성은 다음과 같다.

- 전송방식 : 반 이중 통신(Half Duplex) 방식에서만 사용 가능
- 데이터링크 형식 : 포인트 투 포인트(Point to Point) 방식에서만 사용 가능
- 오류제어방식 : 정지대기 흐름제어(Stop and Wait ARQ) 방식을 사용하므로 전파지연 시간이 긴 선로에서는 비효율적(예, 인공위성 채널 통신)

- 속도제한으로 대화형 모드에 응용이 어렵고, 전송 데이터의 유실, 불완전한 오류 검출, 낮은 전송효율
- 같은 회선의 단말기는 동일 문자코드 사용 필요
- 임의의 비트패턴을 텍스트로 전송하고자 할 경우 절차가 번거롭고 비효율적

2) BSC 프레임구조

BSC제어 프레임은 다음과 같은 목적으로 사용되며 제어문자를 이용하여 전송데이터의 처음과 끝을 나타내는 구조로 프레임은 2개 이상의 "SYN"을 사용하며 헤더는 "SOH"로 시작하고 프레임 순서번호, 수신측의 주소정보를 포함하며 전송된 프레임의 오류검출을 위한 "BCC"로 구성된다.

- BSC 프레임의 3가지 목적
  - 연결확립(Establishing Connections)
  - 데이터 전송 시 흐름유지 및 오류 제어
  - 연결해제(Terminating Connection)

BSC의 일반적인 프레임구조는 다음과 같다.

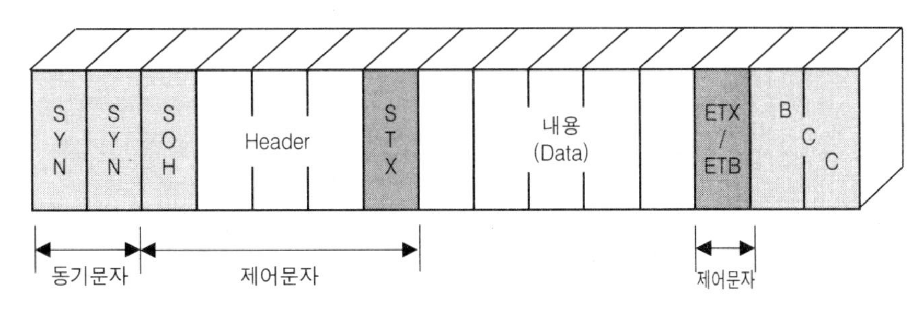

BSC 프레임구조

3) BSC 전송제어 문자

BSC 전송제어 문자는 프레임 또는 패킷을 문자의 연속으로 해석하는 프로토콜로, 비트지향성 프로토콜보다 효율성이 낮아 사용빈도가 적다. 대표적인 제어 문자의 특성을 다음에 요약하였다.

- BCC(Block Check Count(Character)) : 전송된 프레임의 오류검출
- DLE(Data Link Escape) : 전송제어 문자와 전송데이터를 구분하기 위해 삽입
- ETB(End of Block) : 블록의 종료
- ETX(End of Text) : 문자종료를 목적으로 한 개 또는 그 이상으로 표시
- SOH(Start of Heading) : 헤딩 시작
- STX(Start of Text) : 본문(Text) 시작, 전송할 데이터 집합의 시작
- SYN(SYNchronous) : 동기문자

제어 문자의 기능

제어 문자	ASCII 코드	기능
ACK 0	DLE and 0	Good Even Frame Received or Ready to Receive
ACK 1	DLE and 1	Good Odd Frame Received
DLE	DLE	Data Transparency Maker
ENQ	ENQ	Request For a Response
EOT	EOT	Sender Terminating
ETB	ETB	End of Transmission Block ; ACK Required
ETX	ETX	End of Text In a Message
ITB	US	End of Intermediate Block in a Multiblock Transmission
NAK	NAK	Bad Frame Received Nothing to Send
NUL	NULL	Filler Character
RVI	DLE and <	Urgent Message From Receiver
SOH	SOH	Header Information Beings
STX	STX	Text Beings
SYN	SYN	Alerts Receiver to Incoming Frame
TTD	STX and ENQ	Sender is Pausing But Not Relinquishing the Line
WACK	DLE and ;	Good Frame Received But Not Ready to Receive More

2. HDLC

1) HDLC 특성

비트 위주의 대표적인 프로토콜로 각 프레임에 데이터 흐름을 제어하고 오류를 검출할 수 있는 비트 열을 삽입하여 전송하는 프로토콜이다. 이는 정보통신 시스템의 고도화·다양화에 의하여 정보량이 증대하고, 정보내용도 복잡해져서 새로운 제어절차가 필요하게 되어 ISO가 새로운 전송제어절차로 1974년에 제정한 프로토콜이며, ISO에서 규정한 상위레벨 데이터링크 제어와 연관되며 보다 짧은 프레임에 많은 정보 전송이 가능하며 특성은 다음과 같다.

- 전송방식 : 단방향, 반이중, 전이중 통신을 모두 지원하며, 동기식 전송 방식을 사용
- 데이터링크 형식 : 포인트 투 포인트, 멀티포인트, 루프방식을 모두 지원
- 오류제어방식 : Go Back N과 선택적 재전송(Selective Repeat) ARQ를 사용
- 흐름제어 : 슬라이딩 윈도우 방식을 사용
- 전송제어상의 제한을 받지 않고 자유로운 비트정보 전송(비트의 투과성) 가능
- 높은 전송효율과 신뢰성

  HDLC 제어순서에서는 임의의 길이의 정보를 프레임이라 부르는 전송제어 단위로 분할하며, 프레임 내의 제어정보에 포함되는 명령이나 응답을 이용하여 연속적으로 정보의 전송이 가능하다. 그러므로 대화형 통신은 물론 포인트 투 포인트 회선 또는 멀티 포인트 회선에서도 동일하게 전송방식이 적용될 수 있으므로 전송효율이 향상된다.
- 신뢰성 향상

  기본(Basic) 전송 제어절차의 경우는 정보 메시지에 오류검출 부호가 부가되지만 감시 시퀀스에는 부가되지 않으므로 감시 시퀀스 오류가 발생될 경우는 검출되지 않는다.

  이에 비해 HDLC 절차에서는 모든 프레임의 전송오류 검사를 위해 오류부호가 부가가 되기 때문에 신뢰성이 확보된다.
- 부호에 대한 독립성

  기본전송 제어절차의 확장모드에서 부호독립 모드가 있으나, 이는 8비트 단위의 데이터전송의 범위 내에서 가능한데 비해 HDLC 절차에서는 임의의 비트길이의 데이터로 취급할 수 있는 비트전송이 가능하다. 뿐만 아니라 전송제어상의 제한을 받지 않고 자유롭게 비트정보를 전송할 수 있는 비트 투과성이 있다.

• 링크제어의 모듈화

데이터링크 제어를 타 기능제어로부터 분리가 가능하므로 시스템의 변경확대가 용이하다. 또한 상대방의 입출력 장치의 작업 또는 전송 데이터를 처리하는 응용 프로그램의 작업을 별도의 하위 또는 상위 레벨의 문제로서 이를 완전히 모듈화하였다.

2) HDLC 프레임구조

비트 위주의 대표적인 프로토콜로 각 프레임에 데이터 흐름을 제어하고 오류를 검출할 수 있는 비트(Bits)열인 플래그(Flag)를 전송 데이터의 시작과 끝에 포함시키는 방식이다. 비트형 프로토콜인 HDLC는 동기전송 방식을 사용하여 프레임을 크게 정보메시지나 감시, 제어, 정보 등으로 구성되고 모두 프레임 형태로 송·수신된다. 모든 종류의 데이터와 제어를 교환하기에 충분하며 프레임구성은 플래그, 주소영역, 제어영역, 정보영역, 프레임순서, 플래그로 이루어진다. 이때 시작플래그, 주소, 제어필드는 정보필드 앞에 위치하며, "헤더(Header)"라 하고 FCS는 "텍스트", 종료플래그는 "트레일러"라 한다.

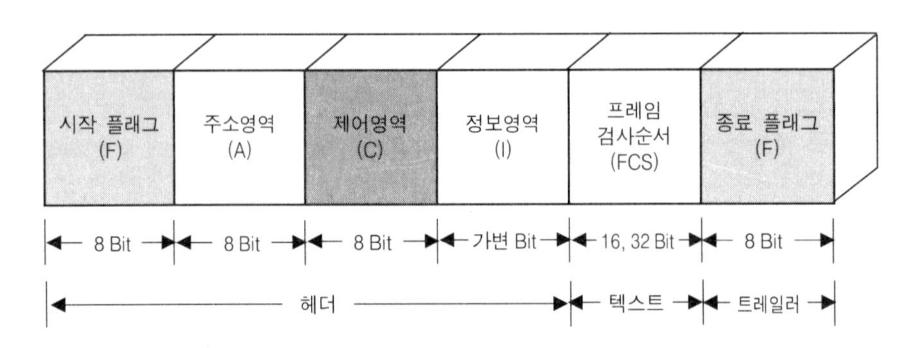

* FCS, Frame Check Sequence

HDLC 프레임 구성도

HDLC 프레임의 필드구성은 다음과 같으며 그 특성에 대하여 알아보고자 한다.

• 시작플래그(Beginning Flag) : 8비트
• 주소(Address) : 한 개 이상의 옥텟
• 제어(Control) : 8 또는 16비트
• 정보(Information) : 가변비트

- 프레임 검사순서(FCS, Frame Check Sequence) : 16 또는 32비트
- 종료플래그(Ending Flag) : 8비트

(1) 플래그 영역(Flag Field)

플래그(Flag) 필드는 수신자를 위한 동기패턴을 제공하며 시작과 종료를 표시하는 8비트의 특정 비트패턴으로서 1이 연속으로 6개 표현되어 프레임의 동기를 취하기 위해 사용되는 것으로, 수신측은 프레임 내에서 이 비트 패턴을 발견하면 프레임은 끝난 것으로 판단한다. 그리고 플래그 사이가 32비트 미만인 프레임을 무효 프레임이라 하며 수신측은 이 프레임을 무시한다.

플래그	주소	제어	정보	프레임 검사순서	플래그

(2) 주소 영역(Address Field)

주소영역은 프레임 발신지나 목적지인 종국의 주소를 포함하며 명령을 수신하는 복수의 2차 국이나 1개의 복합국의 지정 또는 그 응답을 송신하는 2차국이나 복합국을 식별하는데 사용된다.

그러나 주소영역은 8비트이기 때문에 최대 256국밖에 지정이 안 되므로 그 이상의 국이 있을 경우는 제1비트를 확장 유무의 표시로 사용하여 주소영역을 확장하게 된다.

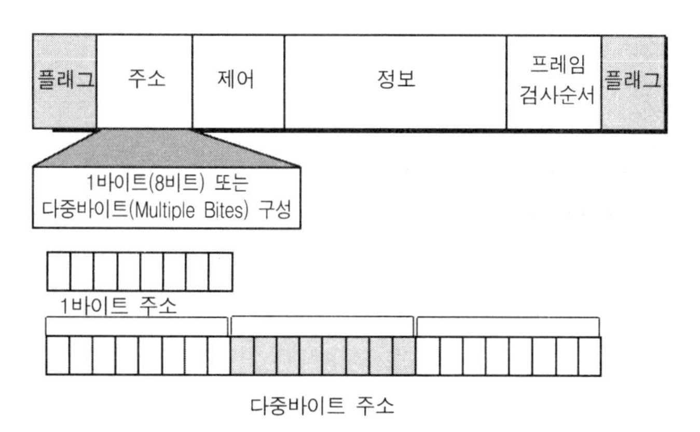

(3) 제어 영역(Control Field)

제어영역은 1차국(또는 복합국)이 주소영역에 의해 지정된 2차국(또는 복합국)에 어떤 동작을 수행해야 하는가를 지시하기 위해 사용되는 것으로 다음의 3종류가 있다.

- 정보 프레임(Information Frame : I 프레임)
  사용자 데이터와 관계된 제어정보 전송에 사용되며 정보영역을 가지고 정보메시지 전송에 사용되며, 명령/응답은 이 형식에만 있게 된다.
- 관리 프레임(Supervisory Frame : S 프레임)
  데이터링크층 제어와 오류제어 등과 같은 제어정보 전송에 사용된다.
- 비번호제 프레임(Unnumbered Frame : U 프레임)
  시스템 관리를 위한 예약용으로 모드의 설정, 이상상태의 보고 등의 제어에 사용되고, 데이터 전송의 동작모드를 설정한다.

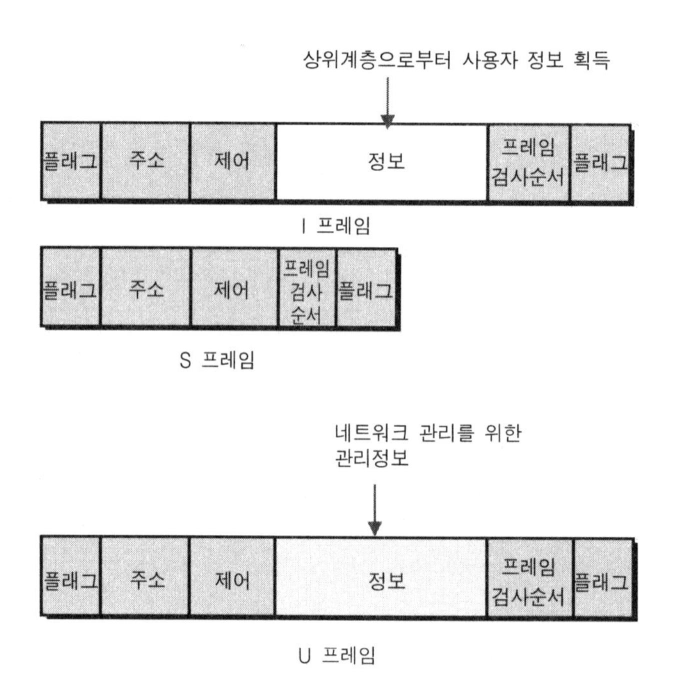

(4) 정보 영역(Information Field)

정보영역은 실제적인 정보 메시지나 제어정보를 전송하는데 사용되는 것으로 어떠한 비트 형태나 비트수라도 가능하며, 최대길이 및 구성은 제약이 없으나 송·수신간의 합의에 의한다.

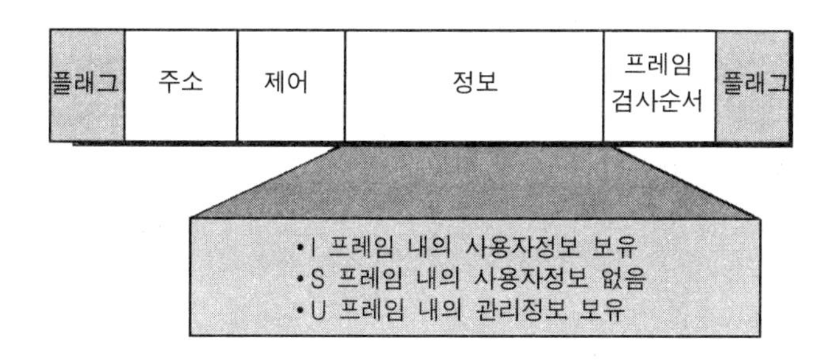

(5) 프레임 검사 순서 영역(Frame Check Sequence Field)

시작플래그와 종료플래그 사이에 내용이 정확히 전송되는가를 확인, 검사하는 오류 검출용으로 16비트로 구성된다. 오류검출 방식으로 중복검사(CRC, Cyclic Redundancy Check) 부호가 사용되며 ITU-TS는 X16+X12+X5+1을 생성 다항식으로 한다.

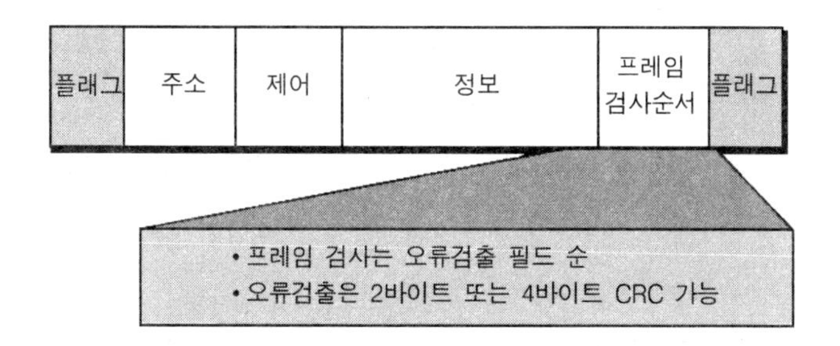

3) HDLC 제어

비트방식의 HDLC 프로토콜은 프로토콜의 방식과 종류특성 등의 요구조건을 만족하기 위하여 명령의 전송과 응답을 통하여 제어하게 된다. 이를 위해 3종류의 스테이션과 2개의 링크 구성방식 및 3개의 데이터 전송모드를 가지며 그 특성은 다음과 같다.

(1) 스테이션의 구성

HDLC는 스테이션(Station)의 형태, 구성, 응답모드에 따라 구분되며 종류는 다음과 같다.

- 주 스테이션(Primary Station) : 명령을 전송
- 부 스테이션(Secondary Station) : 응답을 전송
- 혼합 스테이션(Combined Station) : 명령과 응답을 전송

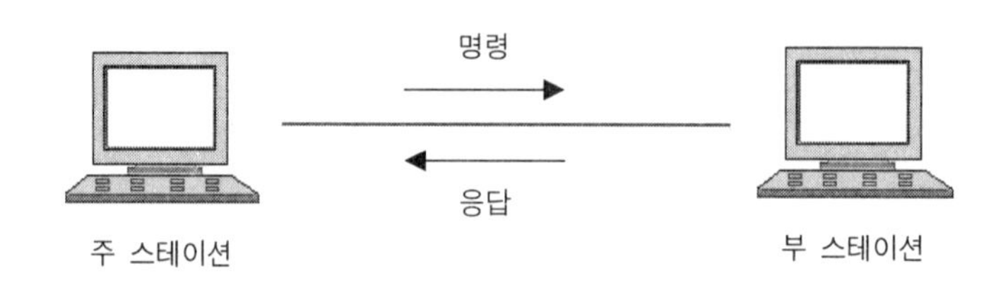

※ 주 스테이션은 주국, 부 스테이션은 종국, 혼합 스테이션은 혼합국 등 으로 표현하기도 한다.

① 주 스테이션(Primary Station)

링크동작을 조절하고 명령을 전송하며 주 스테이션이 출력하는 프레임을 "명령(Command)"이라 한다. 데이터링크를 제어하는 스테이션으로 링크레벨에서의 오류제어 및 복구 등에 대해 책임을 지며, 명령 프레임을 송신하고 응답 프레임을 수신한다.

② 부 스테이션(Secondary Station)

주 스테이션의 제어 아래 동작하며, 주 스테이션에 의해 데이터링크의 제어기능을 수행하고 주 스테이션에 명령을 수신하여 응답(Response)을 송신한다. 주 스테이션은 각 부 스테이션과 개별적인 논리적 링크를 유지한다.

③ 혼합 스테이션(Combined Station)

주 스테이션과 부스테이션의 특징을 결합한 스테이션으로 주 스테이션의 명령과 부 스테이션의 응답 모두를 송·수신할 수 있다.

(2) 링크 구성방식

HDLC의 링크구성은 다음과 같으며 2가지의 상태로 설명된다.

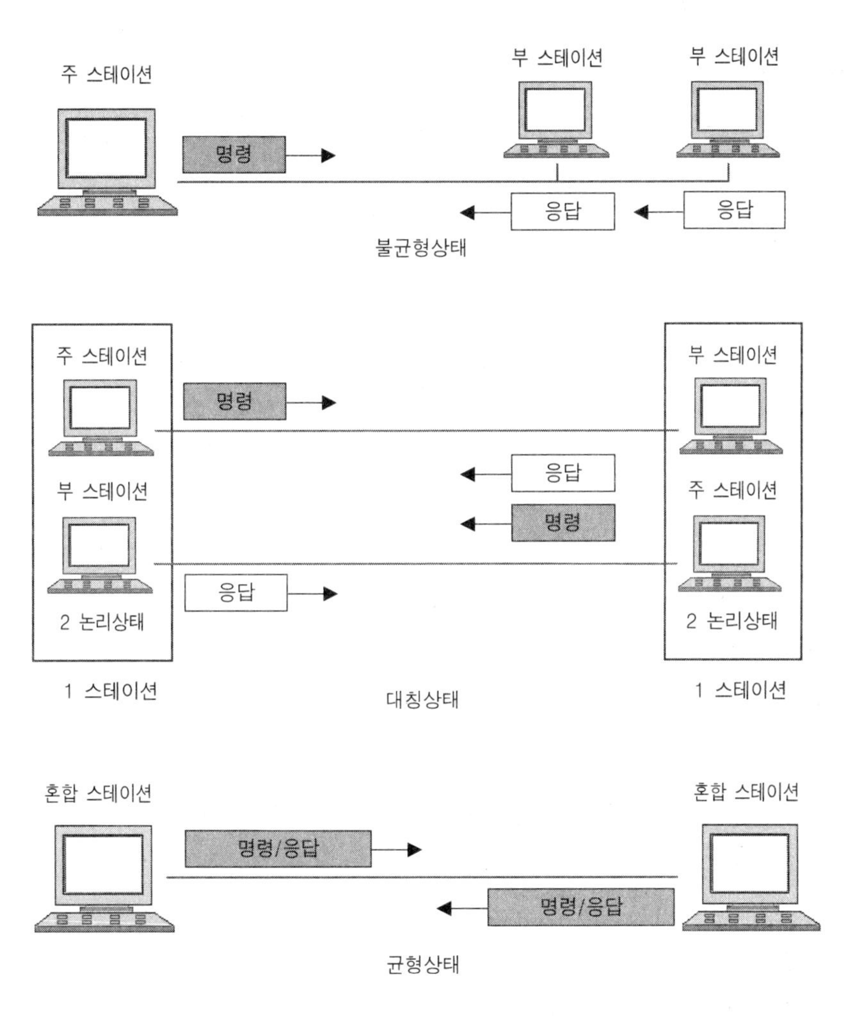

HDLC 링크 구성방식

- 불균형 구성(Unbalanced Configuration)

  포인트 투 포인트 방식과 멀티포인트 동작에서 사용되는 방법으로 하나의 주 스테이션과 한 개 이상의 부 스테이션으로 구성되며, 전 이중과 반 이중 전송을 지원한다.

• 균형 구성(Balanced Configuration)

포인트 투 포인트 방식에서만 사용되며 두 개의 혼성 스테이션으로 구성되어 전이중과 반이중 전송을 지원한다.

(3) 데이터 전송모드

HDLC는 포인트 투 포인트 방식과 멀티 포인트 방식에서 반이중과 전이중 모드를 지원하며 각 스테이션(주, 부 및 혼합 스테이션)의 링크제어는 전송모드에 따라 다음과 같이 이루어진다.

	정규 응답모드	비동기 응답모드	비동기 균형모드
스테이션 형태	주 스테이션 & 부 스테이션	주 스테이션 & 부 스테이션	혼합 스테이션
초기화	주 스테이션 허가(Primary)	주 스테이션 허가 무관(Either)	다른 스테이션 허가 불필요(Any)

① 정규(표준) 응답모드(NRM, Normal Response Mode)

표준 주-종 관계의 모드, 즉 불균형 구성방식으로 주 스테이션은 부 스테이션으로 데이터 전송을 임의로 개시할 수 있으나, 부 스테이션은 주 스테이션에서 폴(Poll)이 와야(즉, 주 스테이션의 허가를 받아야)만 전송할 수 있다.

정규 응답형태는 반 이중 통신을 하는 포인트 투 포인트 또는 멀티 포인트 불균형 링크에 사용되며 주 스테이션은 다중 연결된 단말장치로 전송여부를 묻는 "폴(Poll)"을 보낸다.

② 비동기 응답모드(ARM, Asynchronous Response Mode)

전이중 통신을 하는 포인트 투 포인트 불균형 링크구성에 사용하는 방식에서 부 스테이션은 채널이 휴지상태 일 때 주 스테이션의 허가 없이 전송을 할 수 있는 모드이다(즉, 명령을 기다리지 않고 응답을 보낼 수 있다). 그러나 주 스테이션의 회선, 전송개시, 오류복구, 논리적 분리 등에 제어를 받으며 허브 플링(Polling)이나 부 스테이션 전송을 개시할 필요가 있는 특수 상황에 드물게 사용되는 모드이며, 주로 부 스테이션이 전송을 시작할 때 사용하는 모드이다.

③ 비동기 균형모드(ABM, Asynchronous Bbalanced Mode)

포인트 투 포인트 균형링크 구성방식으로 혼합 스테이션 중 한 쪽이 다른 쪽의 허락을 받지 않고도 전송을 개시할 수 있다. 폴링에 대한 부담이 없으며, 전 이중, 포인트 투 포인트 링크에서 자주 사용되는 모드이다.

3. SDLC

BSC는 1960년대에 개발되어 그 당시의 요구 조건을 대부분 충족시켰으며, 원격지 단말기의 수나 이용하는 데이터의 요구가 반이중 통신 방식에서는 충분한 서비스가 이루어졌다.

그러나 통신방식의 발전과 이용자 요구의 증가에 따라 과거의 프로토콜의 장점을 유지하면서 더 진보된 방식의 프로토콜에 대한 필요성이 증대되었다.

이러한 요구에 따라 1970년대 초에 개발된 SDLC(Synchronous Data Link Control) 프로토콜은 BSC를 발전시킨 IBM이 개발한 통신시스템 체계로 SNA(Systems Network Architecture)에 채용된 동기식 데이터 전송제어 프로토콜이며 HDLC의 원형이 되는 프로토콜이다. IBM은 이를 시점으로 자체 고유의 시스템네트워크 구조(SNA)라는 컴퓨터 통신구조를 개발하여 발전시켰으며, 다른 컴퓨터 제조회사들도 SDLC를 근간으로 각자 고유의 비트방식 프로토콜(Bit Oriented Protocol)을 개발하여 상용화시키게 되었다.

SDLC 프로토콜의 주요 특성은 다음과 같다.

- 전송방식 : 단방향, 반이중, 전이중 통신방식 모두 지원
- 데이터링크 형식 : 포인트 투 포인트, 멀티 포인트만 지원
- 오류제어 방식 : 정지대기(Stop and Wait) ARQ를 사용
- BSC 프로토콜을 대체하여 사용 가능
- 네트워크구조나 기기종류와 무관하게 독립적으로 운용
- 주 스테이션과 부 스테이션으로 구성되어 주 스테이션은 링크제어에 책임을 부 스테이션은 일반적으로 요청된 후에 전송(때로는 원할 때 전송을 시작할 수도 있음)
- 3가지 형태의 명령·응답 블록을 가짐
  - 정보전송(Information Transfer) : I 프레임
  - 관리(Supervisory)형식 : S 프레임

- 비번호제(Unnumbered) 형식 : U 프레임

• 완전히 투명(Transparent)한 텍스트 운용(제로삽입과 제거 기법을 이용)

제3절 OSI 전송제어

컴퓨터가 출현한 이래 전자, 통신 및 정보통신 처리분야는 눈부신 발전을 거듭해 왔으며, 이는 하드웨어의 향상, 반도체 기술의 발전, 운영체제의 혁신, 프로그래밍 언어의 다양화, 컴퓨터 구조의 꾸준한 개선으로 집약될 수 있다. 이에 따라 컴퓨터 통신이라는 새로운 분야가 대두되었고, 분산처리, 분산 시스템의 연구 및 개발, 보급에 많은 노력이 투입되어 왔다.

특히 컴퓨터 통신에서 중추적인 역할을 하는 통신구조와 통신프로토콜은 생산업체 또는 나라마다 제 각각의 방식을 고안하여 운용 중에 있어서 통신에서 가장 중요한 다른 시스템 간 호환성의 문제가 대두되었다.

이러한 다른 시스템 간 호환성 문제를 해결하기 위하여 ISO(국제표준 위원회) 및 CCITT(국제 전신전화 자문위원회)를 중심으로 하여, 정립된 OSI(Open Systems Interconnection) 개념을 도입하여 많은 정보통신 시스템에 적용하게 되었다.

3.1 OSI 프로토콜 계층

OSI 참조모델에서는 통신처리기능을 7개 계층(기능 암호화, 코드변환, 출력제어, 파일전송, 액세스 관리, 데이터베이스, 액세스)으로 분할하고 있다. 이들 각 계층은 각 계층에 할당된 기능을 수행하기 위하여 프로토콜을 정하게 되는데 이러한 기능 계층을 계층화의 개념에서 “프로토콜 계층”이라 한다. OSI 프로토콜 계층은 다음 그림과 같이 7 계층으로 구성된다.

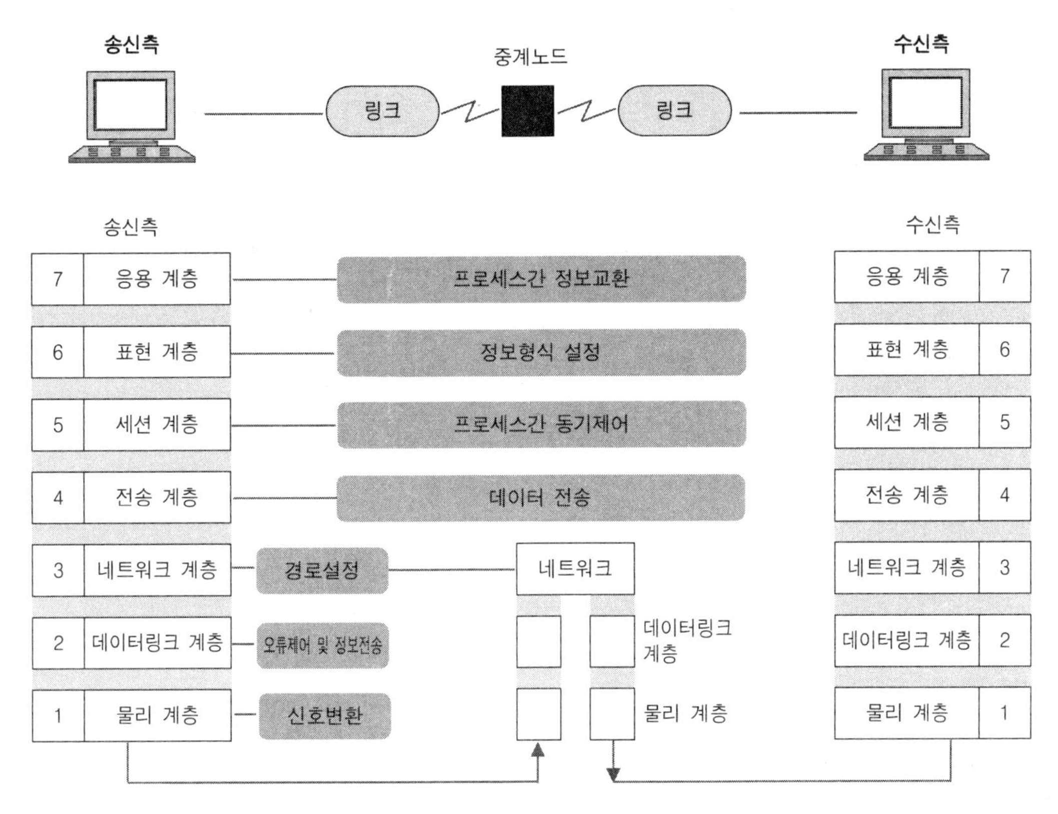

OSI 7계층 프로토콜에서의 통신기능

OSI 7계층은 각 계층마다 계층 고유의 기능을 가지며 계층화된 구조의 일반적인 개념은 다음과 같다. OSI 참조모델은 7개 계층으로 이루어져 있고, 각각 그 기능은 제1층인 물리 계층에서부터 제3층인 네트워크 계층까지를 "하위계층"이라 하고, 제4층인 트랜스포트 계층에서 응용계층까지를 "상위계층"이라 한다.

그림에서 OSI계층은 각 계층의 (n+1) 계층은 상위계층, (n-1) 계층을 하위계층으로 하는 독립적인 계층으로 구성되어 있으며 n계층은 하위계층으로부터 서비스를 받아 상위계층에서 필요로 하는 서비스를 제공해 주는 역할을 한다. 또한 상위계층으로부터의 지시내용을 하위계층으로 지시할 때는 "서비스 프리미티브(Primitive)"를 사용하게 된다.

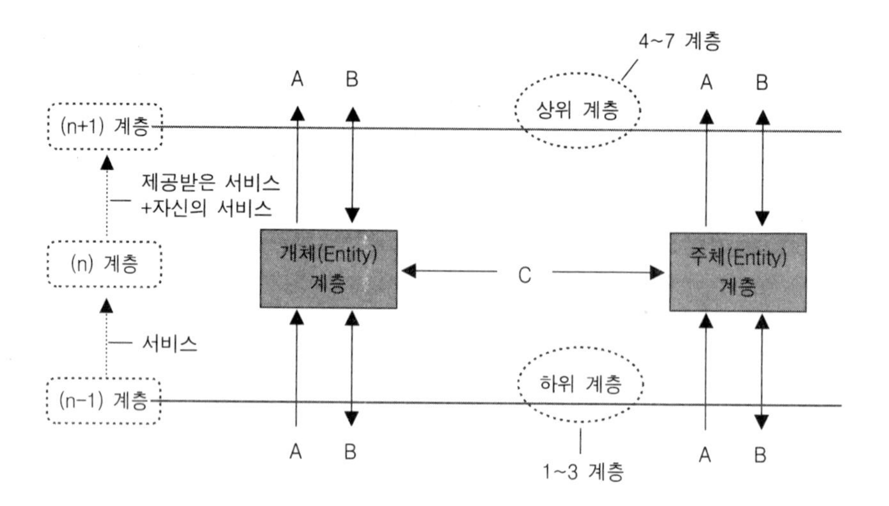

OSI 계층구조의 일반적 개념도

통신기능은 (n)계층의 기능을 수행하는 개체(Entity) 간에는 서로 평행하게 되며, 여기에 수반되는 절차를 "n계층 프로토콜"이라 하고 n계층 간 서로 주고 받는 통신제어 정보를 "프로토콜 프리미티브(Protocol Primitive)"라고 한다.

OSI에서는 A, B, C와 같은 부분을 표준화시켜 놓고 각 프로토콜 제정기구가 만드는 프로토콜의 내부구조는 자체에서 임의 개발하여 사용해도 무방하나 상·하위 계층 간의 인터페이스는 반드시 7계층에 맞도록 권고하고 있다.

3.2 OSI 프로토콜 기능

OSI 참조모델에서 7개 계층 중 계층 1(물리 계층)에서 계층 4(전송 계층)는 두 시스템간의 데이터를 담당하고, 계층 5(세션)에서 계층 7은 두 시스템간의 분산처리를 위한 상호협력을 담당하게 된다. 다음에 각 계층의 기능을 요약하였다.

구분 / 계층번호	계층	기능 및 역할	표준	관련장비
1	물리 계층	전송매체에서의 전기신호, 전송기능, 제어 및 클럭 신호 등을 제공	UTP, Coxial Connectors, Wall Socket, RS-232, X.21	Hub, Repeater, NIC
2	데이터링크 계층	인접 개방형 시스템간의 정보전송, 전송 오류제어, 흐름제어 등 신뢰성이 있는 정보 전송 제공	LAN, WAN, HDLC, LAPB, ADCCP	Bridge
3	네트워크 계층	정보교환 및 중계기능, 경로설정, 흐름제어 기능	IP, ICMP, X.25 계층의 3표준, ARP, RARP 라우팅(RIP, OSPE, BGP)	Router
4	트랜스포트 계층	송·수신 시스템간의 논리적 안정과 균일한 서비스 제공. 즉, 투명한 데이터전송 제공	TCP, UDP, NS의 TP	
5	세션 계층	응용 프로세스간의 송신로 및 동기제어	ISO 8327 X.225(CCITT) T.62(Teletex 서비스)	Gateway
6	프리젠테이션 계층	정보의 형식설정과 송신권 및 동기제어		
7	응용 계층	응용 프로세스간의 정보교환, 전자사서함, 파일전송 등	FTPO, SMTP, Telnet X.400 시리즈	

※ LAPB(Link Access Procedure Balanced, CCITT, 패킷교환망의 한부분)
ADCCP(Advamced Data Communication Control Procedure, ANSI)
NBS(National Bureau of Standards)
TCP(Transmission Control Protocol)

3.3 OSI 전송제어

OSI 프로토콜을 이용한 전송제어는 OSI 7 계층 중 2계층인 데이터링크 계층을 통하여 이루어지고 있다. OSI 참조모델의 하위 2계층인 데이터링크 계층은 2개의 시스템 간에 오류가 없는 정보의 데이터 전송을 위하여 상위계층(네트워크 계층)에서 받은 비트열의 데이터들을 프레임을 구성하여 하위계층(물리 계층)으로 전달하는 역할을 수행하고 흐름제어와 오류제어의 기능을 제공하며 대표적인 기능은 다음과 같다.

〈데이터링크 계층의 주요 기능〉

- 노드 대 노드 전달(Node to Node or Station to Station)
- 프레임(Frame) 구성
- 전송제어(Access Control)
- 흐름제어(Flow Control)
- 오류제어(Error Control)
- 동기화(Synchronization)

1) 노드전달과 프레임 구성

데이터링크 제어는 노드 대 노드 전달을 목적으로 이웃 노드 간에 프레임이라는 블록단위의 전송을 위해 데이터링크를 설정하며 전송할 데이터(Data)의 시작에 헤더(Header), 뒤에 트레일러(Trailer)를 첨가하여 하위 계층(물리 계층)으로 전달하게 된다. 이처럼 헤더와 트레일러를 추가한 데이터를 "프레임"이라 한다. 이때 헤더와 트레일러에는 발신지 및 목적지 주소 정보가 포함되며 수신측의 데이터링크 계층에서는 헤더와 트레일러를 삭제한 후 수신측의 네트워크 계층으로 전달하게 된다.

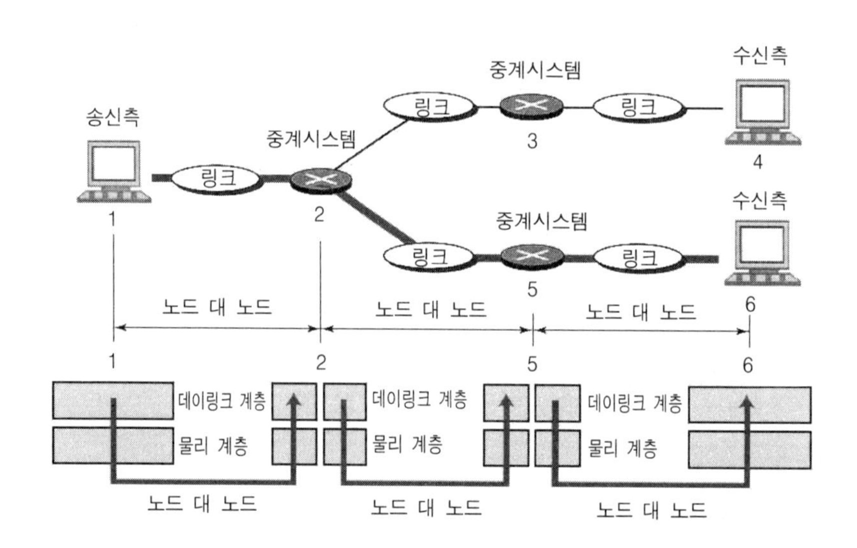

노드 대 노드 전달 개념도

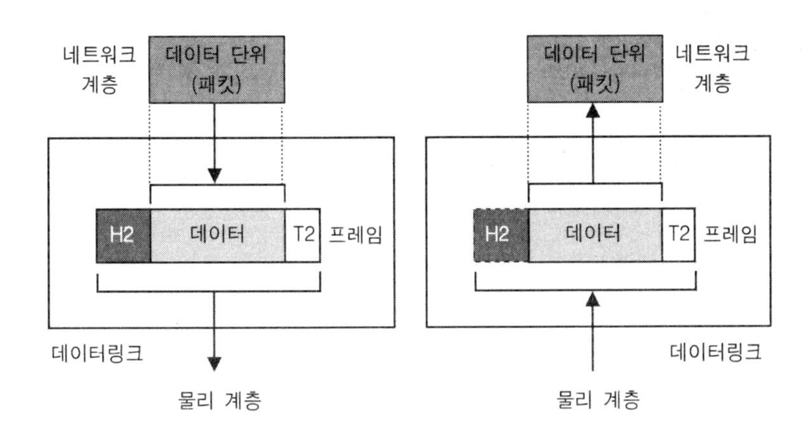

데이터링크 계층 데이터 단위(프레임)

2) 전송제어

전송제어는 송신측과 수신측 사이에 정확한 송·수신을 위하여 미리 약속된 규정으로 회선 접속의 확인과 데이터링크 접속 및 정보전송, 데이터링크 해제, 회선절단 등 일련의 절차를 통하여 이루어지게 된다.

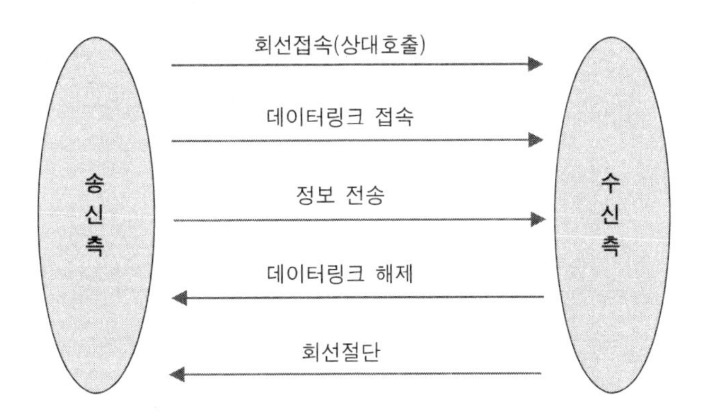

3) 흐름제어

흐름제어(Flow Control)는 송·수신 시스템들의 처리속도가 다른 경우에 데이터의 양이나 통신속도가 수신측의 처리능력을 초과하지 않도록 조정하는 기능이다. 즉, 수신측의 유한된 버퍼가 이를 처리하지 못하여 미처리되거나 버리는 경우가 발생하는 것을 해결하기 위한 제어방법으로 대표적 다음과 같은 흐름제어방식이 사용된다.

- 흐름제어방식
  - 정지 대기(Stop and Wait) 방식
  - 슬라이딩 윈도우(Sliding Window) 방식

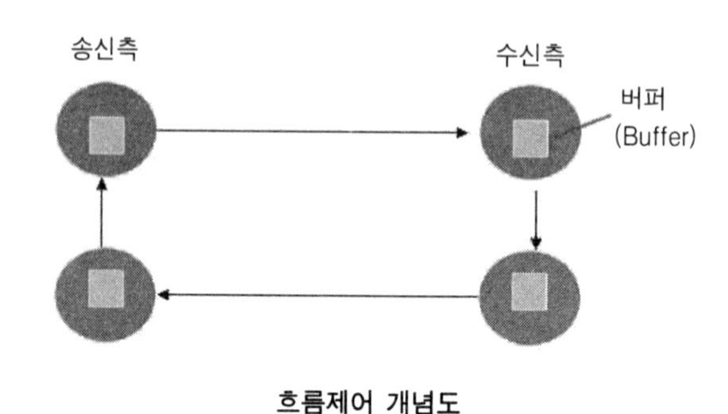

흐름제어 개념도

4) 오류제어

OSI 물리 계층에서는 데이터를 주고받기만 하고 오류가 없음을 보장을 하지 못하므로 오류를 검출하여 이것을 수정하여 처리하는 기능은 데이터링크 계층에서 수행된다. 오류제어는 오류검출 및 정정기술과 자동반복 요청(ARQ, Automatic Repeat Request) 기술을 바탕으로 하고 있다. 오류검출은 주로 CRC(Cyclic Redundancy Check)나 패리티 검사에 의해 오류가 수신측에서 검출되면 전송자에게 전송요구를 자동으로 반복 요청하는 방법으로 이루어진다.

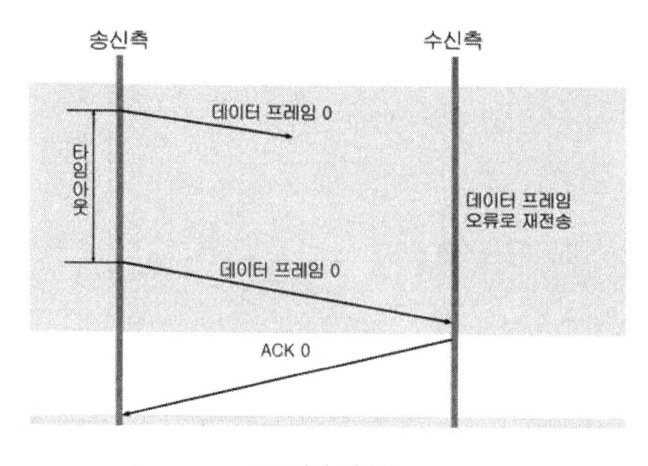

오류제어 개념도

데이터나 제어정보의 파손에 대비한 오류검출은 프레임순서를 검사하여 오류를 검출하며 오류검출 방법과 재전송은 다음과 같이 이루어진다.

- 오류검출 방법
  - 패리티 체크(Parity Check)
  - 체크 섬(Check Sum)
  - 순환중복검사(Cycle Redundancy Check)
- 재 전송
  - 정기대기 흐름제어(Stop and Wait)
  - 진행 원 위치 ARQ
  - 선택적 반복 ARQ

제4절 TCP/IP 프로토콜

TCP/IP는 미 국방성(Department of Defence)의 국방연구 프로젝트국(DARPA)에서 비상 재해(특정지역의 폭격 등) 발생 시 통신 두절현상을 대비하여 구축한 통신망으로 ARPA 연구원들이 정보를 공유하기 위하여 1969년부터 "ARPANET"이란 컴퓨터 통신망을 구축하여 운영하기 시작한 이후에 미 국방위통신청(DAC, Defense Communication Agency)에서 컴퓨터 간 통신을 위해서 TCP/IP를 사용하도록 한 것이 시초가 되었다.

"ARPANET"은 원격 시스템 접속, 파일전송, 전자우편 및 정보공유가 가능한 통신망으로서 1975년 실험망에서 운용망으로 전환되어 오늘날에 와서는 이를 상용화하여 일반에 널리 쓰이고 있다. 특히 1978년 미국정부가 이를 컴퓨터 통신 프로토콜로 지정하여 상이한 근거리망 환경간의 망 상호연결 부분에 커다란 성공을 거두고 있다.

※ DARRA(미 국방연구 프로젝트, Defense Advance Research Project Agency)
ARPANET(Advance Research Agency Network)

1983년 1월 1일 "ARPANET"에 연결된 모든 망들은 이 TCP/IP로 전환되어 사용되고 있으며 1980년 후반에 "ARPANET"를 기반으로 호주, 유럽 등의 전 세계 컴퓨터 망에 연결되어 오늘날의 인터넷으로 발전하게 되었으며, 1993년 이후에는 TCP/IP에 기반한 WWW(World Wide Web) 서비스가 폭발적으로 확산되면서 TCP/IP는 이제 컴퓨터 통신망의 실질적인 표준이 되었다.

4.1 TCP/IP 프로토콜의 개요

TCP/IP 프로토콜을 구성하는 주요 두 프로토콜은 TCP와 IP이다. 그러나 TCP/IP 프로토콜이라고 하면 TCP와 IP 두 프로토콜만을 지칭하는 것이 아니라 UDP(User Datagram Protocol), ICMP(Internet Control Message Protocol), ARP(Address Resolution Protocol), RARP(Reverse ARP) 등 관련된 프로토콜을 통칭하는 것이다.

1) TCP/IP의 특성

TCP/IP는 "ARPANET"의 호스트 대 호스트 프로토콜 문제를 해결하고 이를 대체할 목적으로 Vinton G. Cerf와 Robert E. Kahn이 공동으로 설계하게 되었다. 또한 다른 통신망과의 통신능력도 배가시켰는데, TCP의 경우는 가상회선을 이용한 전송방식을, 그리고 IP의 경우는 데이터그램 전송방식을 취하고 있다.

원래의 "ARPANET" 설계 시 서브망은 가상회선 서비스를 제공할 목적으로 설계되었는데, 그 첫번째 전송계층 프로토콜인 TCP는 완전한 서브망을 갖추고 설계되었다. 즉, TCP는 통신망 계층에 TPDU(Transmission Protocol Data Unit)를 통과하여 이들이 목적지(수신측)에 순서적으로 전달되도록 하는 프로토콜이다. 그러나 ARPANET은 그 후 향상을 거듭해 다수의 근거리망, 패킷 무선 서브망, 다양한 위성채널, 그리고 감소된 서브망의 종단간 신뢰도 등을 포함하는 "ARPA" 인터넷으로 발전하여 새로운 전송계층 프로토콜을 도입하는 계기가 되었다.

즉, TCP는 기존 서브망의 신뢰도에 대한 문제점들을 해결하고자 설계되었으며 네트워크선로를 통해 전송되는 과정에서 손실되거나 순서가 뒤바뀌어서 전달되는 경우, 손실을 검색하여 교정하고 순서를 재조합할 수 있는 프로토콜이다. TCP/IP의 특성은 다음과 같이 요약된다.

- 오픈 프로토콜

특정 회사나 기관의 소유물이 아닌 오픈 프로토콜 표준이므로 누구나 이 프로토콜을 무료로 적용하고 보완이 가능하다.

- 계층적 구조

TCP 계층은 OSI 7계층 중 전송층(제 4계층)에 해당하며 IP층은 네트워크층(제 3계층)에 해당된다. 각 계층은 독립적인 기능을 수행하고 서로 다른 계층 간에는 영향을 미치지 않는다.

- 네트워크와 컴퓨터에 대한 논리적인 주소 표기가 가능

많은 네트워크 주소와 그 네트워크에 포함되는 호스트(Hos) 주소 표기가 가능하며 하나의 네트워크 안에 최대 2,097,152개의 서브 네트워크를 표기할 수 있고, 한 네트워크당 최대 16,777,214개의 노드를 표기할 수 있다.

TCP/IP의 기능은 다음과 같이 요약된다.

- 신뢰성 있는 가상회로(Virtual Circuit) 연결 기능
- 다수의 서로 다른 네트워크로 연결된 호스트(Host) 간의 통신 지원
- 기본적인 데이터 전송(Basic Data Transfer)
- 신뢰성(Reliability) 보장

2) TCP/IP의 구조

TCP/IP는 계층적 구조를 가지는 표준 프로토콜로 네트워크 계층(링크계층, 전송매체), 인터넷 계층, 트랜스포트 계층, 응용 계층으로 구성된다.

- 네트워크 계층(링크계층, 전송매체)
- 인터넷 계층
- 트랜스포트 계층
- 응용 계층

다음에 OSI 참조모델과 TCP/IP의 비교도를 나타내었다.

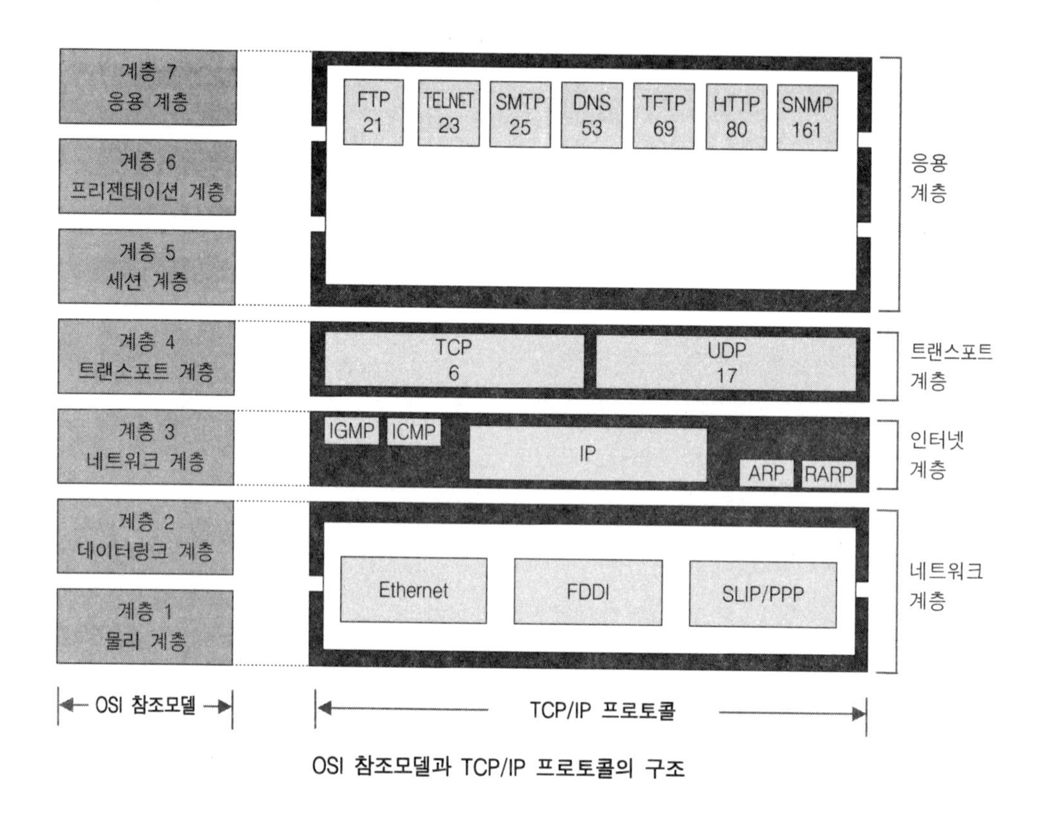

OSI 참조모델과 TCP/IP 프로토콜의 구조

다음에 TCP/IP 프로토콜의 계층적 구조를 그림으로 나타내었다.

<table>
<tr><td colspan="2">응용계층</td><td>FTP</td><td>Telnet</td><td>SMTP</td><td>DNS</td><td>TFTP</td><td>HTTP</td><td>SNMP</td></tr>
<tr><td colspan="2">TCP 계층</td><td colspan="3">TCP</td><td colspan="4">UDP</td></tr>
<tr><td colspan="2">IP 계층</td><td colspan="7">IGMP ICMP IP ARP RARP</td></tr>
<tr><td rowspan="2">네트워크 계층</td><td>링크 계층</td><td>Ethernet</td><td>토큰링</td><td>FDDI</td><td colspan="2">X.25</td><td colspan="2">SLIP/PPP</td></tr>
<tr><td>전송 매체</td><td>RS232C</td><td>전화선</td><td>동축케이블</td><td>UTP</td><td>STP</td><td colspan="2">광케이블</td></tr>
</table>

TIP/IP의 계층적 구조

(1) 네트워크 계층

네트워크 계층은 OSI 모델에서 데이터링크 계층과 물리 계층(Physical Layer)에 해당되며 TCP/IP 패킷(Packet)을 네트워크 계층으로 전달하는 것과 네트워크 계층에서 TCP/IP 패킷을 받아들이는 과정을 담당하게 된다. 네트워크 계층의 형태로는 이더넷(Ethernet), 토큰링(Token Ring)과 같은 LAN 기술과 X.25, 프레임 릴레이(Frame Relay)와 같은 WAN 기술을 포함하고, 특정 네트워크 기술을 개발하는 독립 회사들은 ATM(Asynchronous Transfer Mode)과 같은 새로운 기술을 적용하고 있다.

(2) 인터넷 계층

인터넷 계층은 패킷 목적지 주소지정(Addressing), 패키징(Packaging), 라우팅(Routing) 기능을 제공하며 이 계층에 전달되는 데이터를 "패킷(Packet)"이라 한다. 인터넷 계층의 주요 프로토콜은 IGMP, ICMP, IP, ARP, RARP 등이다.

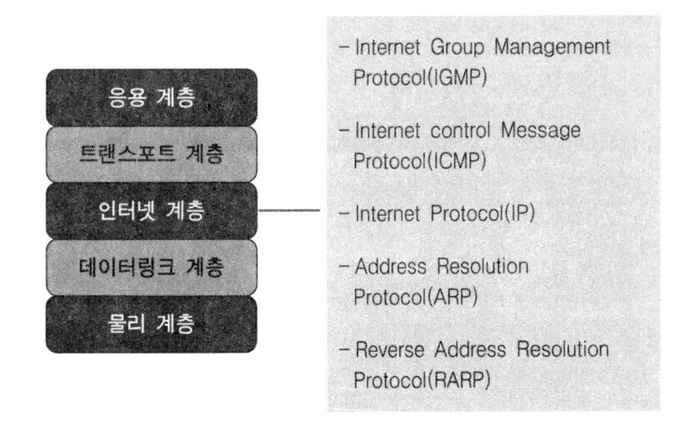

① IGMP

호스트 컴퓨터와 인접 라우터가 멀티캐스트 그룹 멤버십을 구성하는 데 사용하는 통신 프로토콜이다. 이는 멀티 캐스팅을 지원하는 호스트와 라우터에 의해 사용되며 IP 멀티캐스트(Multicast) 그룹에서 호스트 멤버십을 관리한다.

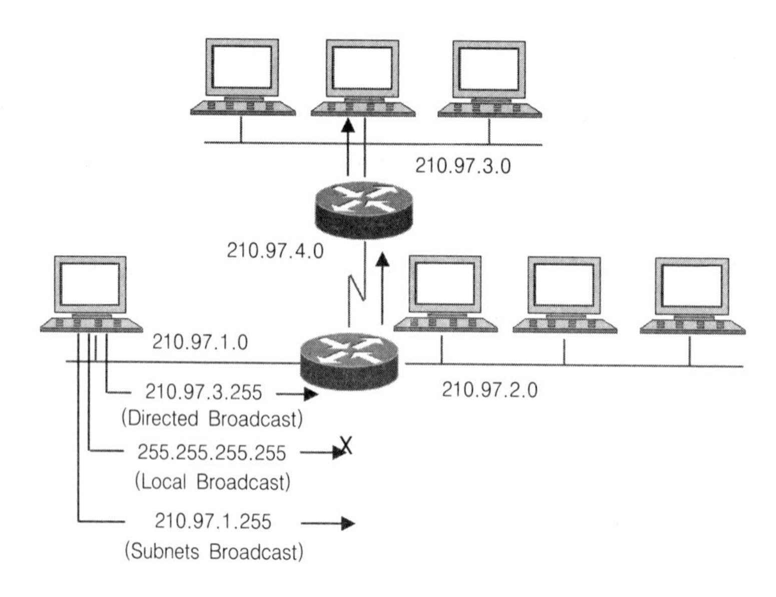

IGMP 프로토콜

② ICMP

동일 서브넷 상에 두 개 이상의 라우터를 둔 경우 IP 패킷의 전달에 따른 오류발생 시 이를 진단하여 데이터그램(Datagram)의 재지정을 발신호스트로 전송하는 프로토콜이다. 호스트는 이 메시지를 받아 라우팅 테이블을 갱신하게 된다.

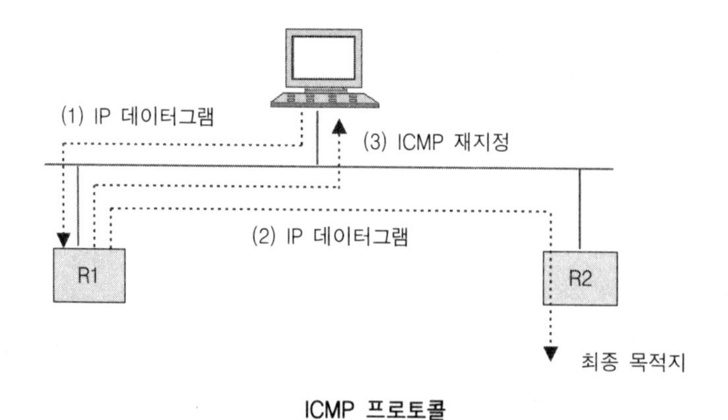

ICMP 프로토콜

③ IP

패킷의 분해, 재조합을 통하여 최적경로의 선택과 전송을 하며 주소지정과 라우팅(Routing) 기능을 제공하는 프로토콜이다. 이는 전체 데이터그램 내에서 상대적 위치를 나타내며 옵셋을 8 바이트 단위로 나타낸다.

④ ARP

논리적인 IP 주소에 해당되는 물리적인 주소(MAC 주소)를 찾아주는 프로토콜로 동적주소 바인딩을 위한 인터넷 표준(RFC 826)으로 상대방의 IP 주소로 상대방의 MAC 주소를 알고자 할 때 사용한다. ARP는 주로 단일 망에서 주소 매핑용으로 사용된다.

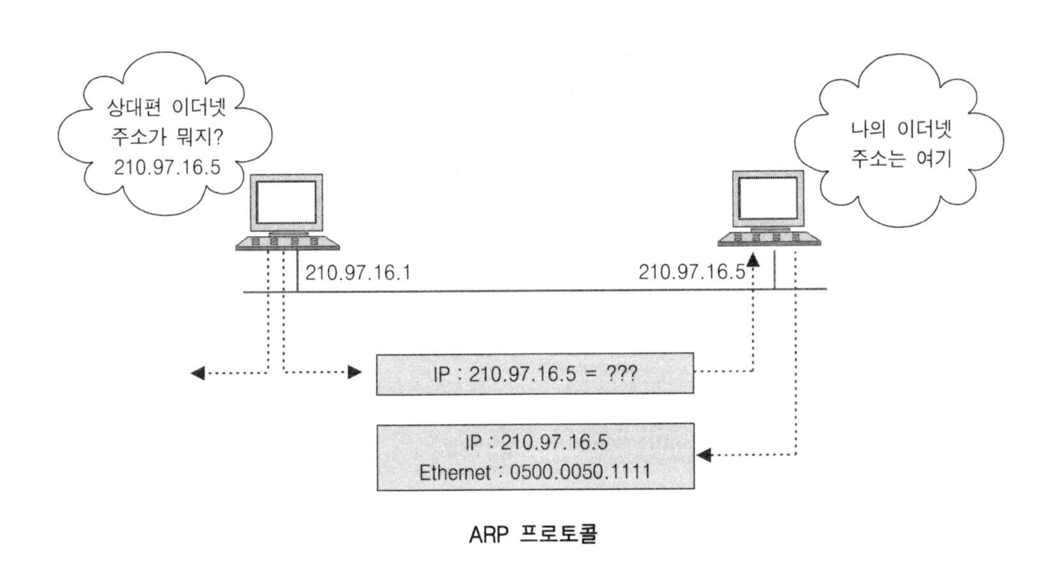

ARP 프로토콜

⑤ RARP

ARP와 반대로 TCP/IP 네트워크에서 데이터링크 주소(MAC 주소)로부터 IP 주소를 확인할 수 있게 해주는 프로토콜로, MAC 어드레스 주소가 주어지면 해당노드에 부여된 IP 주소를 전송하는 기능이 있다.

이는 동적주소 바인딩을 위한 인터넷 표준(RFC 826)으로 자신의 MAC 주소로 자신의 IP 주소를 알고자 할 때, 브로드 캐스트(Broadcast)를 이용하여 IP 주소를 알고자 할 때 사용한다. RARP는 주로 단일 망에서 주소 매핑용으로 사용된다.

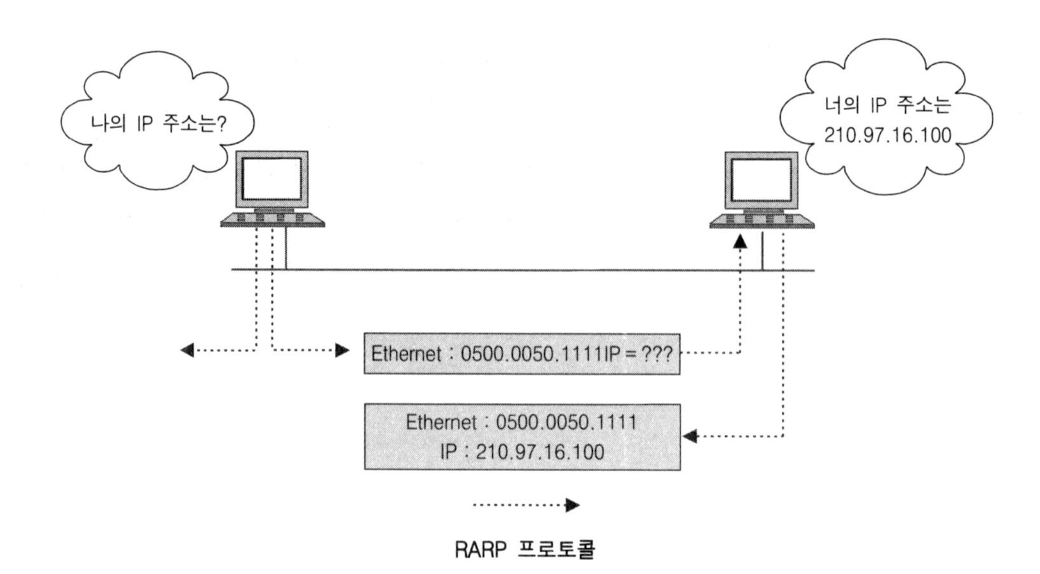

RARP 프로토콜

(3) 트랜스포트 계층

트랜스포트 계층은 "호스트 투 호스트(Host to Host)" 트랜스포트 계층이라고도 하며 응용 계층에 세션과 데이터그램(Datagram) 통신서비스를 제공한다. 트랜스포트 계층의 주요 프로토콜은 TCP와 UDP(User Datagram Protocol)이다.

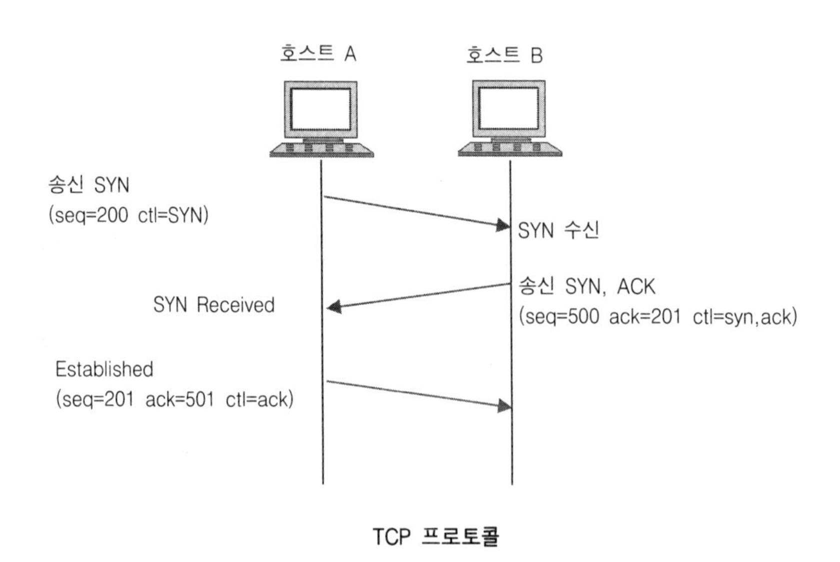

TCP 프로토콜

TCP는 1대 1의 연결지향, 신뢰할 수 있는 통신 서비스를 제공하며 TCP 연결확립과 보내진 패킷의 확인, 순서화, 전달 중 손상된 패킷을 복구하는 기능을 수행한다. 즉, 네트워크 전송 중 순서가 뒤바뀐 메시지를 교정시켜주는 기능을 가지고 있다. 또한 연결지향이란 데이터를 전송측과 수신측에서 전용의 데이터전송 선로(Session)를 만든다는 의미로 데이터의 신뢰도가 중요하다고 판단될 때 주로 사용된다. 그러나 실시간 멀티미디어 정보처리 시에는 TCP의 오류정정 특성으로 메시지가 도착하지 않을 경우 다음 메시지를 받지 않고, 메시지 재전송을 요구하므로 실시간 메시지 처리가 어려운 점이 있다.

UDP는 1대1, 1대 다수의 비 연결 지향, 신뢰할 수 없는 통신서비스를 제공하며 주로 전달해야 할 데이터의 크기(하나의 패킷으로 보낼 수 있는 데이터와 같은 경우)가 작을 때나, TCP 연결확립에 의한 부하를 피하려고 할 때, 혹은 상위 프로토콜이 신뢰할 수 있는 전달을 책임지는 경우, 또한 도메인 네임 서비스(DNS, Domain Name Service)나, 시간(Time) 서비스와 같이 한 패킷의 송·수신으로 어떤 서비스가 이루어지는 경우 등에 많이 사용된다.

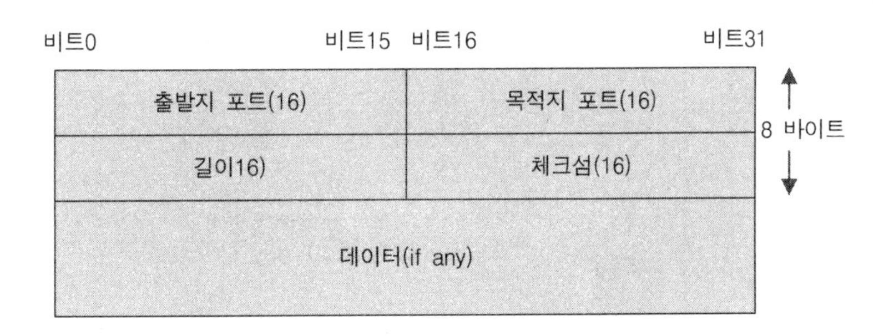

UDP는 TCP 계층에 속하지만 데이터의 신뢰성 있는 전송을 보장하지는 않으므로 파일전송, 메일서비스 등에는 적합하지 않으나 LAN과 같이 전송오류가 거의 없고 패킷의 전달순서가 바뀌지 않는 환경에서는 TCP보다 처리 속도가 빠른 UDP가 유리할 수 있다. LAN에서 제공되는 NFS(Network File System)는 UDP를 사용하며 UDP를 사용하는 경우 데이터 전송의 신뢰성이 필요할 때는 응용프로그램이 이를 검사해 주어야 한다.

(4) 응용 계층

응용 계층은 프로그램 간에 데이터의 송·수신, 즉 데이터교환을 위한 프로토콜이다. 이는 다른 계층의 서비스에 접근할 수 있게 하는 애플리케이션을 제공하고 애플리케이션들이 데이터를 교환하기 위해 사용하는 프로토콜을 의미한다. 응용 계층 프로토콜은 여러 가지 프로토콜이 존재하며 현재에도 많은 종류의 프로토콜이 개발되고 있다. 대표적인 응용 계층 프로토콜로는 전자우편의 전송에 사용되는 SMTP, 파일의 송수신을 위한 FTP, 월드와이드웹에 사용되는 HTTP, 원격 컴퓨터의 접속을 위한 Telnet 등이 여기에 속한다.

- SMTP(Simple Mail Transfer Protocol)
- FTP(File Transfer Protocol)
- HTTP(Hypertext Transfer Protocol)
- Telnet(Terminal Emulation Protocol)

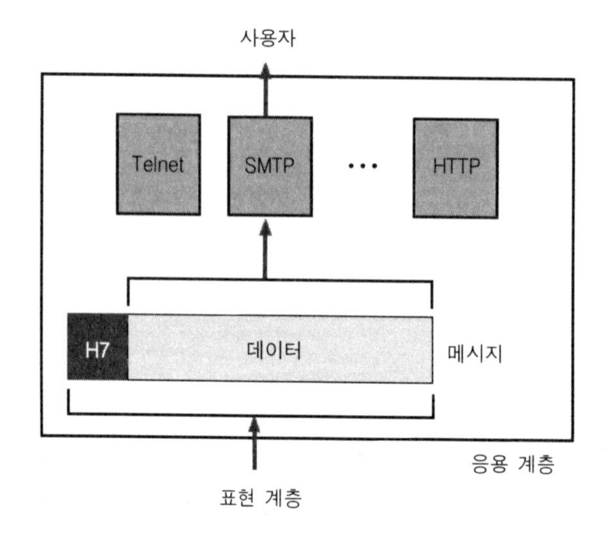

또한 TCP/IP 네트워크를 사용하거나 관리하는 것을 도와주는 응용 계층 프로토콜로는 다음과 같은 것들이 있다.

- DNS(Domain Name System) : 호스트 이름을 IP 주소로 변환하기 위해 사용
- RIP(Routing Information Protocol) : IP 네트워크상에서 라우팅 정보를 교환하기 위해 라우터가 사용하는 프로토콜
- SNMP(Simple Network Management Protocol) : 네트워크 관리 콘솔과 네트워크 장비(라우터, 브리지, 지능형 허브)간에 네트워크 관리 정보를 수집, 교환하기 위해 사용
- POP3(Post Office Protocol Version 3) : 원격 서버로부터 TCP/IP 연결을 통해 이메일을 가져오는데 사용

4.2 TCP/IP 프로토콜의 전송

계층적 구조를 가지는 TCP/IP 프로토콜은 서로 다른 네트워크로 연결된 호스트(Host) 간의 프로세스 간 통신 지원을 위해 연결설정과 흐름제어 및 오류제어 기능 등의 전송서비스가 이루어진다. 즉, 연결설정은 연결지향 프로토콜을 사용하여 이루어지며 사용자 프로세스에게 신뢰성 있는 전이중 통신방식과, 바이트 스트림(Byte Stream) 서비스를 지원하게 된다. 여기에서는 이러한 TCP/IP의 전송서비스 특성에 대하여 학습하고자 한다.

1) TCP 구조

TCP 프로토콜은 연결을 설정하고 데이터를 전송, 제어하기 위해 TCP 헤드, 옵션, 사용 데이터로 구성되며 각각의 특성은 다음과 같다. 출발지 포트와 도착지 포트 필드는 접속로의 종단점을 식별해 주며 데이터에 부여된 바이트번호인 순서번호와 수신하고자하는 바이트 번호인 확인 필드는 각 32 비트로 자신들의 고유한 기능을 수행하고 TCP의 헤더는 32비트 워드가 포함되며 그 외에 TCP의 목적과 내용을 결정, 회선제어 정보를 포함하는 6비트의 제어비트와 수신측의 가용버퍼 크기를 나타내는 16비트 윈도우, 오류제어용 체크섬, 긴급 데이터 순서번호인 긴급 포인터, 옵션과 패딩 및 사용자 데이터로 구성되어 서비스를 제공하게 된다.

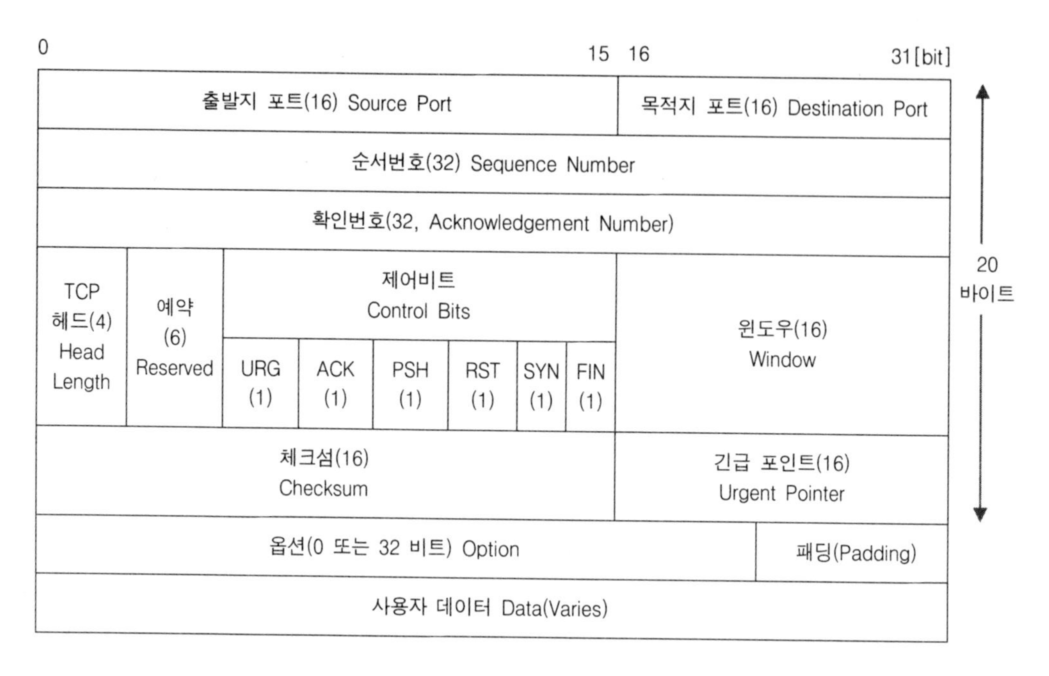

TCP의 구조

다음에 TCP 구조의 각 필드에 대한 특성을 요약하였다.

필드명	길이 (비트)	기 능
출발지 포트	16	송신측의 프로세스 포트번호
목적지 포트	16	수신측의 프로세스 포트번호
순서번호	32	송신된 첫번째 데이터의 순서번호(바이트 단위)
확인번호	32	송신측이 수신을 기대하는 다음 순서번호 (즉, 수신된 데이터 바이트 수 +1로 ACK=1일 때 의미가 있음)
헤드길이	4	31비트 정수배로 계산된 헤더길이를 나타내는 정수값
예약	6	미래 사용을 위해 할당해 놓은 필드

필드명		길이 (비트)	기 능
제어 비트	URG	1	긴급 포인터 유효
	ACK	1	ACK용 데이터임을 표시(이때 ACK Number 값이 유효)
	PSH	1	세그먼트 전달 요청
	RST	1	연결 해제
	SYN	1	순서번호 동기화
	FIN	1	접속 종료
윈도우		16	흐름제어용 윈도우 크기(바이트 단위) 조정용
체크섬		16	TCP, PDU 전체와 IP계층의 헤더 중, 후반부 12바이트(송수신지 IP 주소 등)에 대한 오류검출 코드
긴급 포인터		16	긴급 데이터의 순서번호
옵션		0~32	헤더의 끝 부분으로 길이는 8의 배수
패딩			데이터가 32비트 단위에서 시작하도록 보장하기 위해 헤더에 '0'을 삽입
사용자 데이터			사용자 데이터

2) TCP 전송서비스

TCP 프로토콜은 각 데이터를 패킷로 만들어 IP 프로토콜 및 응용 계층 프로토콜을 이용하여 전송서비스를 실행하게 된다. TCP 전송서비스는 일정 주소 값을 가지고 두 시스템 간에 논리적인 연결을 한 후 가상회선(Virtual Circuit)을 통하여 데이터를 전송하는 단계로 이루어진다.

- TCP 전송서비스
  - 포트번호(TCP Port Number)를 이용한 연결설정 및 해제 서비스
  - 패킷전송을 위한 순서번호(Sequence) 및 확인번호(Acknowledge) 서비스
  - 흐름제어를 이용한 윈도우(Window) 조정 서비스
  - 오류제어를 위한 체크섬(Checksum) 서비스

- 데이터(Data) 전송(스트림 또는 메시지(Bytes))
- 전 이중 또는 반 이중 통신방식 전송

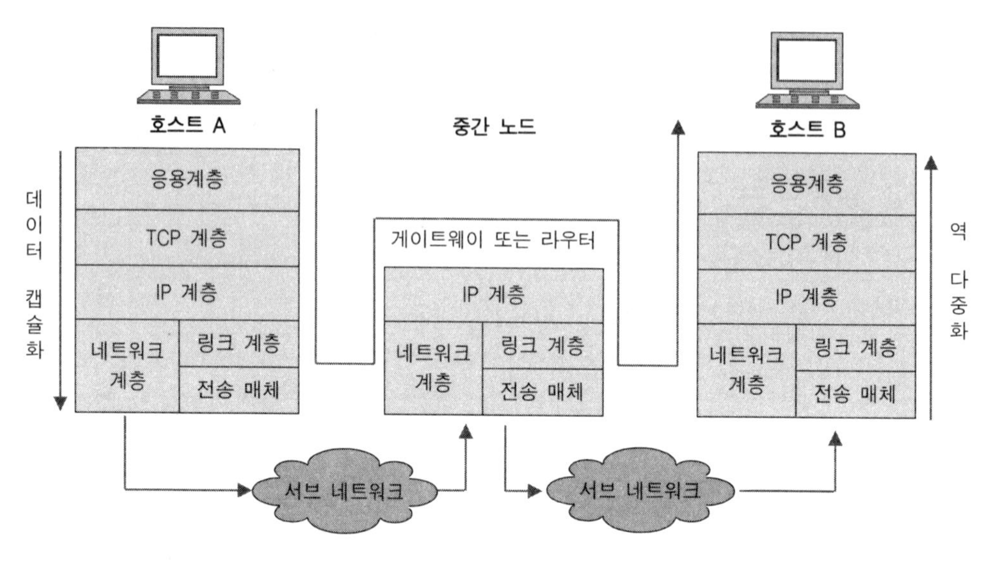

데이터 전송서비스의 개념도

(1) TCP 연결설정 및 해제 서비스

TCP의 연결설정이란 데이터를 전송하기 전에 브라우저(Browser)와 서버(Server) 간에 연결을 성립하는 과정을 의미하며, 이는 노드간 데이터교환 전에 송신측과 수신측 간에 가상경로를 설정하여 연결설정과 종료를 통하여 이루어진다. 이러한 연결설정 방법은 "3단계 핸드쉐이크(Three Way Handshaking)" 및 "4단계 핸드쉐이크" 방법이 사용된다. 이때 "3단계 핸드쉐이크"란 통신선로를 개설하기 위해 3번의 데이터 전송이 진행된다는 의미이다.

이러한 연결설정을 위해 TCP/IP와 포트 주소간의 관계정립이 필요하다. 각 계층의 경우 필요로 하는 주소는 다음과 같으며, TCP에서는 응용 계층의 포트를 이용하여 연결설정을 하게 된다.

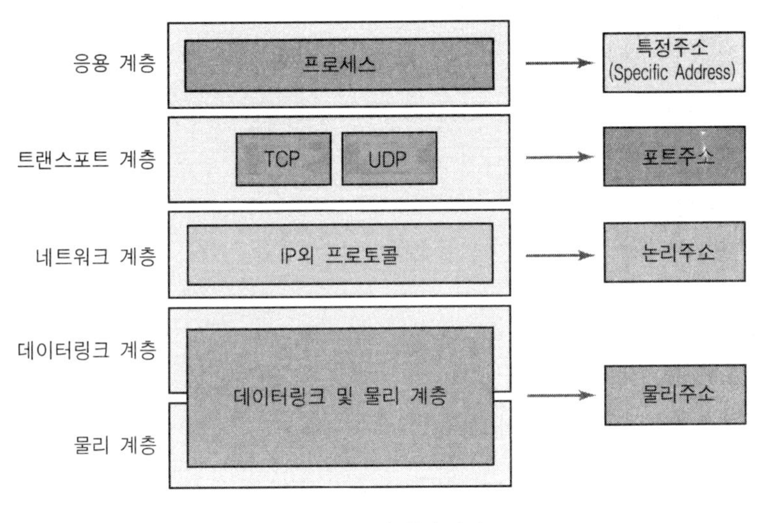

TCP/IP의 주소설정

① 물리적 주소설정

TCP/IP에서 사용되는 주소는 대표적으로 물리주소, 논리주소, 포트주소, 특별주소가 있다. 데이터를 출발지에서 목적지까지 전송하기 위해서는 물리주소와 인터넷 주소가 필요하다. 물리주소는 "링크주소"라고도 하며 LAN이나, WAN에서 정의된 노드의 주소를 나타낸다. 이 주소의 크기기와 형식은 네트워크에 의존하므로 매우 다양하며 대부분 네트워크의 물리주소로는 유니 캐스트(Unicast), 멀티 캐스트(Multicast), 브로드 캐스트(Broadcast) 모두를 지원하게 된다.

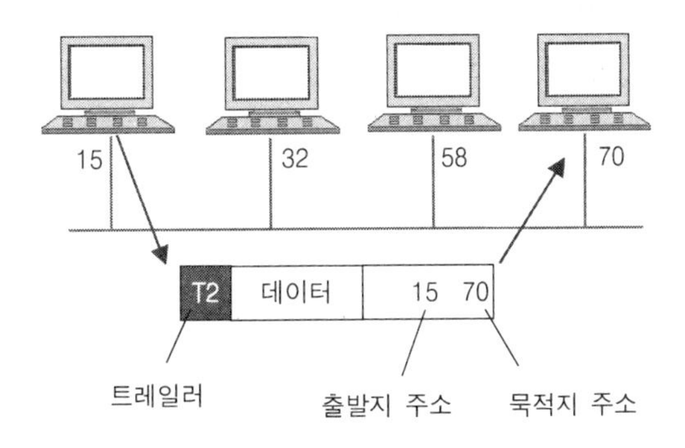

※ **유니 캐스트란?**
단일 호스트를 나타낸다.

※ **멀티 캐스트란?**
멀티 캐스트 그룹에 속하는 호스트를 나타낸다.

※ **브로드 캐스트란?**
특정 네트워크상의 모든 호스트를 나타낸다.

② 인터넷 주소설정

인터넷 주소는 물리 주소와 달리 독립적으로 전 세계적 통신을 위해 필요하며, 각 호스트를 유일하게 식별할 수 있는 주소이다. 32비트 주소체계를 사용하며 유니캐스트(Unicast), 멀티캐스트(Multicast), 브로드캐스트(Broadcast)가 될 수 있다.

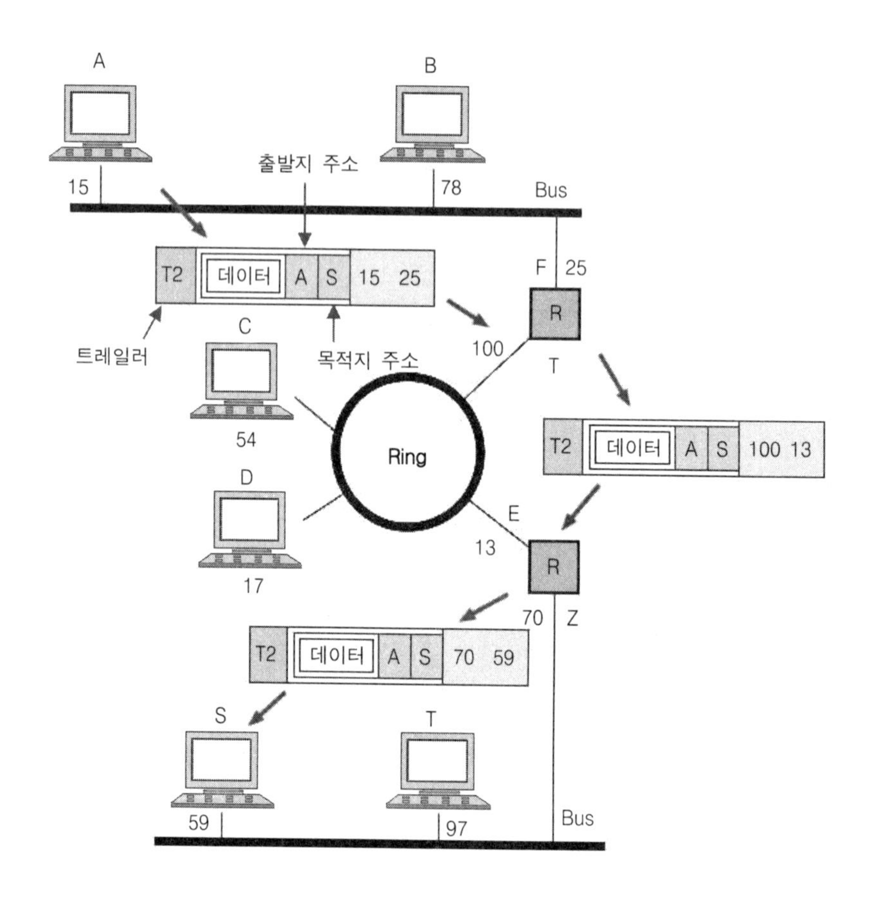

③ 포트 주소설정

인터넷의 최종 목적은 한 프로세스가 다른 프로세스와 통신을 하는 것이며, 이를 위해 데이터를 목적지까지 전송하기 위해 물리 주소와 인터넷 주소 등이 필요하다. 이러한 주소 외에 TCP/IP 구조에서 프로세스에 할당된 레이블(Label)을 "포트 주소"라 한다. 즉, 이는 프로세스에 붙이는 문구 또는 표식이라 할 수 있다. 포트 주소 길이는 16비트를 사용한다.

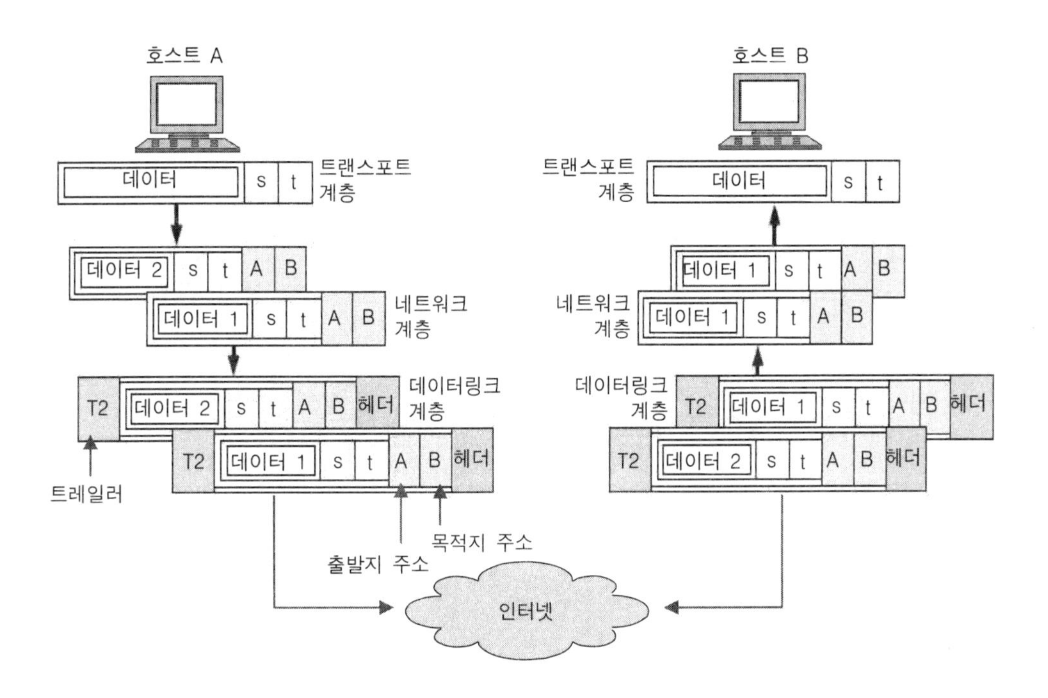

④ TCP 포트설정

TCP/IP의 주소설정 이후 TCP의 포트설정이 필요하다. 포트설정 방법은 그림과 같이 호스트 A가 FTP를 통하여 출발지 포트번호와 함께 다른 호스트에게 전송하면 다른 포스트 B는 응용 계층의 해당 포트번호를 알려주는 방법으로 이루어진다.

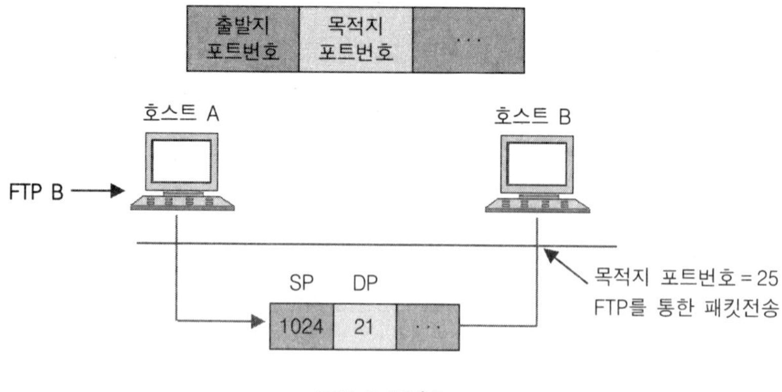

TCP 포트번호

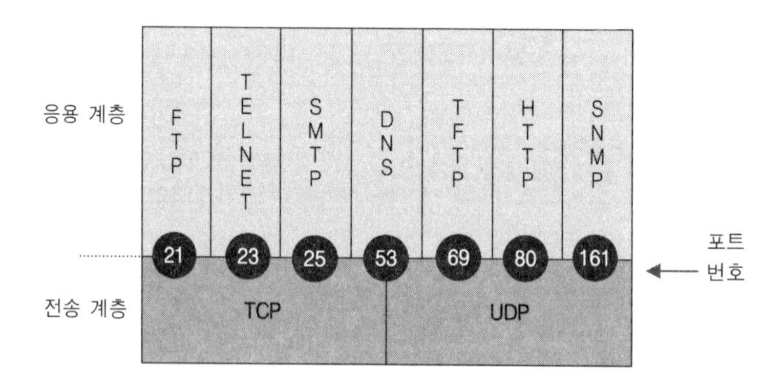

TCP의 포트설정

⑤ TCP 연결설정

TCP는 연결지향형 프로토콜로서 연결설정을 위해 노드간 데이터 교환 전에 세션을 형성한다. 그후 "3단계 핸드쉐이크(Three Way Handshaking)"라는 프로세스에 의해 두 노드 간에 가상회선을 생성하고 데이터를 교환하며 교환 후 "2단계 핸드쉐이크"에 의해 세션을 종료하게 된다. 즉, 연결설정이 이루어진 후 데이터를 교환하게 되므로 이를 "연결지향형" 프로토콜이라고 한다. 이러한 연결설정을 통하여 초기 순서번호(Sequence No), 윈도우(Window) 사이즈 등에 대한 정보를 교환하게 된다.

• 3단계 핸드쉐이크의 동작과정
 - 호스트 A가 호스트 B에게 연결설정 세그먼트 전송(call “초기화 정보”)
 - 호스트 B는 호스트 A에게 초기화정보와 확인응답 세그먼트 전송
 - 호스트 A는 호스트 B에게 확인응답 세그먼트 전송

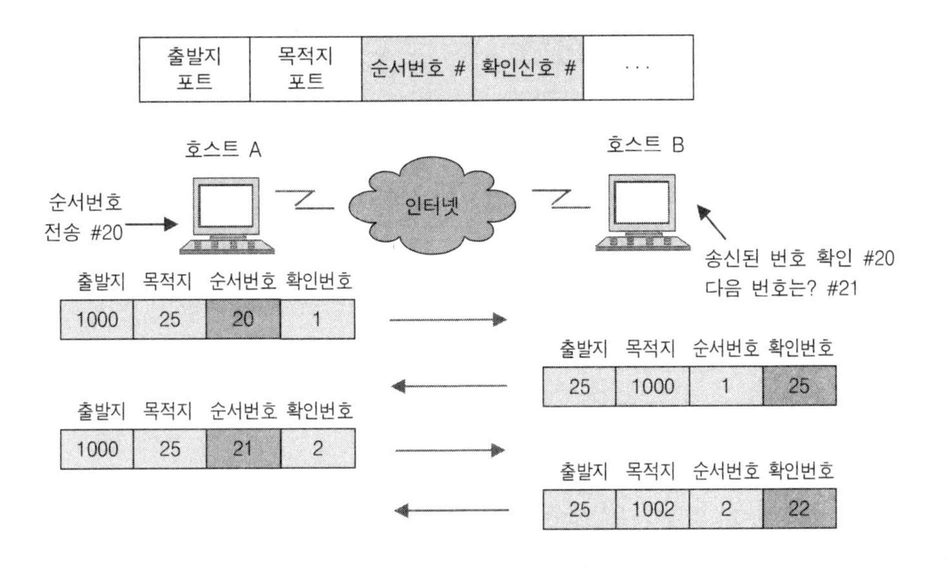

※ 데이터그램 프로토콜이란?
TCP의 연결지향형 프로토콜과 달리 연결설정과 같은 과정이 없이 단순히 데이터만 전송하는 프로토콜을 의미하며 대표적인 것이 UDP이다.

(2) 순서번호 및 확인 서비스

순서번호(Sequence) 및 확인번호(Acknowledge)는 패킷전송을 위한 서비스로 첫 번째 송신한 데이터의 순서번호(바이트 단위)를 체크하고 송신측이 수신을 기대하는 순서번호, 즉 수신된 “데이터 바이트수 +1”로 확인하는 서비스이다.

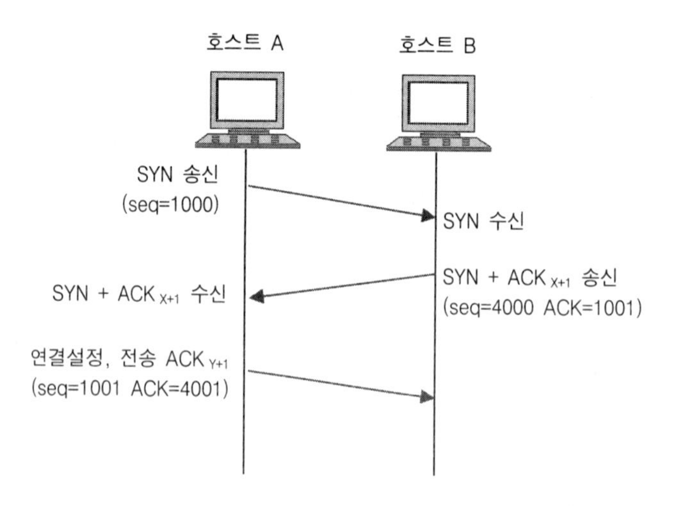

(3) 윈도우 조정 서비스

흐름제어를 이용한 윈도우 크기의 바이트단위 조정은 흐름제어를 위하여 수신측 TCP가 자신이 준비해 놓은 1 옥텟(Octet, 1 Byte) 수를 지정하여 호스트(송신측)에게 알리면 송신 TCP는 이를 참조하여, 슬라이딩 윈도우 수를 조절하여 다시 수신측 TCP에게 송신하고 수신측 TCP가 이를 확인하여 다시 송신측에 전달하여 윈도우 크기를 조절하는 서비스이다. 이 필드의 길이가 16비트 이므로 윈도우의 최대크기는 65,535 바이트이다.

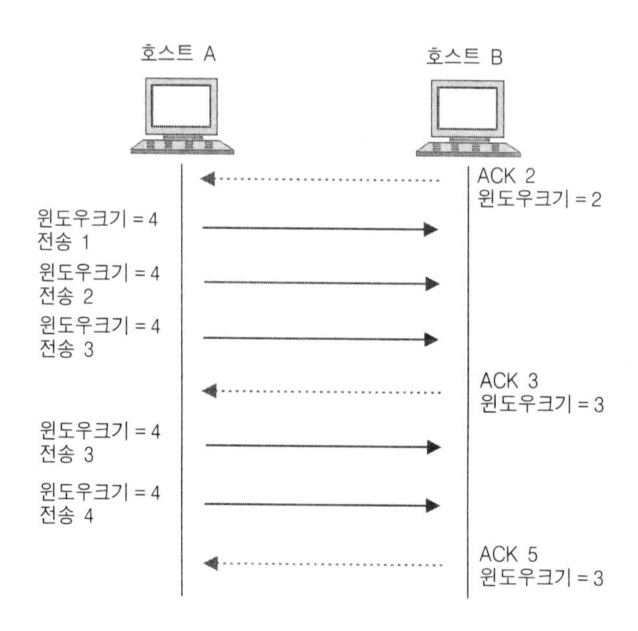

(4) 체크섬 서비스

TCP에서 오류제어는 오류감지와 정정을 목적으로 하고 있다. 이러한 오류감지에 대표적으로 사용되는 것이 체크섬이다. 이는 TCP 및 PDU 전체와 IP계층의 헤더 중, 후반부 12바이트(송·수신지 IP 주소 등)에 대한 오류검출을 목적으로 한다. TCP는 송신과 확인응답을 통하여 오류가 검출되면 오류정정을 통하여 전송하게 된다.

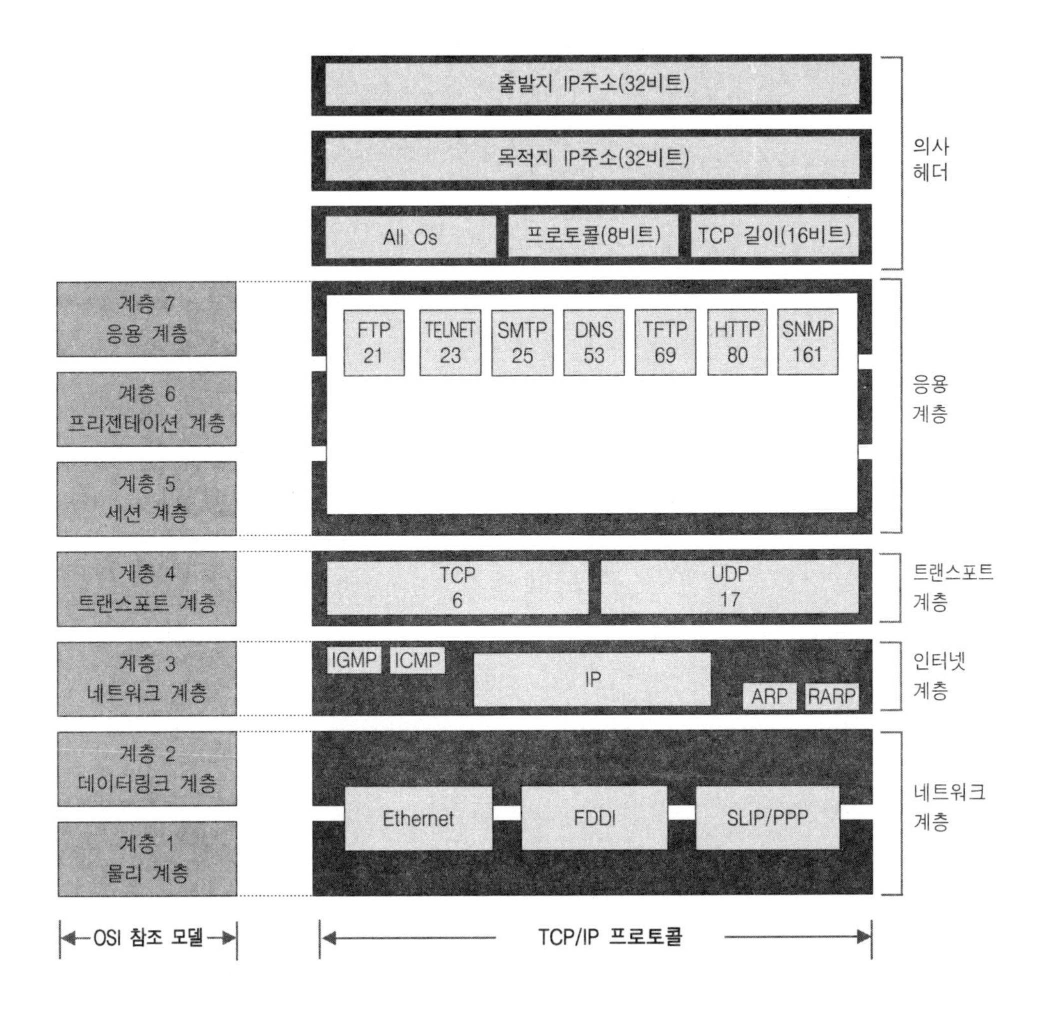

(5) 데이터전송 서비스

TCP의 데이터전송은 스트림 형태의 전 이중(반 이중) 방식을 통하여 이루어진다. 즉, TCP는 스트림(Stream) 기반의 프로토콜로 바이트 스트림 형태로 송·수신을 하며 두 호스트간에 가상회선을 이용하여 이루어진다. 이때 데이터 전송은, 즉 문자 스트림 송·수신 시에는 송·수신 속도조절을 위하여 버퍼를 이용하게 된다.

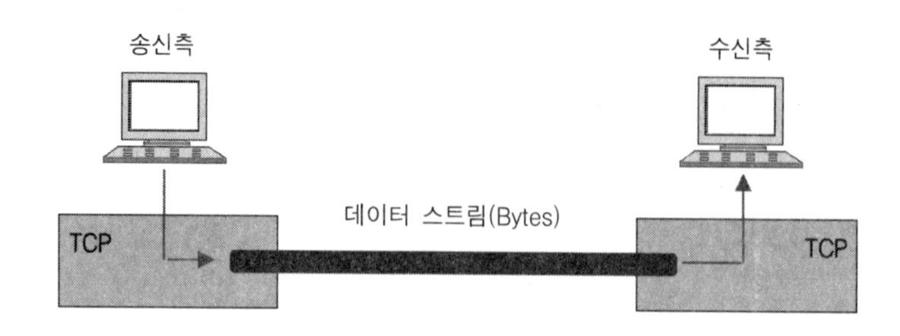

TCP의 스트림전송 개념도

즉, TCP의 송신과정은 바이트 스트림을 생성(Write)하고 수신과정은 바이트 스트림을 읽는(Read) 프로세스로 이루어지며 송·수신 속도가 동일하지 않을 때 버퍼가 필요하게 된다.

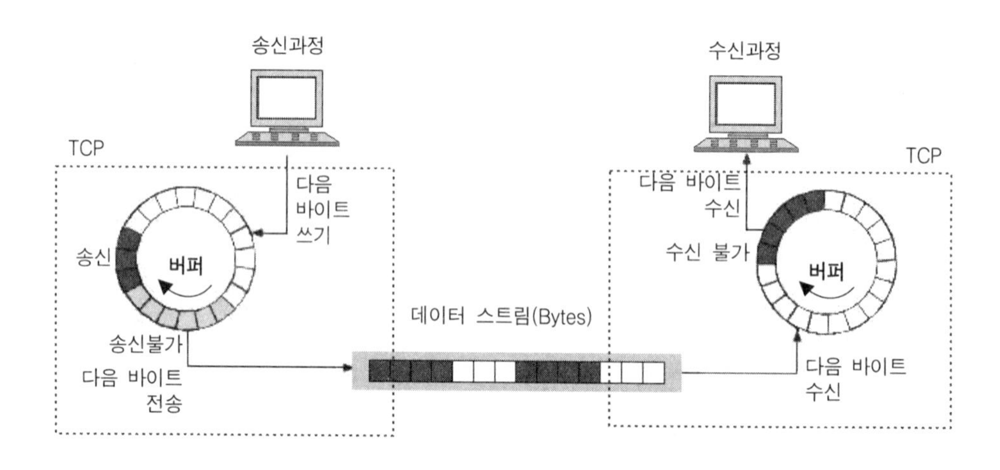

버퍼를 이용한 TCP의 전송

(6) 전 이중 통신방식의 전송

TCP 전송방식은 동시에 양방향으로 통신이 가능한 방식을 사용하며 송신 및 수신 데이터에 대한 확인응답을 같이 보내는 "피기백킹(Piggybacking)" 방법을 사용하여 송신 데이터에 대한 확인응답 원리로 신뢰성 있는 전송을 하게 된다.

TCP 전송을 위한 데이터의 생성과정은 캡슐화(Encapsulation)와 역 다중화(Demultiplexing)로 이루어진다. 즉, 사용자 데이터가 생성되면 송신측의 프로토콜 계층을 내려오면서 각각의 계층은 헤더(Header)를 붙이게 된다. 헤더란 각 계층에서 해야 할 일들을 정의한 오버헤드(Overhead)를 의미하며 각 계층을 지나면서 헤더에 붙이는 작업을 "캡슐화"라 한다.

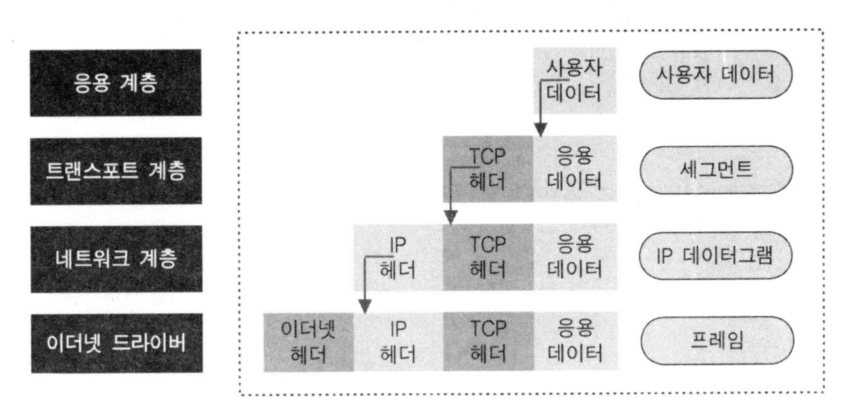

TCP/IP 프로토콜 데이터 구조

즉 순수 사용자 데이터는 헤더정보를 붙인"세그먼트", 송·수신 정보 없이 데이터만 있는 "데이터그램" , 전송 데이터와 제어정보를 합한 "프레임"등으로 변환되어 전송되게 됨을 의미한다. 다음에 TCP/IP의 송·수신측 데이터 생성과정을 나타내었다.

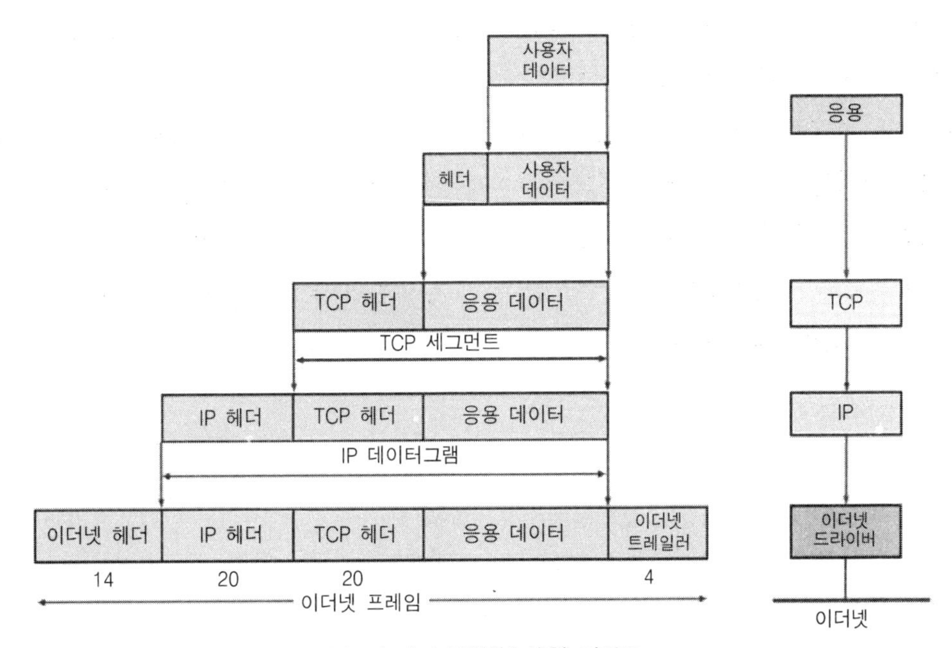

TCP의 데이터생성(송신측) 과정도

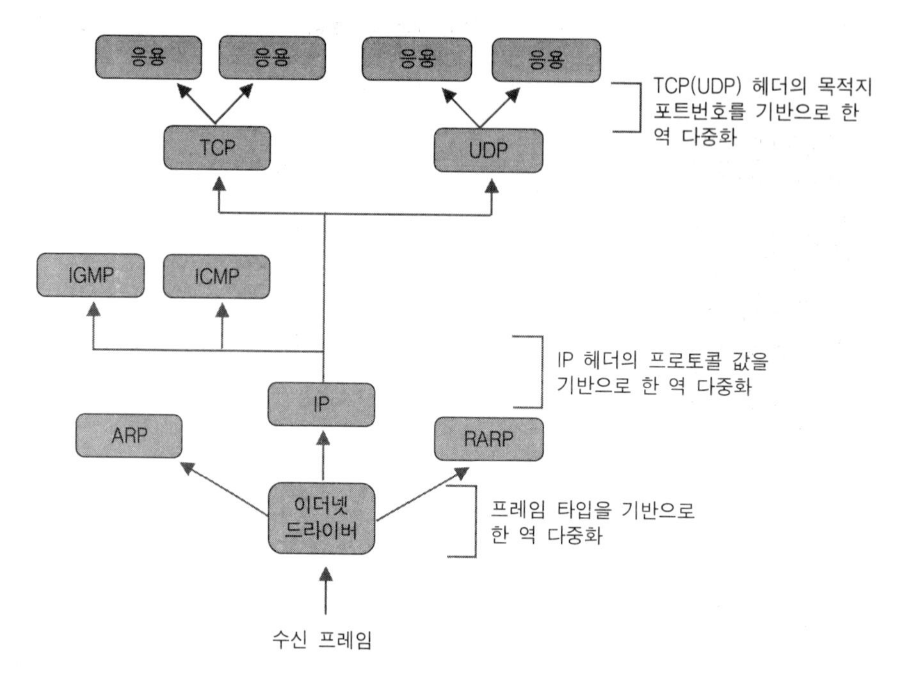

TCP의 데이터 수신 과정도

TCP의 데이터 전송과정은 TCP/IP 프로토콜의 데이터 구조에서 송신측 데이터제어 정보를 헤더에 추가하는 형태로 캡슐화가 진행되어 수신측에서의 역 다중화 형태로 정보전송이 이루어진다. 즉, 송신측 응용 프로그램에서 전송하려는 데이터가 각 계층을 내려오면서 각 계층의 임무를 수행하는 데 필요한 정보가 더해져 패킷정보로 만들어져 송신되면 수신측 각 계층을 올라가면서 각 계층에서 자신에게 해당되는 정보를 수신하게 된다. 따라서 송신측은 순수한 데이터를 전송하고, 수신측도 순수한 데이터를 보게 되지만 중간 과정에서는 데이터의 송·수신을 위한 정보가 사용되게 된다.

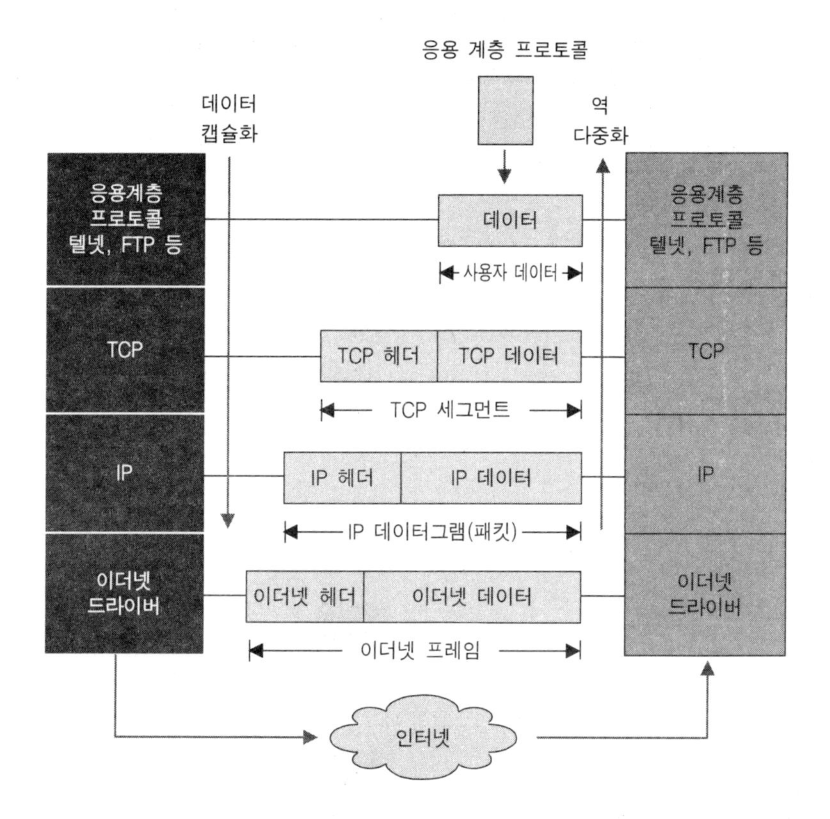

TCP/IP 프로토콜에 의한 통신 동작과정

찾 아 보 기

【한글】

ㄱ

가입자전송장치 ········ 112
감쇠 ········ 22
개체(Entity) ········ 218
경사형 인덱스 다중모드 ········ 92
경쟁(Contention) ········ 197, 198
계단형 인덱스 다중모드 ········ 91
광대역 전송 ········ 72
광섬유 케이블 ········ 88
구문(Syntax) ········ 218
그래뉼라 잡음 ········ 177

ㄴ

나이키스트 샘플링이론 ········ 159
네트워크 계층 ········ 263
노드전달 ········ 256
누화 ········ 25

ㄷ

다이렉트 케이블링 ········ 82
다이코드(Dicode) 방식 ········ 66
다중화 ········ 112, 234
단류방식 ········ 60
단방향 통신 ········ 30
단일모드 ········ 91
단편화 ········ 221
대역전송 ········ 71
대역통과 신호 ········ 57
데이터 단말장치 ········ 15
데이터 단말장치(DTE) ········ 13
데이터 신호속도 ········ 20
데이터 전송속도 ········ 21
데이터 통신장치 ········ 17
데이터그램 ········ 277
델타변조(DM) ········ 174
동기식 전송방식 ········ 37
동기화 ········ 229
동축케이블 ········ 86
등화기 ········ 118
디지털 전송 ········ 74
디지털화 ········ 114

ㄹ

라디오파 ········ 100

ㅁ

맨체스터(Manchester) 방식 ········ 68
멀티 캐스트 ········ 274
문자지향형 동기식 ········ 38

ㅂ

바이폴라(Bipolar)방식 ········ 65
반 이중통신 ········ 32
반송대역 전송 ········ 74
반응속도 ········ 21
베이스밴드 전송 ········ 57
변복조기 ········ 115
변조속도 ········ 21
변조잡음 ········ 26
병렬전송 ········ 28
부호화 ········ 169
브로드 캐스트 ········ 274

비 유도매체 ········· 79, 93
비동기식 전송방식 ········· 34
비선형 양자화 방법 ········· 168
비트지향형 동기식 ········· 41

ㅅ

샤논의 표본화정리 ········· 159
선택(Select) ········· 197
선택적 반복 ARQ ········· 211
성좌도(Constellation) ········· 140
순서(Timings) ········· 219
순서결정 ········· 231
순시 주파수 ········· 149
스크램블러 ········· 117
슬라이딩 윈도우 흐름제어 ········· 202
시스템효율 ········· 19

ㅇ

압신방법 ········· 167
양자화 상태 ········· 163
양자화잡음 ········· 164
연결설정 ········· 194
연결제어 ········· 225
연속적 ARQ ········· 209
열 잡음 ········· 25
영 복귀방식 ········· 61
영 비 복귀방식 ········· 62
오류제어 ········· 204, 205, 228
위상변조(PM) ········· 151
위상편이 변조 ········· 130
위성 마이크로파 ········· 97
윈도우(Window) ········· 202
유니 캐스트 ········· 274
유도매체 ········· 79
음성의 양자화 속도 ········· 158
응용 계층 ········· 268
의미(Semantics) ········· 218
인터넷 계층 ········· 263

ㅈ

자동반복요청 ········· 206
자동이득조절기 ········· 118
잡음 ········· 24
재합성 ········· 221
적응성 ARQ ········· 212
전 이중통신 ········· 33
전송매체 ········· 77
전송부호 ········· 47
전송서비스 ········· 237
전송손실 ········· 22
전송오류의 검출 ········· 205
전송오류의 제어 ········· 205
전송제어 ········· 257
전송효율 ········· 19
정보영역 ········· 247
정보의 부호화 ········· 106
정보통신 시스템 ········· 11, 13
정지대기 ARQ ········· 207
정지대기 흐름제어 ········· 200
제어 영역 ········· 246
주소영역 ········· 245
주소지정 ········· 231
주파수변조(FM) ········· 148
주파수편이 변조 ········· 126
중첩성 ········· 190
지상 마이크로파 ········· 93
지연왜곡 ········· 23
직교진폭편이 변조 ········· 137
진폭변조 ········· 142
진폭편이 변조 ········· 122
진행 원 위치 ARQ ········· 209

ㅊ

차분 맨체스터(Differential Manchester) 방식 …… 68
차분(Differential) 방식 …… 66
채널용량 …… 18
충격잡음 …… 26

ㅋ

캡슐화 …… 223, 281
코드효율 …… 19
크로스 케이블링 …… 82

ㅌ

통신 프로토콜 …… 217
통신장치(DCE) …… 13
통신채널(Medium) …… 18
트랜스포트 계층 …… 266
트랜스폰더 채널 …… 98
트위스트페어 케이블 …… 80

ㅍ

포인트 투 포인트 …… 192
폴링(Polling) …… 197
표본화 …… 158
프레임 …… 281
프로토콜(Protocol) …… 217
프로토콜 계층 …… 252
플래그(Flag) …… 245
피기백깅 …… 280

ㅎ

헤드앤드 …… 73
혼합형 동기식 …… 43
회선규범 …… 191
흐름제어 …… 227, 257

【영문】

2 위상편이 변조 …… 132
3단계 핸드쉐이크 …… 276
4 위상편이 변조 …… 132
8 위상편이 변조 …… 134

A

ABM …… 251
ACK …… 195
ADM …… 179
ADPCM …… 172
ANSI …… 48
ARM …… 250
ARP …… 265
ARPANET …… 259
ARQ …… 206
ASCII 코드 …… 48

B

BCD 코드 …… 53
BNC …… 86
BSC …… 240

C

CCITT …… 48
CDM …… 236
CMI(Coded Mark Inversion) …… 67
CRC …… 247
CSU …… 111

D

DARRA …… 259
DNS …… 269
DPCM …… 170

DSU ………… 109

E

EBCDIC 코드 ………… 53
EOT ………… 195

F

FDM ………… 235
FTP ………… 84

H

HDLC ………… 243

I

I 프레임 ………… 246
ICMP ………… 264
IGMP ………… 263
IP ………… 264

N

NAK ………… 195

O

OSI ………… 252

P

PCM ………… 154
PCM 양자화 ………… 161
PDU ………… 222
POP3 ………… 269

R

RARP ………… 265
RIP ………… 269

S

S 프레임 ………… 246
SDLC ………… 251
SNMP ………… 269
STP ………… 84
Sliding Window ………… 202
Stop and Wait ………… 200

T

T1 ………… 112
TCP 구조 ………… 269
TCP 전송서비스 ………… 271
TCP 포트설정 ………… 275
TCP/IP ………… 259
TDM ………… 235
TPDU ………… 260

U

U 프레임 ………… 246

W

WDM ………… 235

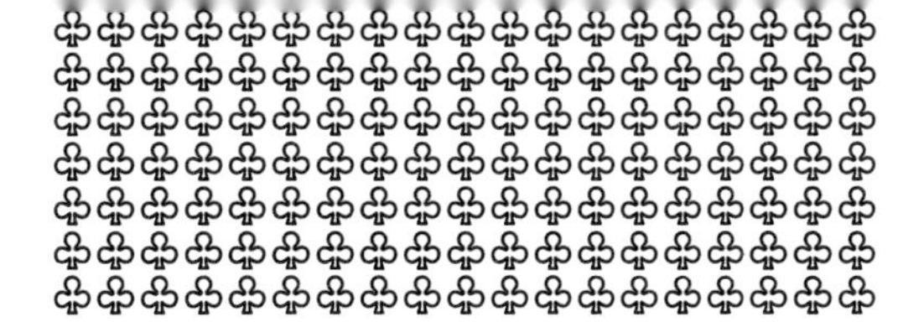

정보시스템공학

2014년 9월 19일 제1판제1인쇄
2014년 9월 26일 제1판제1발행

저 자 엄 금 용
발행인 나 영 찬

발행처 **기전연구사**

서울특별시 동대문구 천호대로4길 16(신설동 104-29)
전 화 : 2235-0791/2238-7744/2234-9703
FAX : 2252-4559
등 록 : 1974. 5. 13. 제5-12호

정가 20,000원

ISBN 978-89-336-0885-2
www.kijeonpb.co.kr